Franco Giorgetti/Erik Abranson

DIE WELT DER WINDJAMMER

Delius Klasing Verlag

Titel der italienischen Originalausgabe:
I GRANDI VELIERI – STORIA ED EVOLUZIONE DELLA NAVIGAZIONE
A VELA DALLE ORIGINI AI NOSTRI GIORNI

Die Deutsche Bibliothek – CIP-Einheitsaufnahme

Giorgetti, Franco:
Die Welt der Windjammer / Franco Giorgetti; Erik Abranson. [Aus dem Ital. von Marcus Würmli]. –
1. Aufl. – Bielefeld: Delius Klasing, 2001 (Seefahrt)
Einheitssacht.: I grandi velieri <dt.>
ISBN 3-7688-1302-9

1. Auflage
ISBN 3-7688-1302-9
Die Rechte für die deutsche Ausgabe liegen beim Verlag Delius, Klasing & Co. KG, Bielefeld

Aus dem Italienischen von Dr. Marcus Würmli
Titel (Vorderseite): Gilles Martin-Raget
Schutzumschlaggestaltung: Ekkehard Schonart
Layout: Clara Zanotti
Printed in Italy 2001

Delius Klasing Verlag, Siekerwall 21,
D-33602 Bielefeld
Tel. 0521/559-0, Fax 0521/559-113
e-mail: info@delius-klasing.de
www.delius-klasing.de

Die SØRLANDET, die unter norwegischer Flagge fährt, ist ein Rahsegler aus dem Jahr 1927 (erste Seite).

Die Segel am Bug eines großen Rahseglers: Außenklüver, Klüver, Binnenklüver, Vorstengestagsegel und Stagfock. Diese fünf Segel befinden sich auf der LIBERTAD, dem Schulschiff der argentinischen Marine (vorhergehende Doppelseite).

Hier das spanische Schulschiff JUAN SEBASTIAN DE ELCANO.

Inhalt

Auf den Atlantikrouten verkehrten die Auswandererschiffe. Sie transportierten Auswanderer in die Neue Welt und wurden für den Rückweg mit Kolonialwaren und anderen Gütern beladen (unten).

Zwei Segelschiffe, die in der Wende vom 19. zum 20. Jahrhundert in Deutschland gebaut wurden, existieren heute noch, wenn auch unter verschiedener Flagge: Die SAGRES II gehört der portugiesischen Marine, die SAGRES I hier im Bild zeigt wieder die deutsche Flagge und heißt nun (erneut) RICKMER RICKMERS (rechte Seite).

Vorwort

Englische Kriegsschiffe, im Gefecht (oben).

Das Segelschiff nutzt als vorwärtstreibende Kraft den Wind. Der Wind selbst erscheint uns Menschen, die wir so stark auf dem Festland verankert sind, zunächst als ein völlig fremdes Element. Und trotzdem war er unerlässlich für die Entdeckung neuer Kontinente und für den Transport von Reichtümern jener Länder. Der Wind steht in innigster Verbindung zum Meer. Er lässt es in vielfältigster Form erscheinen. Jahrtausende lang ertrug der Mensch passiv und geduldig die Launen der Winde. Wehten sie aus günstiger Richtung, so ließ er sich von ihnen vorwärtstreiben. In kleinen Schiffen, die Segel trugen, warteten die Seeleute mit aufreibender Geduld auf Wind aus der richtigen Richtung. Das ging viele Jahrhunderte so. Dann lernten die Seeleute anscheinend schlagartig, sich der Winde besser zu bedienen. Plötzlich baute man immer größere und sicherere Schiffsrümpfe mit leistungsfähigeren Takelagen. Im 17. Jahrhundert wurde der Mensch zum Seemann und das Schiff zum Segelschiff. Seit jener Zeit fuhren Segelschiffe für ein Vierteljahrtausend auf allen Meeren dieser Erde. Sie schenkten der Geschichte Augenblick des Ruhms und große Tragödien, romantische Abenteuer und wirtschaftliche Erfolge.

Die Geschichte der Segelschifffahrt hat wohl nichts ihresgleichen in der Entwicklung der Menschheit. Sie faszinierte durch ihre Härte und Mühsal, und der Tod war ein regelmäßiger Begleiter auf allen Reisen. Trotzdem zog sie viele Männer an, die die atavistischen Verbindungen zum Festland zu kappen gewillt waren und die auf dem Meer und mit dem Wind ihre neue Freiheit fanden. Heute ist diese Art der Segelschifffahrt verschwunden: Die Bedingungen dazu sind nicht mehr gegeben. Der technische Fortschritt und eine veränderte Auffassung von der Zeit lassen sich nicht mehr mit jenem Abenteuergeist und jener Herausforderung vereinen, die beide unabdingbare Voraussetzungen für die frühere Segelschifffahrt waren. Obwohl sie in in jener Form unrettbar verloren gegangen ist, haben sich heute von ihr doch mehr als nur ferne Erinnerungsstücke in einem Museumssaal oder literarische Quellen erhalten. Obwohl der Maschinenantrieb zu Beginn des vergangenen Jahrhunderts endgültig die Oberhand gewann, treiben heute noch hohe Masten mit zahlreichen Segeln Schiffsrümpfe an, die aus der Vergangenheit stammen. Diese Rümpfe wurden teils einem unwürdigen Vergessen entrissen und wieder restauriert, teils aus früherer Zeit respektvoll konserviert und teils auch rekonstruiert, um Vergangenes wieder aufleben zu lassen. In erster Linie handelt es sich um Schulschiffe, wobei es dabei aber eher um die Schule des Lebens geht als um die des Segelhandwerks. Einige neue Rahsegler dienen als Kreuzfahrtschiffe. Manche Segler wurden auch rekonstruiert, um ein spätes Zeugnis davon abzulegen, was Schiffbauer, Reeder und Seeleute zur Geschichte der Menschheit beigetragen haben.

Das vorliegende Buch möchte diese Zeugnisse festhalten. Es handelt von den Segelschiffen, die heute noch leben und fahren, sei es als Schulschiffe, als Kreuzfahrtschiffe oder als Repliken. Es geht uns auch darum, die geschichtlichen und technischen Wurzeln dieser heutigen Segelschiffe aufzuzeigen und ihre Entwicklung gründlich darzulegen. Die Faszination, die von den Großseglern ausgeht, wurde von den neuen Schiffstypen, die heute die Meere durchpflügen, weder aufgehoben noch ersetzt. So haben die Großseglertreffen einen immer größeren Zulauf zu verzeichnen. Besonders junge Leute fühlen sich von dieser authentischen seemännischen Erfahrung angezogen. Es werden auch immer mehr Großsegler gebaut, als Kreuzfahrt- wie als Trainingsschiffe. Liebhaber stöbern auf Schiffsfriedhöfen immer wieder alte Rümpfe auf oder lassen alte Segelschiffstypen nachbauen. Schließlich will dieses Buch von der Schönheit der Segelschiffe Zeugnis ablegen. Sie gehören zu den geglücktesten Synthesen im Spannungsfeld zwischen technischen, funktionalen und ästhetischen Bedürfnissen.

Die Großsegler heißen auf Englisch »Tall Ships«. Der Begriff hat keine historischen Wurzeln. Im Bild die KRUZENSHTERN *ex* PADUA *(links).*

Der Wind liefert die Antriebskraft für das Segelschiff. Wenn er günstig weht, ist er der Maschinenkraft überlegen. Hier treibt er die PRIDE OF BALTIMORE II *zu höchster Geschwindigkeit an. Sie ist die Replik eines historisch bedeutsamen amerikanischen Segelschiffs (oben).*

Alle Segel sind gesetzt, und die Mannschaft hat sich aufgrund eines festlichen Anlasses dekorativ auf dem Schiff verteilt: die Viermastbarkentine ESMERALDA *der chilenischen Marine (S. 9).*

Das japanische Schulschiff KAIWO MARU II. *Zwischen den Masten dieses großen Rahseglers befindet sich der heute unverzichtbare Schornstein vom Hilfsmotor, den man für Manöver in überfüllten Häfen braucht (folgende Doppelseite).*

Dieses Vollschiff zeigt schon wesentlich elegantere Linien als die frühen East Indiaman (übernächste Doppelseite).

DUNCAIRN

1

Auf dem Nil, der alljährlich über seine Ufer tritt, fuhren wohl die ersten Segelschiffe. Auf diesem Mosaik im Museum von Palestrina, das Szenen auf dem Nil zeigt, überwiegen zwar noch die Ruderboote. Doch die Segler übernehmen schon einen bedeutsamen Teil des Frachtverkehrs (rechts).

Dieses Tonmodell aus dem 4. Jahrtausend vor Christus ist wohl die älteste Darstellung eines Segelboots. Archäologen fanden es in der Wiege der menschlichen Hochkultur, im Zweistromland zwischen Euphrat und Tigris. Es befindet sich heute im Israel Museum in Jerusalem (S. 15).

Ein Mann kann eine Last tragen, die ungefähr so viel wiegt wie er selbst, aber das auch nur für kurze Zeit.
Ein Karren, der von Pferden oder Ochsen gezogen wird, befördert rund 500 Kilogramm.
Ein 10 m langes Kanu mit 8 Ruderern nimmt hingegen schon 4 Tonnen auf. Ein kleines Segelschiff mit 3 Mann Besatzung transportiert über 30 Tonnen. Und für beide Schiffe gibt es keine Zeitbegrenzung. Hier liegt der große Vorteil der Schifffahrt, und man kennt ihn seit jeher. »40 Schiffsladungen mit Zedernholz besorgen.« Diese kurze Notiz eines ägyptischen Schreibers aus der Zeit um 2600 vor Christus gibt einen Befehl des Pharaos Snofru wieder. Er belegt, welche Rolle schon in jenen frühen Zeiten die Schifffahrt spielte. Wie wir aus zahlreichen Wandmalereien und Beschreibungen auf Papyrin wissen, kannte man zur Zeit der Pharaonen das Segelschiff.
Die Schifffahrt begleitet den Menschen seit dem Beginn der ersten Hochkulturen.
Ja, es erscheint logisch, dass der Transport auf dem Wasserweg, sei es auf den Flüssen oder auf dem Meer, die Entstehung und Entwicklung der Hochkulturen erst möglich machte, und nicht umgekehrt.
Die ersten Siedlungen lagen immer unmittelbar an einem Wasserweg. Diese Gewohnheit hielt sich bis zur letzten großen Revolution, der industriellen des 18. Jahrhunderts. Dass Siedlungen möglichst nahe am Wasser lagen, beruht auf einer einfachen Tatsache: Der Transport von Waren und Menschen erfolgt auf dem Wasserweg viel leichter als auf dem Festland. Welche Beobachtung ganz am Anfang dieser Erfahrung lag, können wir nicht wissen. Aber ganz sicher hat der Mensch in der Frühzeit bemerkt, wie schnell sich ein Stück Holz entfernt, wenn es in einen Fluss gefallen ist. Und so ist ihm sicher auch aufgefallen, dass er sich selbst sehr leicht transportieren lassen kann, wenn er sich an einem schwimmenden Baumstamm festhält.
So begann der frühe Mensch wohl eine erste Schifffahrt auf allem, was im Wasser schwamm: erst einem Baumstamm, dann mehreren miteinander verbundenen Stämmen, die ein Floß bildeten, schließlich in einem ausgehöhlten Baumstamm, dem Kanu. Als Antrieb und Steuer verwendete er erst Hände und Füße, doch dann erfand er Staken und Ruder. Und schließlich kam das Segel.
Wir wissen allerdings nicht, wie das Segel als Antriebsmittel entdeckt oder erfunden wurde und wann. Zur Zeit des Pharaos Snofru war es jedenfalls schon hoch entwickelt und effizient, denn schließlich

Die Ursprünge: Die Antike

rüstete man damit eine Flotte von 40 Schiffen aus, die bis zum Libanon und zurück segeln sollte. Es gibt viele Hypothesen zur Entstehung des Segels: ein aufgehängtes Fell oder Tuch, das von einem plötzlichen Windstoß fortgerissen wurde, oder ein ins Wasser gefallener, noch belaubter Baum, der sich unter Wind deutlich fortbewegte. Tatsache ist, dass der Mensch schon im 4. Jahrtausend vor Christus das Segel kannte. Das bestätigt das Modell eines Tonschiffes, das in der mesopotamischen Stadt Eridu gefunden wurde und auf die Zeit um 3500 vor Christus datiert wird. Es enthält in der Mitte, etwas näher zum Bug hin, ein Loch für den Mast sowie weitere Löcher in der Schiffswand, offensichtlich zur Befestigung des Tauwerks. Das Wasser als Verkehrsweg, unerlässlich für die Suche nach neuen Siedlungsgebieten, Nahrung und Handelsgütern; der physikalische Auftrieb zum Transport von Menschen und Waren; das Segel als wirksamer Antrieb: So trägt seit 6000 Jahren die Schifffahrt zur Entwicklung der menschlichen Gesellschaft bei. Im Lauf der Jahrhunderte veränderte das Segelschiff parallel zu den technischen und wissenschaftlichen Erkenntnissen sein Aussehen. Doch die charakteristische rechteckige Form des Segels, gehalten von einer horizontalen Rah oder Spiere, blieb erhalten. Wir finden sie auf Felsritzzeichnungen, auf mesopotamischen Tontafeln – und heute noch im instinktiven Schiffsmodell der Kinder. Die Entwicklung verlief über das römische Frachtschiff, die Karavellen von Christoph Kolumbus, das große Linienschiff von Admiral Nelson bis zum letzten Windjammer, die Phosphate aus Chile, Eisen und Kohle aus England herantransportierten. Dieses rechteckige Segel stellt sozusagen die Leitfigur unserer Geschichte dar.

Das ägyptische Schiff

Den ersten Nachweis eines Segelschiffes stellt das Tonmodell von Eridu aus der Zeit um 3500 vor Christus dar. Von einer eigentlichen Schifffahrt mit Segelschiffen auf dem Meer können wir aber wohl erst in späterer Zeit sprechen. Hier müssen wir vor allen die erste Hochkultur im Mittelmeerraum ins Auge fassen: Den Ägyptern gebührt ohne Zweifel der Primat in der Geschichte der Schifffahrt.

Das Tonboot von Eridu war wohl nur ein kleines Transportmittel, um den Euphrat oder den Tigris oder deren Nebenflüsse zu überqueren. Bestenfalls segelte man mit ihm die beiden Flüsse hinunter, um die Verbindung mit Siedlungen an der Küste des Persischen Golfes aufrechtzuerhalten. Ganz anders hingegen das ägyptische Segelschiff: Natürlich wurde es erst für die Schifffahrt auf dem Nil gebaut. Es fuhr stromabwärts bis zum Mittelmeer und stieg dann den Nil mit den vorherrschenden Winden wieder hoch.

Die Illustrationen aus dem Werk »Monumenti Storici« von Ippolito Rosellini zeigen ägyptische Segelschiffe des frühen Typs. Damals ergab sich noch nicht die Notwendigkeit, Rümpfe zu bauen, die dem Wellengang Widerstand leisten mussten. Die Vorlagen für diese Schiffe stammen aus dem Grab von Ramses III. Wie das reiche Dekor verrät, handelt es sich um repräsentative königliche Schiffe. Bug und Heck sind bogenförmig stark nach oben verlängert. Diese Form ergab sich wohl durch den ersten Baustoff, der aus Papyrus- und Schilfstauden bestand. Als man zum Holz als Baustoff überging, erfuhr die Form über Jahrhunderte hinweg keine Veränderungen (S. 16 oben, S. 17).

Die Abbildung auf S. 16 unten zeigt, wie die ägyptischen Seeleute ein Segel ausrichteten: 3 verändern die Spannung der Wanten, wobei 2 auf der unteren Spiere sitzen und sich der Dritte am Heck befindet. Weitere 4 Seeleute sind mit der oberen Rah beschäftigt, und ein Seemann am Bug bestimmt mit dem Lot die Wassertiefe.

Im Mittelmeer aber und vor allem im Roten Meer und im Indischen Ozean traf dieses Segelschiff auf sehr viel schwierigere Bedingungen. So verdankt die Geschichte den ägyptischen Schiffbauern die Erfindung zahlreicher Formen und Techniken, die sich einige Jahrtausende halten konnten.

Das ägyptische Segelschiff besaß trotz der primitiven Bauweise eine elegante Form, die an eine venezianische Gondel erinnert. Bug wie Heck waren verjüngt und nach oben verlängert. Die ausgeprägte Decksbucht verlieh dem Boot ein charakteristisches Profil, und dies aus gutem Grund: Das Schiff besaß – wie dies noch Jahrhunderte der Fall sein sollte – noch keine tragenden Spanten, und die entsprechende Aufgabe überließ man der Schiffswand und der Beplankung. Man legte dabei kurze Holzbretter nebeneinander und verband sie untereinander in Längs- wie in Querrichtung mit Pflanzenfasern. Diese Bauweise hatte ihre Wurzeln darin, dass man zu jener Zeit noch keine längeren Planken sägen konnte und es überhaupt in Ägypten an Bäumen mit entsprechend hohen Stämmen mangelte. Der Rumpf erhielt seine Undurchlässigkeit erst durch den Kontakt mit dem Wasser: Das Holz quoll auf, während sich die Pflanzenfasern verkürzten und so die Planken eng aneinander pressten. Die Bananenform verlieh dem Rumpf eine gewisse Steifigkeit. Tragende Spanten und somit eine »Karosserie« ohne selbsttragende Funktion wurde erst viel später, im Mittelalter, eingeführt.

Beim antiken Schiff wurden Spanten erst nach der Beplankung eingebaut und übernahmen eher die Aufgabe einer örtlichen Versteifung. Vor allem sollten sie den Zusammenhalt der Planken garantieren. Es gab keinen durchgehenden Kiel, sondern nur eine leicht gebaute Struktur aus Spanten und Decksbalken. Diese trugen das Deck und die zu transportierenden Lasten. Als die ägyptischen Segelschiffe die ruhigen Gewässer des Nils verließen und auf der Suche nach Waren und Reichtümern in viel bewegtere Gebiete vorstießen, erwies sich die Festigkeit des Rumpfes, die sich vor allem durch die Bogenform ergab, bald als ungenügend. Die Schiffbauer dachten sich an diesem Punkt eine erstaunlich einfache Lösung aus, die sehr gut zu den damals verwendeten Werkstoffen und Techniken passte: Sie verbanden die hochgezogenen Enden von Bug und Heck mit einer dicken Spanntrosse aus Pflanzenfasern. In der Mitte verdrillte man sie mithilfe eines langen Stabes. Diese Trosse spannte den bogenförmigen Rumpf so vor, dass er genügend Steifigkeit erhielt, um von den Wellen nicht zu stark verformt zu werden. Die Lösung besaß allerdings einen Nachteil: Sie ließ nicht zu, dass man in der Längsachse einen Mast anbrachte. Das Problem umging man aber durch einen zweifüßigen Mast. Damit vermied man auch,

»Und er fällte die Bäum' und vollendete hurtig die Arbeit. Zwanzig stürzt' er in allem, umhaute mit eherner Axt sie, Schlichtete sie mit dem Beil und nach dem Maße der Richtschnur. Bohrer brachte ihm nun die hehre Göttin Kalypso. Und er bohrte die Balken und fügte sie wohl aneinander, und verband nun das Schiff mit ehernen Nägeln und Klammern. Von der Größe, wie etwa ein kluger Meister im Schiffbau Zimmern würde den Boden des breiten geräumige Lastschiffs, Baute das breite Schiff der erfindungsreiche Odysseus. Bohlen fügt' er zum Bord, an vielen Rippen befestigt, Rings und schloss es ab mit langhinreichenden Balken, Stellte den Mast hinein, daran die kreuzende Rahe, Endlich zimmerte er sich ein Steuer, wohl zu lenken. Beide Seiten des Schiffes beschirmt' er mit weidenen Flechten Gegen die rollende Flut und füllte den Boden mit Ballast. Und nun brachte ihm Tücher die hehre Göttin Kalypso, Segel davon zu schneiden, und kunstreich schuf er auch diese. Band die Taue des Mastes und segelwendenden Seile, Wälzte darauf mit Hebeln das Schiff in die heilige Meerflut.«

dass am kiellosen Bootsboden zu große Kräfte angriffen. Dieser zweifüßige Mast und die Verspannung mit einer axialen Trosse waren einzig und allein für das ägyptische Segelschiff typisch. Kein weiteres Land in der Antike verwendete diese Merkmale. Das Segel hingegen besaß die typisch viereckige Form. Diese instinktive Lösung war auch am leichtesten zu realisieren. Die rechteckige Form der Segel hielt sich bis in unsere Tage hinein. Das Segel der ägyptischen Schiffe war an zwei waagerechten Rahen befestigt, eine am Oberliek, die andere am Unterliek des Segels. Das Segel ließ sich innerhalb gewisser Grenzen nach dem Wind ausrichten. Allerdings war es damit nicht möglich, quer zum Wind oder am Wind zu fahren.

Einige geschichtliche Quellen informieren auch über die Größen der ägyptischen Segelschiffe. In der Regel waren sie klein. Handelsschiffe erreichten jedoch eine Länge von rund 50 Meter. Damit befand man sich bereits damals nahe der Maximallänge für Rümpfe aus Holz. Das Schiff des Cheops, das allerdings keine Fracht transportieren sollte, war 43 Meter lang und 6 Meter breit. Ein Schiff für den Transport von Kupfer, das an den Küsten des Sinaigebirges beladen wurde und das Rote Meer durchquerte, erreichte eine Länge von 55 Meter und eine Breite von 18 Meter. Seine Besatzung bestand aus 120 Mann. Diese Daten stammen von der Erzählung eines ägyptischen Schiffbrüchigen, und der entsprechende Bericht ist der erste in der Geschichte der Schifffahrt. Sein Schiff ging bei der Überquerung des Roten Meeres in einem Sturm unter. Der arme Seemann erreichte schwimmend die Küste des Sinaigebietes und wurde dort 4 Monate später von einem ägyptischen Schiff aufgenommen, das erneut Kupfer transportieren sollte. Diese Tatsache zeigt uns, dass solche Expeditionen offensichtlich regelmäßig und häufig stattfanden.

Zwei Modelle ägyptischer Flussschiffe: links ein königliches Segelboot aus dem Grab von Tutenchamun, das den Darstellungen auf der vorhergehenden Seite entspricht; rechts wahrscheinlich ein Handelsschiff, das wohl auf dem ruhigen Wasser des Nils verkehrte. Die dargestellte Szene kann man heute noch beobachten (links, rechts).

Sehr bald wagten sich ägyptische Schiffe auf das offene Meer: Der Rumpf wurde durch eine große Hanftrosse verstärkt, die auch den Bau großer Schiffe erlaubte. Sie erreichten eine Länge bis 55 Meter und stellten Verbindungen zum Roten Meer und zu den wichtigsten Häfen des östlichen Mittelmeeres her. In der Darstellung werden festgemachte ägyptische Schiffe entladen. Sie sind nach der ikonographischen Vorstellung jener Zeit stark stilisiert wiedergegeben. Trotzdem gibt uns die Darstellung eine Vorstellung davon, wie viele Handelsschiffe es zu jener Zeit schon gab (unten).

Der Text auf der vorhergehenden Seite scheint einem Handbuch der Schiffbaukunst entnommen zu sein. Er stammt aber aus der Odyssee des griechischen Dichters Homer und stellt eine präzise Beschreibung dar, wie man im frühen Griechenland Segelschiffe baute. Die Festlandsgriechen hatten diese Kunst von den Kretern erlernt. Diese schufen im 3. und 2. Jahrtausend vor Christus die erste Seemacht der Weltgeschichte.
Kreta bildete in jener Zeitspanne die Drehscheibe für alle Handelsbeziehungen im östlichen Mittelmeerraum. In der Zeit von 2000 bis 1500 vor Christus erreichte die kretisch-mykenische Kultur ihren Höhepunkt und wurde dabei von der Kultur der Ägypter, der Mesopotamier, der Phönizier und Griechen beeinflusst.
Die Kreter organisierten auch eine Art Seepolizei, weil schon damals Piraten die Schifffahrt bedrohten.

Die Keramik zeigt das wichtigste Merkmal des griechischen Kriegsschiffes, den Sporn. Er diente als Angriffswaffe (oben).

Die Geschichte von Odysseus ist griechisch, doch das Mosaik stammt aus römischer Zeit, ebenso das Schiff. Sein Rumpf weist zwar eine Form auf, die in der Ägäis weit verbreitet war. Das zweite Segel am Heck wurde hier doch erst einige Jahrhunderte später eingeführt (unten).

Das griechische Schiff

Das minoische Fresko aus dem 14. Jahrhundert vor Christus zeigt den Eingang zum Hafen von Santorin. Man erkennt 2 Schiffstypen: in der Mitte ein Schiff mit erhöhtem Bug und Heck, wie es bei den Ägyptern und allgemein im Mittleren Orient gebräuchlich war. Links erscheint der Bug eines griechischen Schiffes mit dem bedrohlichen Sporn. (S. 20-21)

In der Mitte des 2. Jahrtausends vor Christus unterwarfen die Griechen die Kreter und übernahmen deren wirtschaftliche und militärische Stellung. Zur gleichen Zeit entwickelten sich auch die Phönizier zu einem Seefahrervolk. Sie beschränkten sich jedoch auf den Handel und auf die Gründung von Kolonien. So besiedelten sie die gesamten Küsten des Mittelmeeres und durchfuhren sogar die Meerenge von Gibraltar.

Der griechische Reiseschriftsteller Herodot beschreibt, wie eine phönizische Flotte um 600 vor Christus Afrika umsegelte: Sie fuhr durch das Rote Meer bis zum Indischen Ozean hinunter und legte dann in einer Bucht im südlichen Teil Afrikas an. Dort bauten die Phönizier ihr Wintercamp. In der ganzen Antike bis zum Mittelalter fuhr man nämlich nur in den Sommermonaten zur See. Im Herbst zog man die Schiffe an Land und wartete bis zum Frühjahr. In Afrika säten die Phönizier und fuhren eine Ernte ein. Zwei Jahre nach ihrer Abreise erreichten sie die Meerenge von Gibraltar. Im darauf folgenden Jahr durchquerten sie das Mittelmeer und kamen wieder in der Heimat an.

Trotz Herodots detailliertem Bericht und trotz der vielen Ausgrabungen in den zahlreichen phönizischen Kolonien bleibt die Geschichte der Schifffahrt dieses Volkes irgendwie im Dunkeln. Vernünftigerweise muss man annehmen, dass sich ihre Schiffe nicht stark von denen der Griechen und Kreter unterschieden. Diese hatten das primitive, für die Fahrt auf offenem Meer wenig geeignete ägyptische Modell schon lange durch ein besseres ersetzt.

Der Schiffbau spielte schon im 2. Jahrtausend vor Christus eine entscheidende Rolle im Staatshaushalt der griechischen Stadtstaaten. Korinth war lange Zeit führend im Schiffbau und erreichte eine hohe Produktion. Die Werften von Athen konstruierten in einem Jahr 360 Trieren, 50 Tetreren und 7 Penteren. Die Konstruktionstechnik, die Homer überliefert hat, behielt wie beim ägyptischen Schiff den tragenden Rumpf bei. Die Griechen verbanden allerdings die Planken untereinander durch Nut und Zapfen. Überdies waren die Planken auch nicht mehr so kurz wie bei den Ägyptern, sondern bestanden dank des Waldreichtums der Halbinsel aus langen Brettern. Dadurch erhielt der Rumpf vor allem in der Längsrichtung eine höhere Steifigkeit, die zum Verschwinden der Trosse führte, die Bug und Heck miteinander verband. Der Rumpf änderte damit auch seine Form: Er war nicht mehr bogen- oder halbmondförmig, sondern lag lang und flach auf dem Wasser.

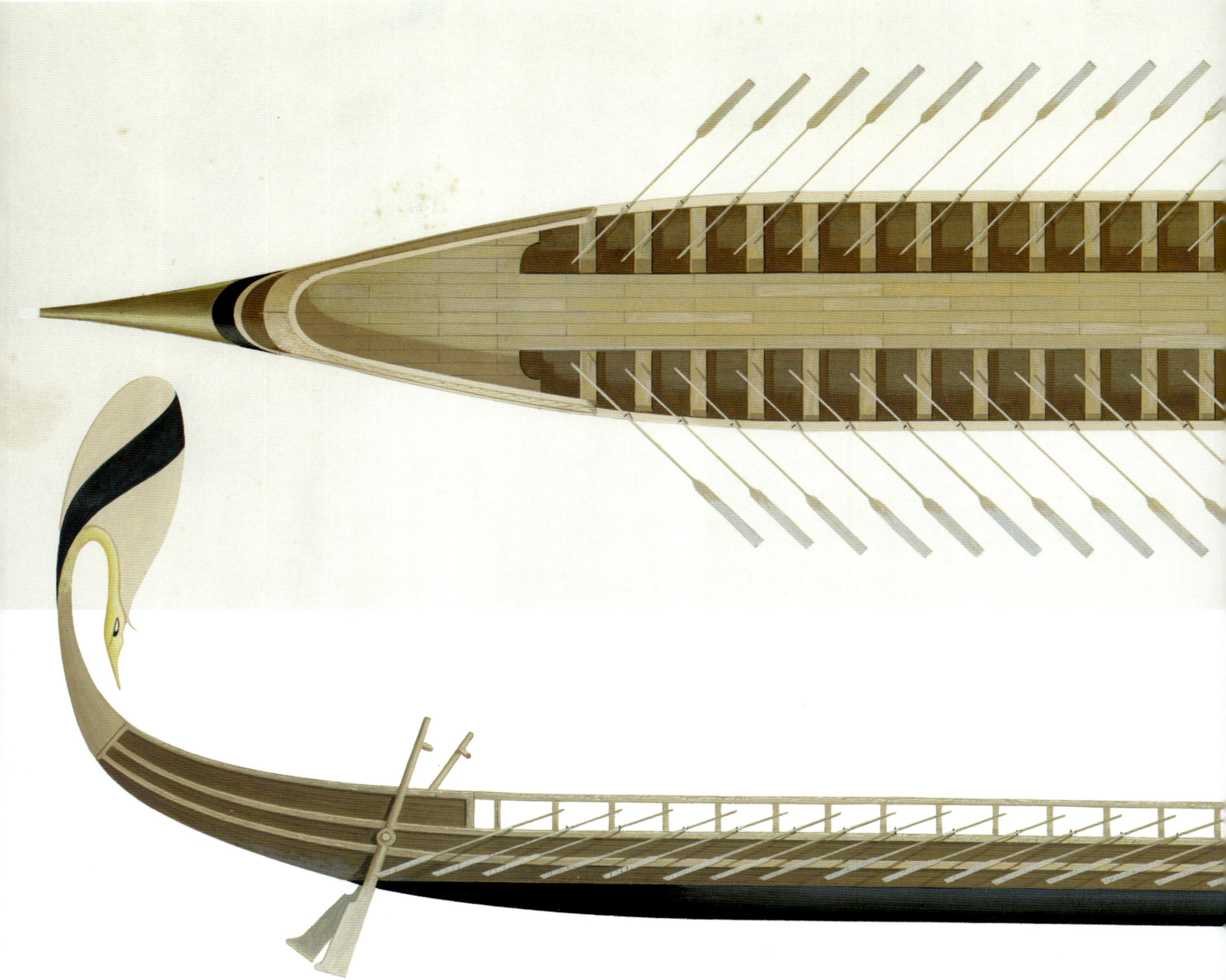

Beim griechischen Schiff war das Heck lang ausgezogen und ragte weit über die Wasseroberfläche hinaus, wobei es oft schön geschmückt wurde. Am Bug wurde als schiffbautechnische Neuerung der Rammsporn befestigt.
Der Sporn war im Wesentlichen eine Kriegswaffe und trat somit nur bei Kriegsschiffen auf. So entstand die Galeere, die sich bis ins 16. Jahrhundert hinein hielt und die erst durch die Einführung der Kanone verschwand.
Das im Krieg eingesetzte griechische Segelschiff wurde in Wirklichkeit von Ruderern angetrieben. Das Segel diente nur als Hilfsantrieb und verschaffte auf längeren Strecken den Ruderern eine Verschnaufpause – und das auch nur, wenn gerade ein günstiger Wind blies. Im Seegefecht konnte die Galeere nur mithilfe der Ruderer so schnell vorwärts kommen und so wendig manövrieren. Auf der Suche nach immer höherer Geschwindigkeit, besserem Leistungsvermögen und größerer Manövrierfähigkeit baute man erst Galeeren mit 2 Ruderdecks (Dieren), dann mit 3 (Trieren), 4 (Tetreren) und sogar 5 Decks (Penteren). Dabei sollte aber immer der Sporn die Entscheidung in der Schlacht bringen.
Wenn der Feind zu sehen war, wurde das Segel geborgen und der Mast gelegt. Trotzdem behielt das Segel die archaische rechteckige Form bei. Das griechische Schiff hatte nur eine Rah. Sie wurde mit demselben System von Schoten ausgerichtet wie auf ägyptischen Schiffen, mit einer Spiere am Fußliek. Man fixierte die Luvschot, und der Steuermann regulierte die Leeschot. Um die Segelfläche bei starkem Wind zu verringern, rollten die Seeleute das Tuch von unten her nach oben auf. Dazu verwendeten sie Leinen, die über die Rah gelegt wurden. Ein ähnliches System verwendet man heute noch bei den Stores am Fenster.
Das Segel war im Allgemeinen aus Leinen und wurde aus Streifen zusammengenäht, wobei sich die Ränder überlappten. Das Segeltuch kannte man in einer leichten und einer schweren Ausführung. Wir wissen nicht, ob innerhalb ein und desselben Segels diese beiden Tuchsorten zur Anwendung kamen, oder ob man, wie es heute je nach den Windverhältnissen der Fall ist, verschiedene Segel setzte.
Die Forscher neigen zur ersten These, weil das Segel immer nur einen Hilfsantrieb bedeutete und an Bord ohnehin wenig Platz war für weitere Segel. Für die Handelsschifffahrt mögen die Dinge anders ausgesehen haben.

Die Handelsschiffe waren weniger elegant und besaßen auch keinen Sporn. Der Raum im Rumpf war für die Fracht und nicht für Ruderer da, die übrigens viel Geld kosteten, weil man ja irgendwie ihren Lebensunterhalt bezahlen musste. So hatte das Frachtschiff als Hauptantrieb das Segel. Allerdings mussten dabei die Händler auf günstige Winde warten.

Durch archäologische Funde haben wir eine ziemlich genaue Vorstellung von der Form, der Größe und Bauweise des griechischen Frachtschiffes und auch von seiner Fracht. Diese bestand im Allgemeinen aus Lebensmitteln: Getreide, Öl und Wein. Das Wrack von Kyrenia (Zypern), das 1967 gefunden wurde, transportierte über 400 Amphoren, ferner eine große Menge Mandeln, die wie Schüttgut behandelt wurden, sowie 30 Mühlsteine.

Das war aber ein kleines Schiff für jene Zeit: Es konnte bei einer Länge von ungefähr 15 Meter und einer maximalen Breite von 4,5 Meter nicht über 7 Tonnen transportieren.

Die Rah war 12 Meter lang und erlaubte es somit, ein Segel von ungefähr 60 Quadratmeter zu setzen. Daraus kann man schließen, dass dieses Schiff bei günstigem Wind eine Maximalgeschwindigkeit von rund fünf Knoten erreichte.

Aus weiteren Funden und historischen Quellen wissen wir, dass das durchschnittliche griechische Frachtschiff größer war

Mit Sicherheit bauten die Griechen Rümpfe mit einer Länge von 25 Meter und einer Breite von 7 Meter. Allerdings blieb die Ladekapazität in der Regel unter 80 Tonnen.

DIE GRIECHISCHE GALEERE

Die Galeere ist eine griechische Erfindung. Sie ist gekennzeichnet durch ihre große Länge im Vergleich zur geringen Breite und zum geringen Tiefgang. Für den Antrieb sorgten Ruderer. Dadurch war das Schiff auch sehr manövrierfähig. Es rammte mit seinem tödlichen Sporn feindliche Schiffe und brachte sie zum Sinken.

Das Auge vorne am Rumpf wurde in der Regel mit schwarzem Pech ausgefüllt. Es sollte eine abschreckende Funktion ausüben und ist heute noch als Symbol auf vielen Fischereifahrzeugen im Mittelmeergebiet zu sehen.

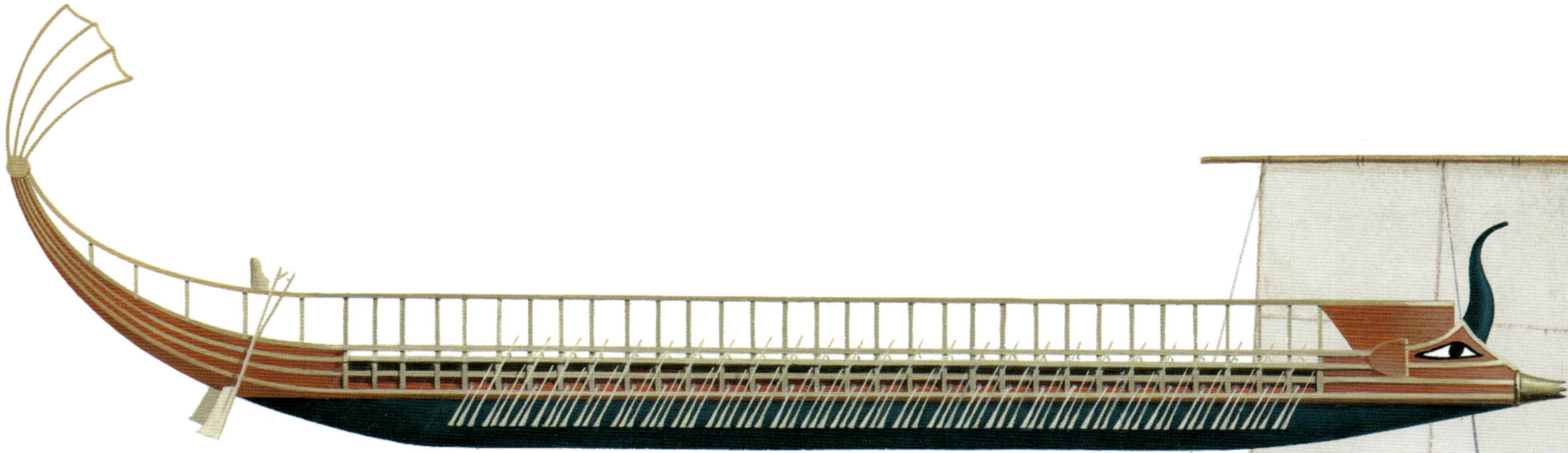

Um ihren Kriegsschiffen eine immer größere Geschwindigkeit und Durchschlagskraft zu verleihen, führten die Schiffbauer mehrfache Ruderdecks ein. Es gab Galeeren mit 2, 3, 4 und sogar 5 Ruderdecks (oben).

Beim Kriegsschiff diente das Segel nur als Hilfsantrieb. Nur Handelsschiffe vertrauten ganz auf die Segel, weil sie den Platz, den sonst die Ruderer einnahmen, für ihre Waren brauchten. Das Segel hatte keine Unterrah, ähnelte aber sonst dem ägyptischen Vorbild (S. 24/25 oben).

Die Triere mit 3 Ruderdecks war das verbreitetste Modell und stellte wohl den besten Kompromiss zwischen der erreichten Geschwindigkeit und der schwierigen Koordination mehrerer Reihen von Ruderern dar. Um das Problem im Zusammenhang mit der Riemenlänge zu lösen, bauten die Konstrukteure an den Rumpfseiten eine Art Balkon, um die oberste Reihe der Ruderer unterzubringen. Dies wird auf dieser Seite im Querschnitt unten deutlich (S. 24/25 unten).

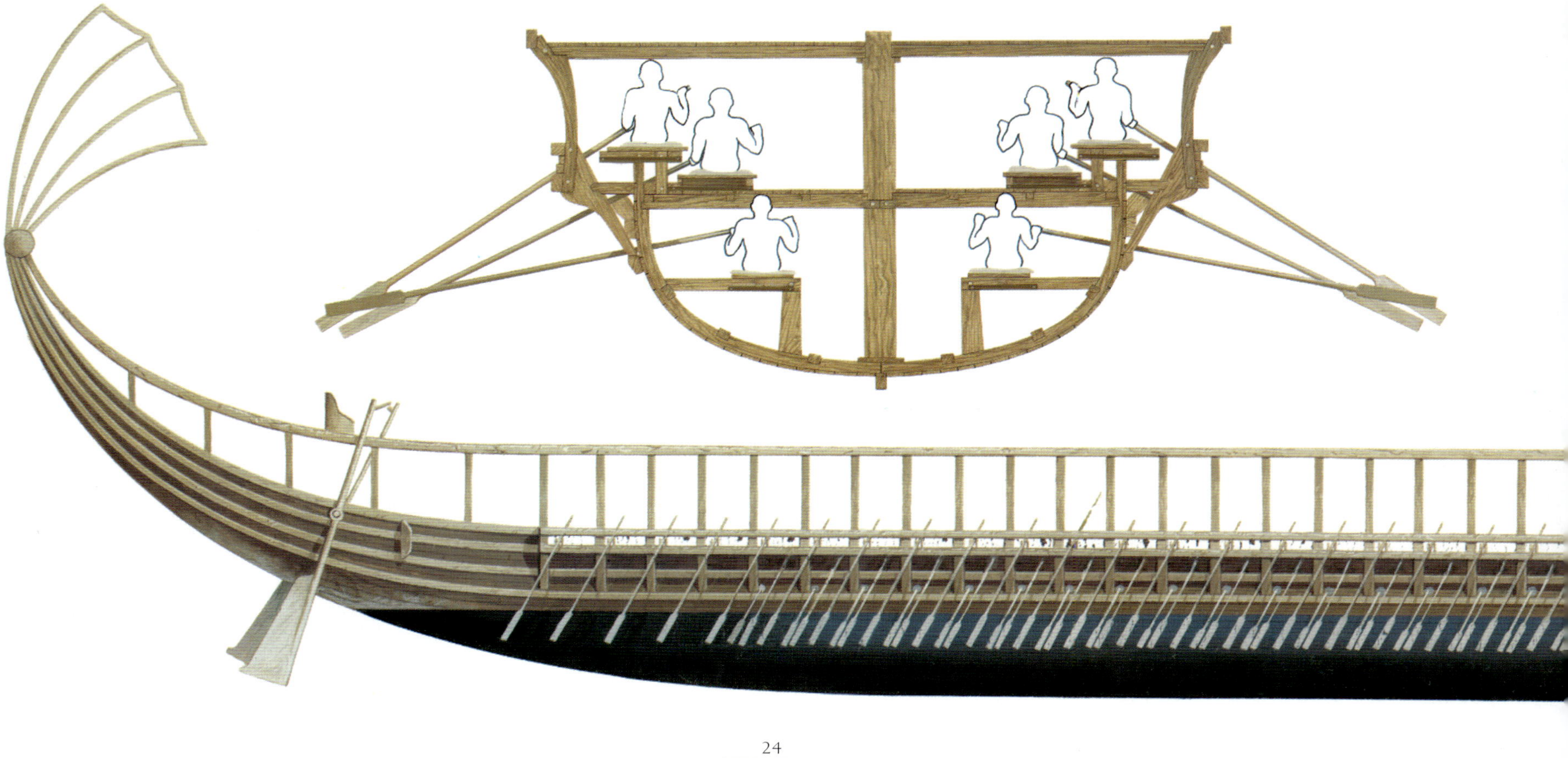

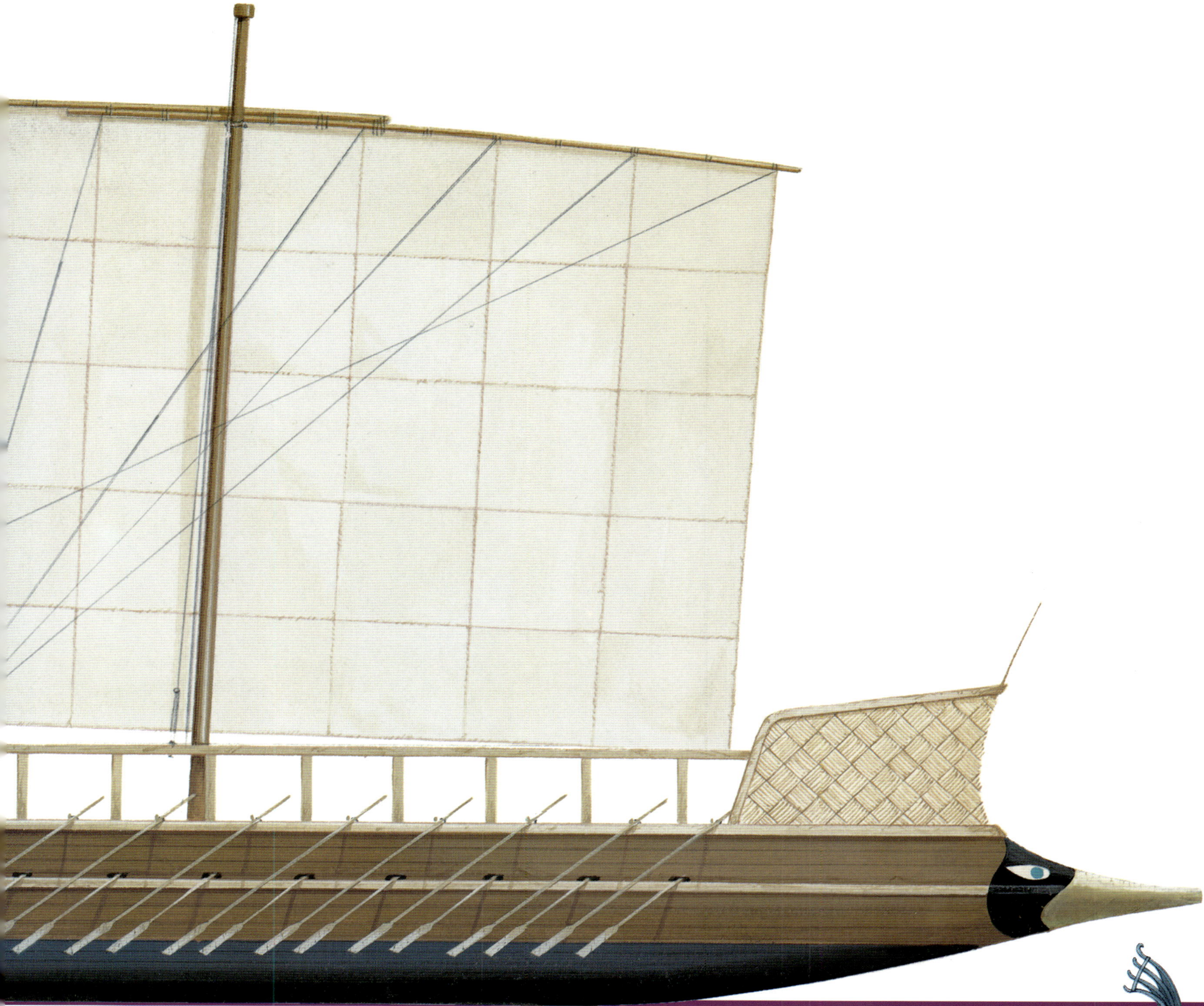

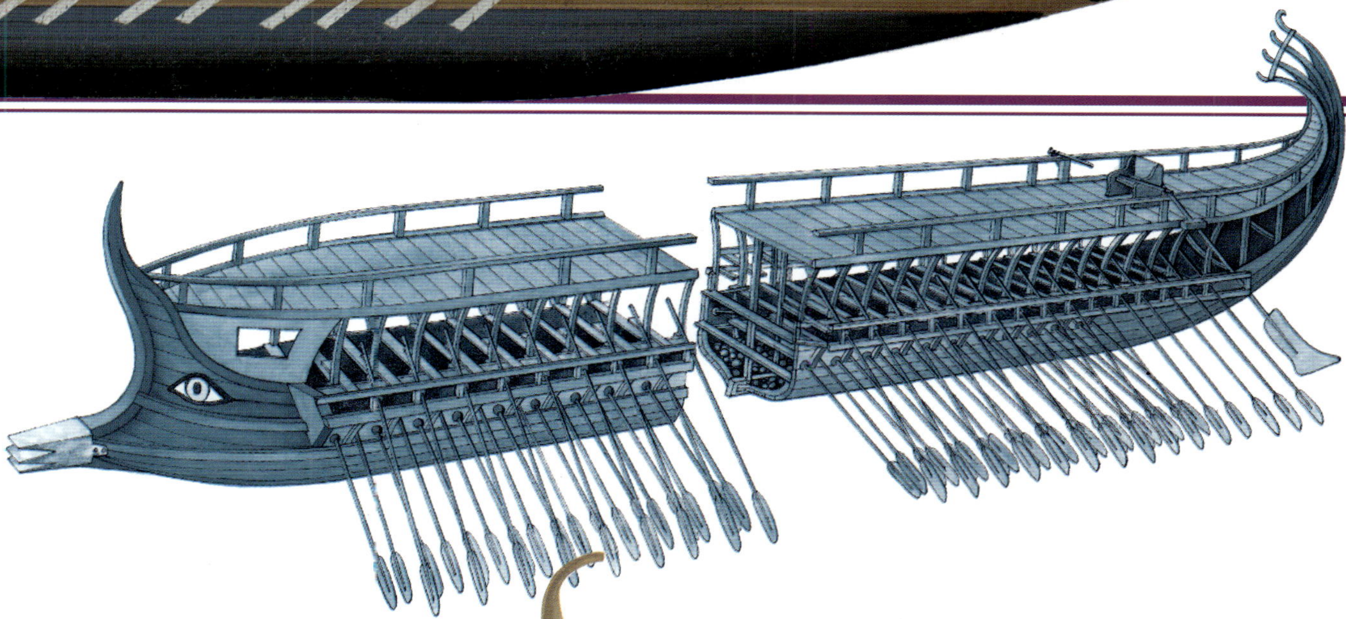

Wegen der vielen Ruderer, die man benötigte, erhielt die griechische Triere einen komplizierten Aufbau. Durch den seitlichen Balkon lösten die Schiffbauer brillant die Schwierigkeiten, die sich durch die 3 Reihen von Ruderern ergaben. Der Bau einer Triere stellte eine bedeutende Leistung dar, besonders wenn man die damals zur Verfügung stehenden Werkstoffe und Technologien in Betracht zieht (links).

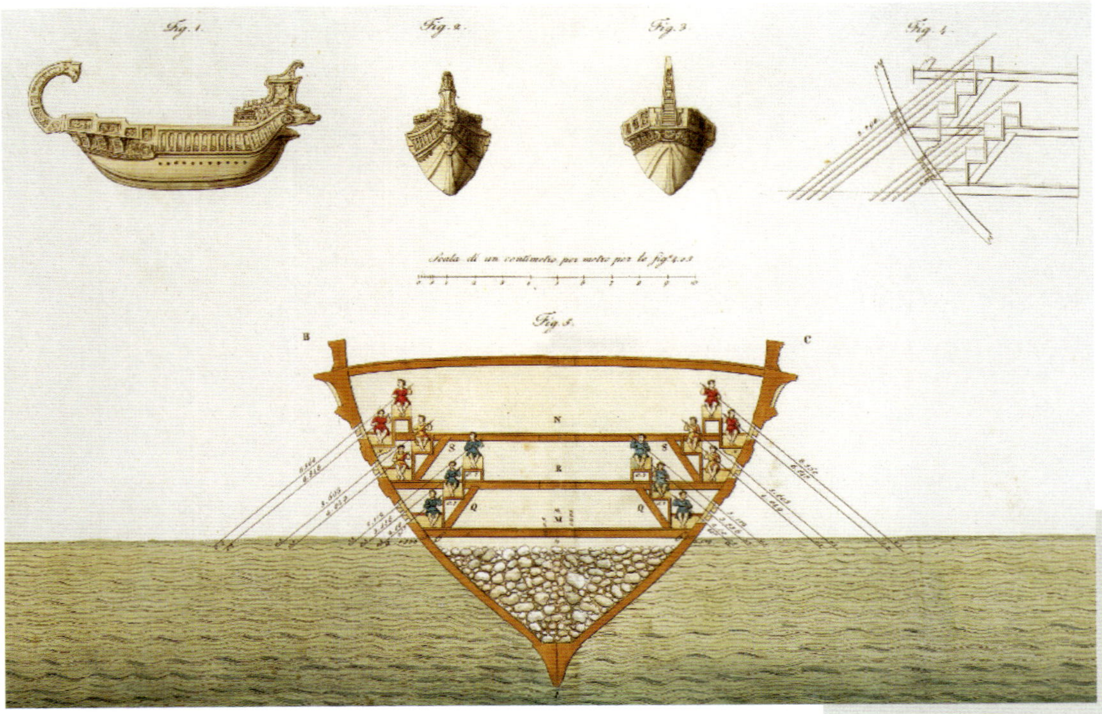

Außer Zweifel steht jedoch, dass die Römer die Hafenstrukturen verbesserten. Der Stich stammt aus dem Werk »Civitates orbis Terrarum« von Georg Braun (16. Jahrhundert) und gibt die Dimensionen des Hafens von Ostia zu römischer Zeit getreu wieder (unten).

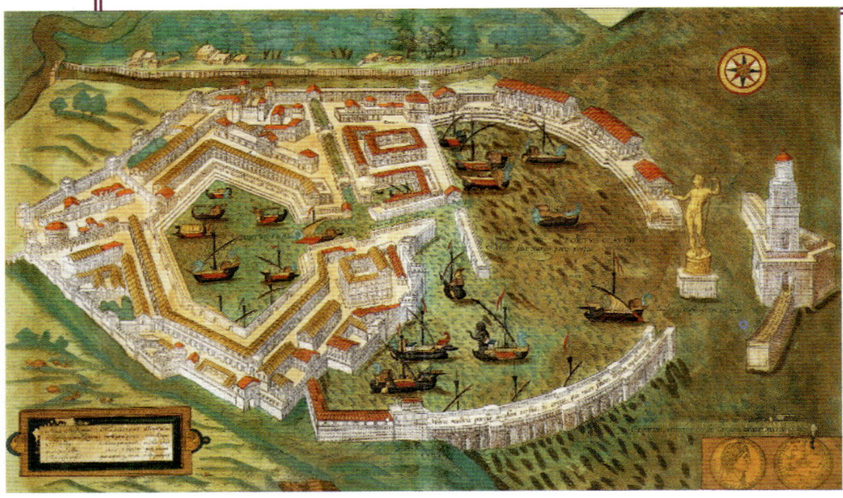

Das römische Schiff

Diese Detailzeichnungen von römischen Schiffen stammen aus dem Werk »storia delle Nazioni« des Italieners Simonetti (S. 26/27).

Die Römer gingen auf dem Weg weiter, den die griechischen Schiffbauer vorgezeichnet hatten: große Schiffe mit mehreren Ruderdecks und einer Hilfsbesegelung, mindestens bei den Kriegsschiffen. Der Querschnitt durch das Schiff allerdings entstammt eher der Fantasie des Zeichners als aus zuverlässigen historischen Quellen: Sieben Ruderordnungen erscheinen uns heute definitiv als übertrieben (oben).

Vom 3. Jahrhundert vor Christus an fuhren für ein halbes Jahrtausend lang zahlreiche Kriegsflotten und noch viel mehr Frachtschiffe auf regelmäßigen Kursen durch das Mittelmeer. Beide gehörten dem neuen Volk, das das gesamte Gebiet in Besitz genommen hatte: den Römern.

Anfänglich hatten sich die Römer, wie dies auch bei anderen frühen Hochkulturen der Fall war, mehr dem Festland als dem Meer zugewandt. Doch bald entstanden durch ihre politische Expansion und den sozialen Fortschritt neue Bedürfnisse. Sie machten es erforderlich, dass sich nun auch die Römer der Schifffahrt zuwenden mussten. Sie taten das so zielgerichtet und entschieden, dass sie nur innerhalb eines Jahrhunderts zur ersten wahren Seemacht der Weltgeschichte aufstiegen. Vergleichbar in der Größenordnung und in den Auswirkungen war 2000 Jahre später nur das britische Seewesen. Unter den Römern entwickelte die Schifffahrt Merkmale, die bis auf den heutigen Tag unverändert geblieben sind. Bis dahin waren die Häfen nur mehr oder minder geschützte Strände vor der Stadt gewesen. Erst durch die Römer erhielten sie jene Formen und Funktionen, die heute noch für sie typisch sind. Nachdem Ostia zum Endpunkt der Handelsrouten geworden war, auf denen man aus allen Ecken des Mittelmeers die für die Entwicklung Roms benötigten Güter heranschaffte, erfuhr die Stadt einen ungeahnten Aufschwung mit einer regen Bautätigkeit. Große Mietskasernen wurden gebaut, um die vielen Seeleute und Händler aufzunehmen. Im Erdgeschoss gab es Läden, Lager und oft auch ziemlich zweifelhafte Tavernen. Gleichzeitig ließen sich in Ostia ungefähr 70 Unternehmen nieder, die wir heute als Import-Export-Firmen bezeichnen würden. Parallel dazu entstanden auch Assoziationen, die den heutigen Krankenkassen ähnlich waren: Es gab sie für alle Berufsgruppen, von den Kalfaterern bis zu den Seeleuten, von den Fischern bis zu den Hafenarbeitern, von den Lageristen bis zu den Zöllnern.

Bei der Entwicklung ihrer Marine konnten die Römer nicht auf eigene Erfahrungen zurückgreifen, sondern sie nahmen griechische und phönizische Traditionen auf. Nach der Eroberung Süditaliens mit seinen griechischen Kolonien fiel es ihnen leicht, das Wissen der Griechen zu übernehmen. Mit den phönizischen Traditionen kamen sie zwangsweise durch die Punischen Kriege in Kontakt. Damals beherrschte die phönizische Kolonie von Karthago das zentrale Mittelmeer und setzte dem Expansionsdrang der Römer deutliche Schranken. Diese übernahmen Modelle und Techniken von den Phöniziern, verbanden sie mit der Erfahrung der griechischen Seeleute und schufen damit eine eigene Flotte. So konnten sie sich als erste große Seemacht etablieren. Die Schiffstypen allerdings blieben die der früheren Kulturen. Doch die Römer entwickelten neue Instrumente, Kriegstechniken und wie später die Engländer die Techniken der Segelschifffahrt.

Anfänglich besaß das römische Segelschiff nur ein einziges quadratisches Segel. Die Seeleute merkten aber bald, dass man damit nur schwer manövrieren

konnte. So erschien ein zweiter Mast mit einem zweiten Segel ganz am Heck des Schiffes. Mit diesem Hecksegel konnte der Steuermann sein Schiff leicht und schnell nach Steuerbord oder Backbord abfallen lassen.
Diesen hinteren Mast bezeichnen wir heute als Besanmast. Zu ihm gesellte sich teilweise schon vom 1. Jahrhundert vor Christus an ein dritter Mast vorne, der Fockmast. Natürlich waren nur große Lastschiffe mit 2 oder gar 3 Masten ausgerüstet. Kleine Schiffe für den Fischfang oder die Küstenschifffahrt kamen weiterhin mit einem großen zentralen Mast aus. Auf einigen dieser Schiffe kamen nun aber Rahsegel auf. Sie setzten sich, wie später auch das Lateinsegel, im ganzen Mittelmeerraum durch. Auf großen Frachtschiffen erschien ein zweites dreieckiges Segel. Es war an der Mastspitze und an den beiden Enden der Rah befestigt. Damit wollte man die Segelfläche vergrößern und die Geschwindigkeit der Schiffe erhöhen, die nunmehr mit großer Fracht weite Strecken im Mittelmeergebiet zurücklegten. Mit dieser Rahtakelung standen dem römischen

Segelschiff ganz neue Entwicklungsmöglichkeiten offen.
Ein schönes, wenn auch tragisches Beispiel für die Effizienz dieser Takelung und die Geschicklichkeit der Seeleute im Umgang damit liefert uns ein Flachrelief aus dem 3. Jahrhundert. Wie in einem Film schildert es den Versuch, einen Jungen zu retten, der direkt an der Einfahrt zum Hafen von Ostia ins Wasser gefallen war.
Zwei Schiffe eilten dem Jungen vom Hafen her zu Hilfe, ein großer Frachter mit Rahsegel und Besansegel und ein kleineres Schiff mit nur einem Besansegel. Gleichzeitig war gerade ein großes Frachtschiff im Begriff, in den Hafen einzulaufen. Der Wind wehte vom Festland zum Meer hin, und das einfahrende Frachtschiff und das kleine Segelschiff riskierten bei der Hafeneinfahrt eine Kollision. Dem kleinen Segelschiff gelang es dank seiner Takelung entschieden anzuluven, während das große Frachtschiff das Großsegel reffte und mit dem Besansegel schnell abfiel.
Wie die Geschichte ausgegangen ist, wissen wir nicht. Allerdings starb der Junge, denn das Flachrelief stammt von seinem Grab. Anhand der Darstellung können wir aber abschätzen, welche Meisterschaft die Seeleute beim Umgang mit den Segeln schon erreicht hatten. Man vertraute nicht mehr nur auf den Wind von achtern, sondern konnte den Kurs im Bereich des technisch Möglichen schon selbst bestimmen.
Die römischen Frachtschiffe hatten eine große Ladekapazität und ein hohes Freibord. Die Kriegsschiffe hingegen waren lang gestreckt mit 2, 3, 4 oder sogar 5 Ruderdecks.

Ein Schiffszimmermann bei der Arbeit: Die Bewegungen und das Werkzeug, der typische Hammer, blieben über Jahrhunderte dieselben – bis 2000 Jahre darauf metallische Schiffsrümpfe aufkamen (S. 28 oben).

Dieses Flachrelief aus dem 1. Jahrhundert nach Christus schildert den Versuch, einen ins Wasser gefallenen Jungen zu retten. Es stammt aus einem Grabmal aus der Kaiserzeit und stellt in der Wirklichkeit ein kurzes Lehrbuch der Segelkunst dar. Das große Frachtschiff manövriert geschickt mit dem Bugsegel. Die kleinen Schiffe verwenden dazu das Rahsegel, das von wenigen Leuten leicht bedient werden kann (links).

Während das Schiff noch beladen wird – hier mit exotischen Tieren, die für die Zirkusspiele bestimmt sind –, scheinen die Seeleute schon bereit zu sein, die Segel zu setzen. Ein günstiger Wind war zu jener Zeit zu kostbar, als dass man ihn sich hätte entgehen lassen können (oben).

Die römische Bireme hat einen Rammsporn wie die griechischen Vorgängerschiffe. Der zweite Sporn am Heck entspricht jedoch nicht den Vorbildern. Ohne Zweifel sieht er gut aus, doch das spielte für die pragmatischen römischen Schiffsingenieure keine Rolle, denn ihnen ging es nur darum, das Offensivpotenzial ihrer Schiffe zu vergrößern. Der zweite Sporn ist somit eine Freiheit, die sich der Künstler genommen hat. Dazu gehört auch, dass er diesem Schiff trotz des Rammsporns und der Ruderer die Aufgaben eines Handelsschiffes zugewiesen hat, wie man an der Fracht im zweiten Deck deutlich erkennen kann (oben).

Die Segeltechnik hatte sich zwar verbessert, doch der Angriff erfolgte immer noch über den Rammsporn, den die Griechen erfunden hatten. Um schnell manövrieren zu können, brauchte man eine große Zahl erfahrener Ruderer. Die römische Galeere unterschied sich dabei nicht von der griechischen. Ganz anders war die Situation beim Handelsschiff. Das große römische Frachtschiff, das regelmäßig zwischen Alexandrien in Ägypten und Rom hin und her kreuzte, erreichte eine Ladefähigkeit von 1600 Tonnen.
Die ISIS, von der wir einiges wissen, war 55 Meter lang, 14 Meter breit und konnte 1200–1300 Tonnen aufnehmen. Sie besaß am Heck eine einzige Kabine, die dem Kommandanten und den Steuerleuten vorbehalten war. Solche Schiffe hatten damals viele Passagiere an Bord, meist Kaufleute, die sich in den Vorderen Orient begaben, um Gewürze, Stoffe, Schmuck und andere Luxusgüter zu besorgen, nach denen die römische Gesellschaft nun immer mehr verlangte. Die Händler reisten auf dem Deck mit und wurden nur von behelfsmäßigen Planen geschützt, wenn das sonst milde Mittelmeerwetter umschlug. Das Trinkwasser führte man in großen Zisternen unten im Rumpf mit. Das Essen, das aus Getreideprodukten und Fleisch bestand, kochte man an einem geschützten Ort über offenem Feuer.
Dieser Schiffstyp fuhr mit geringen und unwesentlichen Veränderungen ein ganzes Jahrtausend lang auf dem Mittelmeer. Beim Bau dieser Schiffe entfernte man sich nicht von den griechischen und phönizischen Vorbildern. Das römische Schiff hatte noch

eine tragende Beplankung. Als Holz verwendete man Tanne, Kiefer oder Zeder, und die Planken waren meistens nicht gekalfatert, sondern mit dem klassischen System über Nut und Feder zusammengefügt. Der Kiel war bisweilen mit Blei ausgekleidet, und darunter befand sich eine mit Pech getränkte Stoffschicht, mit der man das Holz vor tierischem und pflanzlichem Aufwuchs schützen wollte. Das Überwasserschiff behandelte man mit flüssigem Bienenwachs und einem Farbstoff oder direkt mit schwarzem Pech.

Bodenwrangen, Spanten und Kielschweine wurden im Allgemeinen in Eiche ausgeführt. Die Außenhautbeplankung erfolgte am Unterwasserschiff über Kupfernägel, beim Überwasserschiff über Eisennägel – oder allgemein über Pflöcke aus Hartholz.

Der Segelmacher verwendete Leinenstoffe, und das Tauwerk war aus Hanf, verdrillter Papyrusfaser oder Lederstreifen. Die Technologie und die eingesetzten Werkstoffe verbesserten sich mit der Zeit, an der grundlegenden Bauweise änderte sich jedoch nichts. Dank seiner besseren Ausstattung erreichte das römische Segelschiff sehr viel höhere Leistungen im Vergleich zu den Vorgängermodellen und zu den Schiffen in den nachfolgenden Jahrhunderten. Die mittlere Reisegeschwindigkeit lag bei 4 Knoten. Einige Handelsschiffe legten die Strecke zwischen Tunesien und der Küste von Latium oder zwischen Sizilien und Ägypten mit einer mittleren Reisegeschwindigkeit von 6 Knoten zurück! Eine wichtige Hilfe dabei waren Karten und Segelhandbücher oder Portolane. Der Kapitän eines großen römischen Frachtschiffes war in dieser Hinsicht besser ausgerüstet als sein Kollege 1000 Jahre danach!

Das römische Kriegsschiff war in Wirklichkeit lange Zeit für den Transport von Landtruppen gedacht und nicht so sehr für die Seeschlacht. Jedenfalls dehnten die Römer die Methoden des Landkrieges auf das Seegefecht aus. Der Beweis dafür ist der Wald aus Speeren und Schilden auf dem Deck der beiden Biremen (oben).

Dieses römische Kriegsschiff mit dem Sporn und dem Turm, von dem aus Pfeile abgeschossen wurden, erscheint auf einem Flachrelief. Auf dem Oberdeck warten viele Fußsoldaten (oben).

Dieses Flachrelief stellt das charakteristische römische Frachtschiff dar. Es wirkt runder, wird von Segeln angetrieben und hat keine Ruderer (rechts).

Auf diesem Bild des italienischen Malers Vittore Carpaccio finden wir eine genaue Darstellung des Schiffstyps, der in der ersten Hälfte des 2. Jahrtausends dominierte: Die Galeere stammte vom gleichnamigen griechischen Schiff ab, verfügte aber über ein sehr viel wirksameres Lateinsegel, dessen Rah gerade so lang war wie das gesamte Schiff. Diese Galeere war auch sehr schnell und wendig, wenn sie von Ruderern angetrieben wurde (links).

Das Schiff im 1. Jahrtausend nach Christus

Zur Zeitenwende hatten die Phönizier schon Afrika umsegelt, wie Herodot bezeugt. Der Grieche Skylax von Karyanda hatte bereits seinen »Periplus« veröffentlicht, den ersten richtigen Portolan der Geschichte mit genauen Anmerkungen und Informationen für die Küstenschifffahrt über Häfen und vorherrschende Winde. Der Marseiller Pytheas, dessen Heimatstadt eine römische Kolonie mit dem Namen Massalia war, hatte den Polarstern identifiziert und konnte die geografische Lage seiner Stadt bestimmen. Überdies war er selbst durch die Meerenge von Gibraltar bis zu den Küsten Norwegens gesegelt. Er war der Erste gewesen, der die Meere angeblich nur zu rein geografischen Zwecken befahren hatte – in Wirklichkeit aber war seine Expedition organisiert und finanziert worden, um neue Zinnminen ausfindig zu machen.

Die Segelschifffahrt gehörte nunmehr zu den normalen Tätigkeiten des Menschen. Sie war das wirkungsvollste Instrument für die Expansion und beeinflusste das gesamte Leben der verschiedenen Kulturen.

Die Römer waren die Herren des Mittelmeers wie der nördlichen Meere. Dort trafen sie auf Kulturen, die andere Schiffstypen hervorgebracht hatten. Diese kamen mit den widrigen Wetterbedingungen der nördlichen Breiten besser zurecht. Aber bis zur nutzbringenden Anwendung dieser Kenntnisse musste man bis ins Mittelalter warten. Die Pax Romana hatte in diesem Zusammenhang zu einem Stillstand geführt. Bis zum 5. oder 6. Jahrhundert diente das Kriegsschiff nur noch für Patrouillenzwecke. Dafür war der Schiffstyp der römischen Baumeister aber viel zu aufwändig. Das Frachtschiff hingegen erfüllte zur Zufriedenheit alle Aufgaben, die sich durch den Transport von Waren und Passagieren zwischen den Provinzen und der Hauptstadt ergaben.

Bei der Schifffahrt gab es damals keine Weiterentwicklung mehr. Die historischen und sozialen Veränderungen fanden auf dem Festland statt. Schließlich kam es mit den Barbareneinfällen und dem daran anschließenden Zerfall

des Römischen Reiches zu einem Rückschritt. Das Epizentrum der Kultur lag nun nicht mehr auf der italienischen Halbinsel, sondern wanderte nach Osten, nach Byzanz, und auch in die nördlichen Gebiete Europas. Die Byzantiner kehrten zu Segelschiffstypen zurück, die es früher schon einmal gegeben hatte. Und es konnte auch nicht anders sein, angesichts der Hochkulturen, die dieses Segelschiff hervorgebracht hatten.

Das Symbol der byzantinischen Flotte war die Dromone, eine große Galeere, die zur Hauptsache von Ruderern angetrieben wurde. Als Segel diente ein Lateinsegel, das man bei günstigem Wind schnell setzen und in der Schlacht ebenso schnell wieder bergen konnte.

Die Dromone oder die Galeere blieb bis ins 16. Jahrhundert hinein das einzige Kriegsschiff. Sie verschwand erst mit dem Aufkommen der Kanone und damit des Schiffes, das mit der neuen tödlichen Waffe ausgerüstet war – der Galeone.

Die Dromone stellte eine Weiterentwicklung und keine revolutionäre Neuerfindung dar. Das griechische

Wort Dromone bedeutet »Läufer« – ähnlich bezeichnet das griechische Wort »galée«, das für die Galeere Pate stand, einfach ein sehr schnelles, gewandtes Tier. Nachdem wir über keine genaue Beschreibung oder über ein Bild der Dromone verfügen, müssen wir annehmen, dass es sich um die alte Triere handelt, wie sie die Griechen erfunden und die Römer zur Liburne weiterentwickelt haben.

Eine absolute Neuigkeit war jedoch die Takelung. Mit dem Ende des Römischen Reiches verschwand das rechteckige Rahsegel und hielt sich nur noch auf wenigen kleinen Handelsschiffen. Bis zum Ende des Mittelalters fuhren auf dem Mittelmeer nur schnelle Galeeren, die mit Lateinsegeln ausgerüstet waren. Die ersten waren byzantinischer Herkunft. Doch dann bauten auch die Venezianer und die Genueser, die Spanier und die Araber solche Galeeren.

Den genauen Ursprung des Lateinsegels kennt man nicht. Aus einigen Quellen wissen wir, dass es schon zur Zeit der Römer in Gebrauch war. Es stammt sicher aus dem arabischen Raum, und dort ist es heute noch weit verbreitet. In der Vergangenheit wurde es in all jenen Ländern eingesetzt, die friedlich oder durch Eroberung mit den Arabern in Berührung kamen.

Das Lateinsegel ist gekennzeichnet durch eine lange Rah, die wie beim Rahsegel in der Mitte am Mast befestigt ist. Sie ist stark gegen den Bug geneigt und wird dort mit Taljen festgemacht. Dadurch ergibt sich die Möglichkeit, viel härter am Wind zu segeln – wenn auch noch lange nicht mit den Winkeln, die das heutige Schratsegel der Yachten möglich macht.

Der Mast selbst war leicht gegen den Bug geneigt und wurde von Wanten gehalten, die sich im Unterschied zu früheren Schiffstypen und auch zu den zeitgenössischen nordischen Schiffen über Blöcke spannen ließen. Das Lateinsegel wurde außerhalb der Wanten gefahren. Man lockerte dazu die Wanten in Lee, um das Segel bei einem Kurs am Wind möglichst parallel zur Längsschiffsachse zu bringen. Bei einer Halse mussten die Brassen (also das Tauwerk am jeweiligen Ende der Rah) und die Schot am achterlichen Ende des Segels gefiert werden. Ein Seemann schrickte das Fall der Lateinrah und richtete sie parallel zum Mast aus. An diesem Punkt ließ der Wind das Segel nach vorne killen. Und während der Steuermann seine Halse fortführte, packte der Seemann die Schot und die obere Brasse und belegte sie auf der anderen Seite.

Auch mit den rechteckigen Rahsegeln ging man ähnlich vor. Die Beschreibung klingt allerdings komplizierter, als das Manöver in Wirklichkeit war. Jedenfalls verbreitete sich das Lateinsegel im ganzen Mittelmeerraum und blieb nicht etwa auf die Kriegsgaleeren beschränkt. Auch das Frachtschiff mit seinem viel runderen Rumpf und dem höheren Freibord, das insgesamt noch stark an das römische Vorbild erinnerte, wurde mit Lateinsegeln ausgestattet.

Zur Zeit der Kreuzzüge entstanden Schiffe mit 2 Decks, die Soldaten mit ihren Pferden transportierten – damals eine unzertrennliche Einheit. Die Schiffe waren aber von bescheidener Größe, wenn man sie mit den römischen Frachtern vergleicht, die Getreide nach

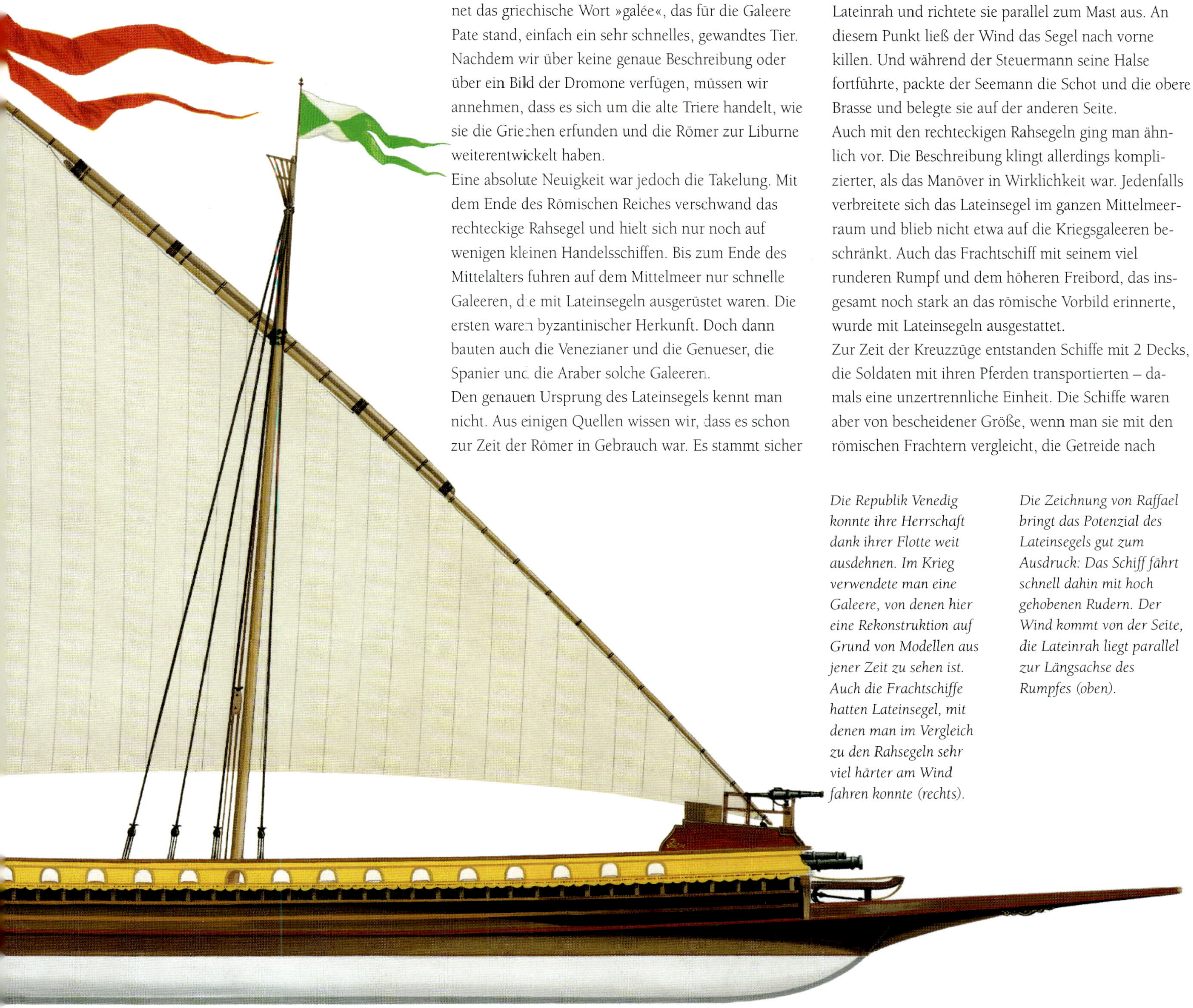

Die Republik Venedig konnte ihre Herrschaft dank ihrer Flotte weit ausdehnen. Im Krieg verwendete man eine Galeere, von denen hier eine Rekonstruktion auf Grund von Modellen aus jener Zeit zu sehen ist. Auch die Frachtschiffe hatten Lateinsegel, mit denen man im Vergleich zu den Rahsegeln sehr viel härter am Wind fahren konnte (rechts).

Die Zeichnung von Raffael bringt das Potenzial des Lateinsegels gut zum Ausdruck: Das Schiff fährt schnell dahin mit hoch gehobenen Rudern. Der Wind kommt von der Seite, die Lateinrah liegt parallel zur Längsachse des Rumpfes (oben).

Italien brachten. Das venezianische Kreuzzugsschiff war beispielsweise nicht länger als 26 Meter und etwas breiter als 6 Meter. Es besaß 2 Masten. Der vordere war höher und stark geneigt, und beide trugen Lateinsegel. Am Heck erschien ein Kastell, in dem der Kapitän wohnte und der Steuermann seinen Arbeitsplatz hatte. Er steuerte das Schiff noch mit 2 großen seitlichen Rudern wie zu den Zeiten des alten Ägypten.

In der Zwischenzeit hatte sich auch in den Meeren Nordeuropas eine Schifffahrtstradition herausgebildet. Schon Julius Cäsar war bei seinen Kriegszügen gegen die Briten und die Germanen Schiffen begegnet, »die einen flachen Kiel besaßen. Sie konnten leichter an den Strand gezogen werden und kamen auch in seichtem Wasser voran. Bug und Heck waren gleich geformt und stark nach oben gezogen, um den hohen Wellen besser zu widerstehen. Der Kiel aus Eichenholz hielt jedem Schlag stand. Die Schiffe waren aus Spanten gebaut, die im Querschnitt einen Quadratfuß groß waren. Die Spanten waren über daumendicke Eisennägel mit der Bordwand verbunden. Die Segel bestanden aus Fell oder weichem Leder.«

Das war das Wikingerschiff, das von einem großen viereckigen Segel angetrieben wurde. Es durchpflügte die stürmischen Meere des Nordens, wo eine Fortbewegung mithilfe von Riemen oft unmöglich war.

Das Wikingerschiff hatte zwei Merkmale, die es für den Spezialisten und auch für den Laien sofort kenntlich machten: Der Rumpf bestand aus dachziegelartigen übereinander liegenden Planken. Sie stießen nicht mehr Kante an Kante, sondern überlappten sich. Die Planken waren mit Nägeln befestigt und nicht gekalfatert. Das Schiff wurde mit einem einzigen Ruder gesteuert, das immer auf der rechten Seite lag. Aus dieser Zeit stammt unsere Bezeichnung für die Steuerbordseite, das heißt die in Fahrtrichtung gesehen rechte Seite des Schiffes.

Mit diesem lang gezogenen flachen Schiff, zu dessen Merkmale die Klinkerbauweise der Beplankung, ein großes Rahsegel und das Steuerruder auf der rechten Seite gehörten, gelangten skandinavische Seeleute auf ihren Entdeckungs- und Eroberungsreisen bis nach England, Irland, Island und sogar über den Nordatlantik bis nach Nordamerika – und das viele Jahrhunderte vor Christoph Kolumbus. Abgesehen von der

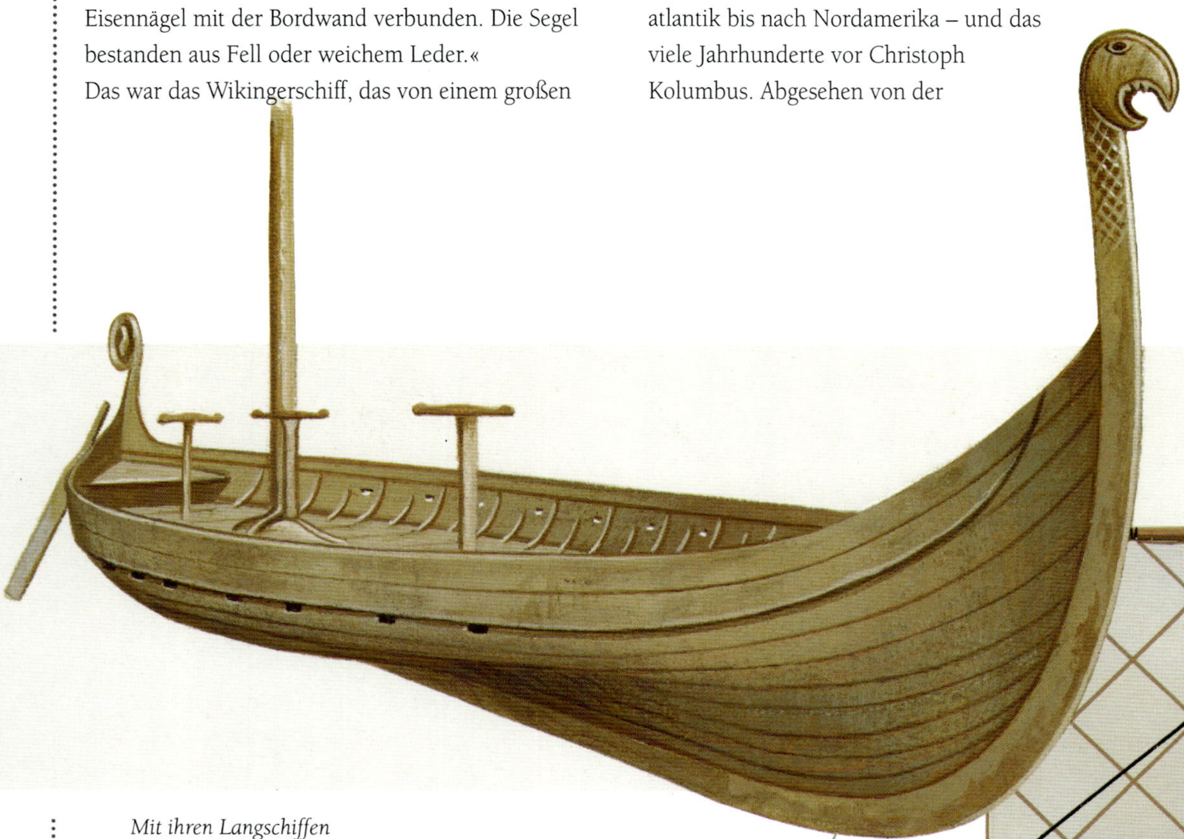

Mit ihren Langschiffen fuhren die Wikinger durch die Meere Nordeuropas. Sie gelangten dabei bis an die Küsten Grönlands und – lange vor Christoph Kolumbus – auch nach Nordamerika. Zu jener Zeit hatten die Insassen als Schutz vor dem Wetter nur ein Zelttuch, das über die Ruderbänke gespannt wurde (oben).

Die Zeichnung lässt ein typisches konstruktives Element der nordischen Schiffe erkennen, den Kiel. Diese Längsstruktur hob sich auf die ganze Länge des Schiffes von der Beplankung ab und verlieh ihm Steifigkeit (rechts).

Das Wikingerschiff hatte wie die Galeere des Mittelmeeres einen langen leichten Rumpf. Es unterschied sich aber durch das rechteckige Segel, durch die geringere Bedeutung des Ruderantriebs, der durch die häufigen hohen Wellen erschwert wurde, und durch die Beplankung in Klinkerbauweise (oben).

Beplankung unterschied sich das nordische Schiff auch in anderer Hinsicht deutlich von den im Mittelmeer gängigen Schiffstypen.

Die Bordwand hatte zwar immer noch tragende Funktion, doch traten nun Elemente auf, die schließlich den tragenden Rahmen des Schiffes bilden sollten, zum Beispiel der massive, kräftige Kiel, den schon Julius Cäsar bemerkt hatte. Er sollte nicht nur »Schlägen widerstehen«, sondern versteifte das gesamte Schiff in der Längsrichtung. Dazu kamen spezielle, dicke Planken, auf denen sich die wichtigsten Querstrukturen, die Bodenwrangen und die Bordwand abstützten. Der Mast ruhte in einer richtigen Mastspur, die die Kräfte des Segels aufnahm. Die Mastfischung verlief über vier oder fünf Bodenwrangen, die ihrerseits auf dem Kiel ruhten. Der Rumpf lag langgestreckt auf dem Wasser, und daher stammt auch die übliche Bezeichnung Langschiff. In Wirklichkeit waren die Wikingerschiffe gar nicht besonders lang. Sie lagen aber sehr flach im Wasser, und das erzeugte wohl den Eindruck einer großen Länge bei nicht unerheblicher Breite.

Jedenfalls erreichte das Langschiff der Wikinger nicht das damals übliche Längen-Breiten-Verhältnis von 3:1. Die beiden Enden des Rumpfes waren verjüngt und weit nach oben gezogen. Aus ihnen entstanden später die für das mittelalterliche Schiff typischen Kastelle.

Die Größe der Langschiffe gab man durch die Zahl der Ruderplätze an. Im Schnitt brachte es ein solches Schiff auf 30–40 Ruderplätze. Aus archäologischen Funden wissen wir, dass ein Ruderplatz rund einem Meter Länge entsprach. So war das Wikingerschiff wohl nicht über 35 Meter lang.

Im 13. Jahrhundert dominierten auf den nördlichen Meeren die Völker, die im heutigen England, in Nordfrankreich und im Gebiet der Hanse wohnten. Ihre Wirtschaft und ihre Sicherheit beruhten auf ihrer Vorherrschaft auf dem Meer.

Das Schiff, das die Entwicklung dieser Völker begleitete, stammte in der äußeren Form wie in der Konstruktionstechnik vom Wikingerschiff ab. Sofort setzte sich das Vorder- und das Achterkastell durch, und das aus Gründen des Frachttransports, der Navigation und der Kriegsführung – wie schon zu Zeiten der Römer. Die Beplankung war in Klinkerbauweise ausgeführt, Bug und Heck waren verjüngt und nach

Im Mittelmeer stand der schnellen Kriegsgaleere ein viel rundlicheres Frachtschiff gegenüber. Man bezeichnet es heute auch als Kreuzfahrerschiff, weil es während der Kreuzzüge Truppen, Pferde und Pilger ins Heilige Land brachte. Es besaß wie die Galeere Lateinsegel (unten).

Die großen Schiffe erhielten hohe Freiborde und große Segel. Diese Entwicklung betraf die südeuropäische Karracke, wie auf diesem Bild von Lorenzo Costa aus dem 15. Jahrhundert, ebenso wie die nordische Kogge. Beide besaßen rechteckige Segel und ein Vorder- sowie ein Achterkastell (S. 37).

Zu Beginn des 2. Jahrtausends zeigten die Schiffe im nördlichen Europa eine revolutionäre Neuigkeit: das zentrale Heckruder. Es ersetzte das eine oder die beiden seitlichen Ruder, mit denen man bisher das Schiff gesteuert hatte (oben).

Das Mittelmeer war die Wiege zahlreicher kleinerer Schiffstypen. Sie beruhten auf früheren Modellen und überleben in der Küstenschifffahrt mit nur geringen Veränderungen bis auf den heutigen Tag. Solche Schiffe fahren, mit leichten Veränderungen am Heck, noch heute im zentralen und östlichen Mittelmeer (rechts).

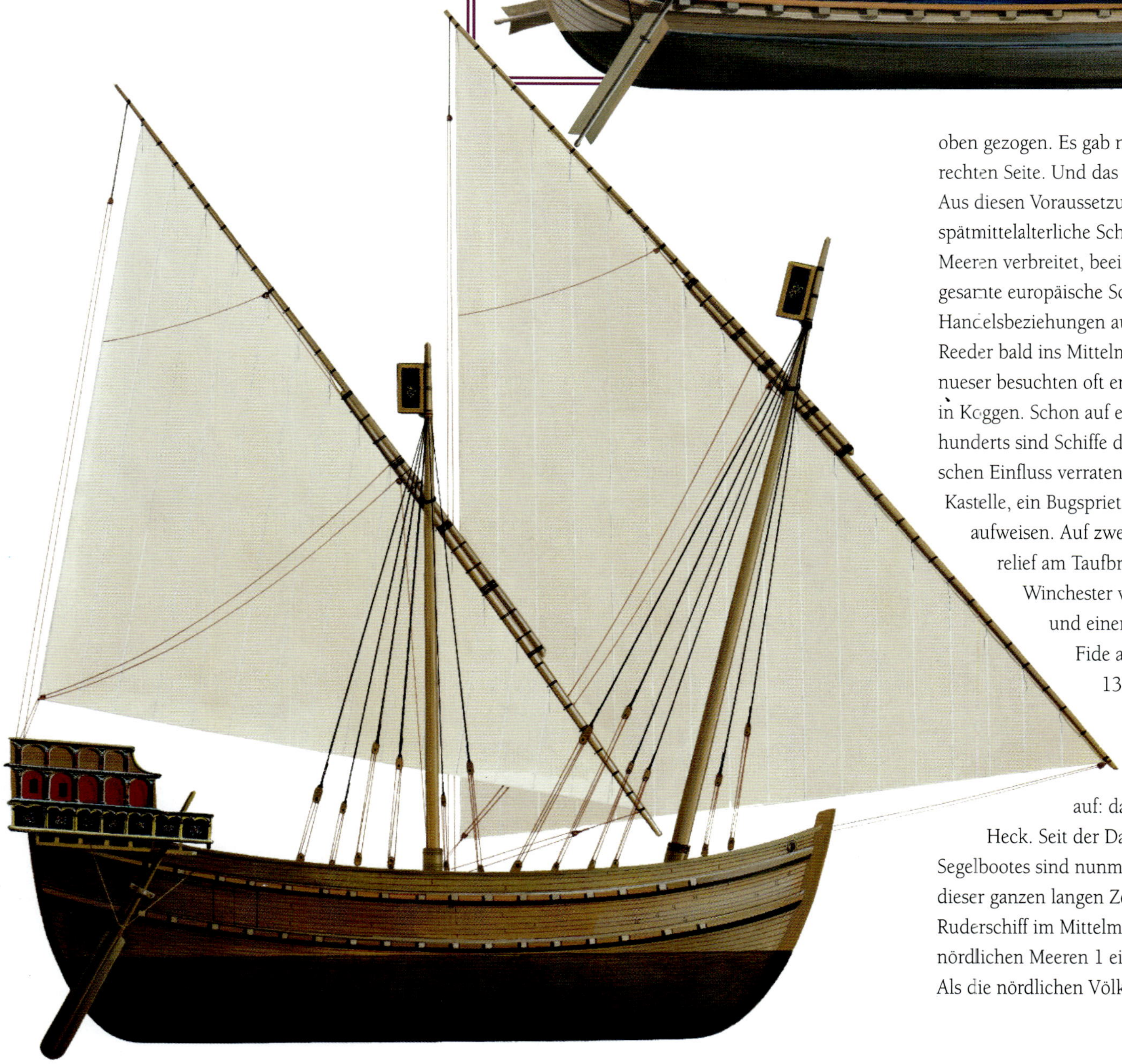

oben gezogen. Es gab nur noch 1 Steuerruder auf der rechten Seite. Und das Segel war viereckig.

Aus diesen Voraussetzungen entstand das typisch spätmittelalterliche Schiff. Es war in den nördlichen Meeren verbreitet, beeinflusste aber auch bald die gesamte europäische Schiffbaukunst. Um ihre Handelsbeziehungen auszudehnen, fuhren nordische Reeder bald ins Mittelmeer, und vor allem die Genueser besuchten oft englische Häfen. Sie alle reisten in Koggen. Schon auf einigen Siegeln des 13. Jahrhunderts sind Schiffe dargestellt, die zwar wikingischen Einfluss verraten, aber gleichzeitig hohe Kastelle, ein Bugspriet und rundere Formen aufweisen. Auf zwei Darstellungen, einem Flachrelief am Taufbrunnen in der Kathedrale von Winchester vom Ende des 12. Jahrhunderts, und einer Zeichnung in der Kirche von Fide auf Gotland vom Beginn des 13. Jahrhunderts, taucht die wichtigste Erfindung der Schiffbautechnik seit der Zeit der Ägypter erstmals auf: das zentrale Steuerruder am Heck. Seit der Darstellung des ersten Segelbootes sind nunmehr 4500 Jahre vergangen: In dieser ganzen langen Zeit besaß das Segel- wie das Ruderschiff im Mittelmeer 2 seitliche Ruder, in den nördlichen Meeren 1 einziges seitliches Ruder.

Als die nördlichen Völker sich zur wirtschaftlichen

Expansion und damit zur Ausweitung der Schifffahrt entschieden, suchten sie nach technischen Verbesserungen, um ihre Schiffe effizienter zu gestalten. Die innovativste und bedeutendste Erfindung war dabei das zentrale Heckruder. Die seitlichen Ruder hatten sich für Schiffe unter Riemen mit geradem Rumpf durchaus bewährt. Für Segelschiffe, die sich nach einer Seite neigen und dadurch krängen, ließen sie keine effiziente Steuerung mehr zu: Das Steuerruder in Luv hing in der Luft, das Steuerruder in Lee bog sich durch die auftretenden Kräfte durch oder brach sogar, besonders weil es nur an einer Stelle oben befestigt war. Das zentrale Ruder hingegen befindet sich am Ende des Hecks und ist an seiner ganzen Achse befestigt. Es bleibt immer unter Wasser und verbiegt sich auch nicht.

Die neu gefundene Lösung setzte sich schließlich auf der ganzen Welt und bei allen Schiffstypen durch. Dies umso mehr, als die Entwicklung der Schifffahrt auf die Eroberung der Hochsee und der großen Meere abzielte, wo der Antrieb durch Ruderer schnell an seine Grenzen stieß.

Die nordischen Nationen, die schon immer mit hohen Wellen zurechtkommen mussten und die immer weitere Reisen unternahmen, entwickelten dabei die Technik des Manövrierens durch Segel und vergaßen die Riemen vollständig.

Die Kogge stellte mit ihrer Technologie den Prototyp eines Segelschiffes dar. Sie hatte keine Ruderbänke mehr, sondern verfügte über eine effiziente Besegelung. Sie konnte große Frachtmengen aufnehmen und war gleichzeitig hochseetüchtig. Die Planken zeigten zwar noch die Klinkerbauweise, doch Kiel und Spanten traten immer deutlicher hervor und entwickelten sich schließlich zu einer tragenden Struktur des Rumpfes. Bug und Heck waren immer noch hochgezogen, lagen aber nicht mehr so hoch über dem Freibord: In Wirklichkeit wurde dieses erhöht, um die Ladekapazität des Schiffes zu vergrößern. Das Vorderkastell blieb klein, während das Achterkastell immer bedeutender und zu einem integrierenden Bestandteil des gesamten Rumpfes wurde. Die Dimensionen waren in der Regel bescheiden: Die Kogge des 14. Jahrhunderts hatte eine Länge über alles von 30 Meter und eine Maximalbreite von 7 Meter. Im Vergleich zu den Schiffen im Mittelmeer war sie also schlanker; der Tiefgang betrug 3 Meter, das Freibord war ebenso hoch: So ergab sich trotz der bescheidenen Ausmaße eine große Ladekapazität.

Als die Ausmaße der Schiffe größer wurden, um mehr Fracht aufnehmen zu können, entwickelte sich die Kogge zur Hulk, behielt dabei aber die äußeren Formen und die Takelung bei.

Kogge wie Hulk besaßen immer einen einzigen Mast mit einem großen rechteckigen Segel, dessen Fläche man mit Bonnets verkleinerte oder vergrößerte. Es handelte sich dabei einfach um Segelstreifen, die am Unterliek hinzugefügt wurden. Sehr früh kamen auch feste Zeisinge am Reff auf. Doch abgesehen davon gab es keine Neuerungen bei der Takelung. Erst aus der Begegnung mit dem zeitgenössischen Schiffstyp des Mittelmeeres, der Karracke, von der an anderer Stelle die Rede sein wird, ging das dreimastige Segelschiff hervor.

Übrigens war die Kogge dafür verantwortlich, dass bei den Frachtschiffen des Mittelmeeres das Rahsegel wieder eingeführt wurde, das mit dem Verschwinden des römischen Frachtschiffes in Vergessenheit geraten war. Die Kogge und die größere, aber ähnliche Hulk übernahmen den gesamten Seeverkehr auf den nordischen Meeren. Sie wurden beispielsweise von den englischen Kaufleuten der Liga der »Cinque Ports« (Dover, Sandwich, Hythe, Romney und Hastings) eingesetzt. Diese hatten sich zusammengetan, um ihre Handelsinteressen gemeinsam durchzusetzen und zu verteidigen. Noch mehr verbreitete sich die Kogge in den Handelsstädten, die sich zur Deutschen Hanse zusammenschlossen. Noch heute spricht man in diesem Zusammenhang oft von der Hansekogge. Zur gleichen Zeit schüttelte nun auch das Mittelmeergebiet das finstere Mittelalter ab. Venedig und Genua und in noch stärkerem Umfang Spanien und Portugal sandten Karracken aus, um neue unerforschte Gebiete kennen zu lernen.

Aus der gemeinsamen Erfahrung mit der Karracke und der Kogge ging das moderne Segelschiff hervor, die Galeone des 16. Jahrhunderts.

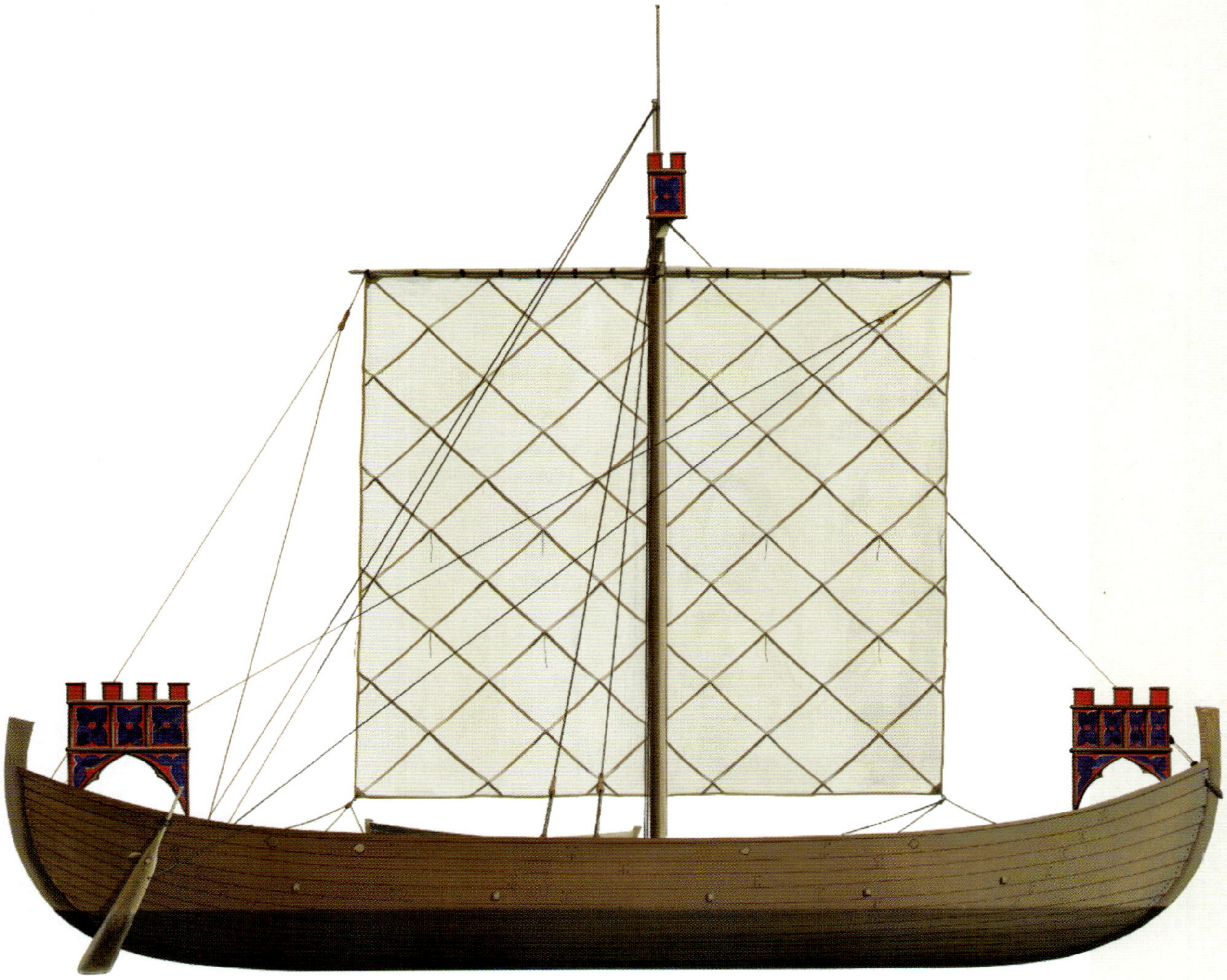

Die Karracke

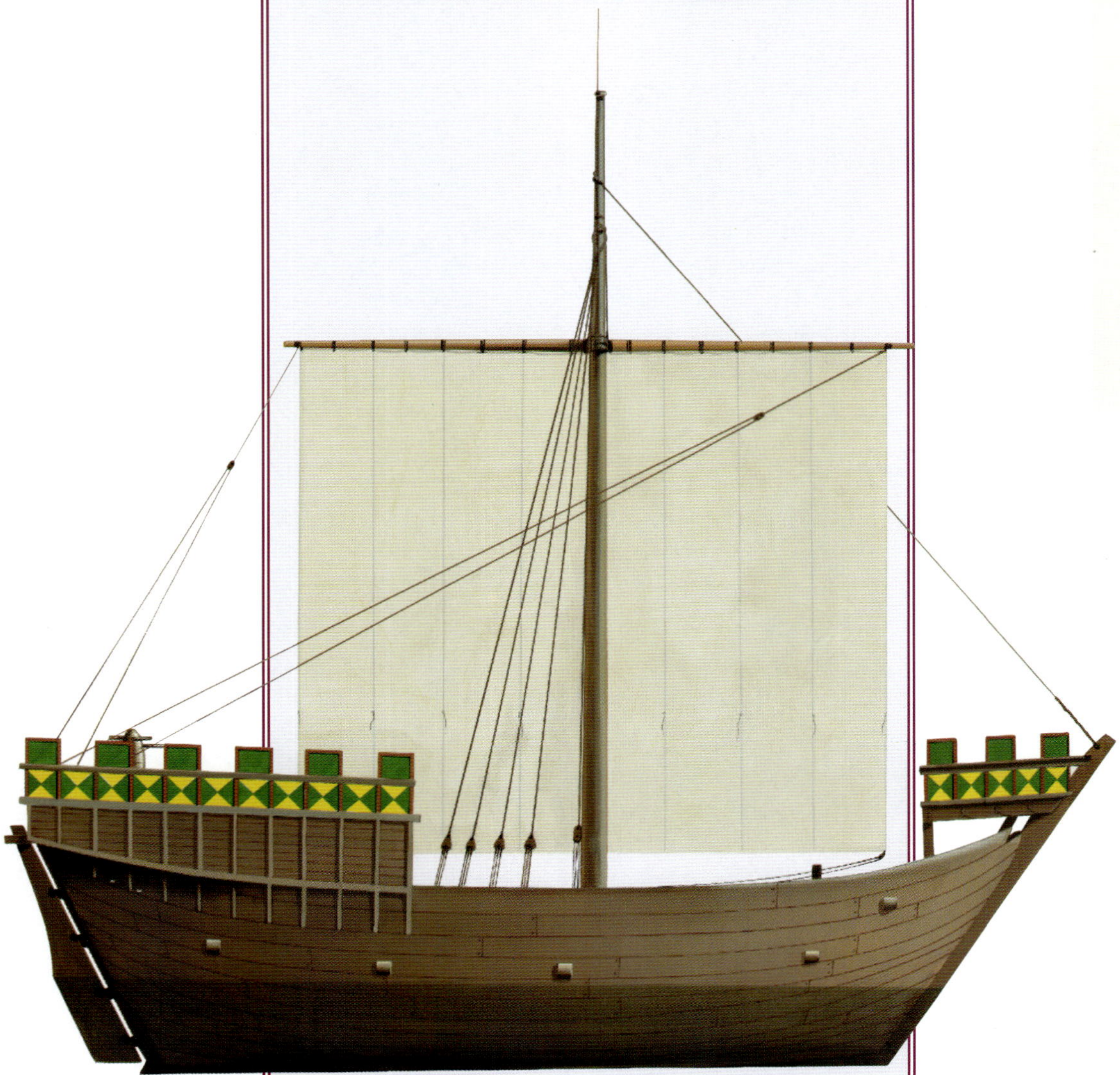

Karracke: »Ein Schiff mit hohem Bord und großer Ladekapazität, mit 4 oder 5 Decks, mit einem Vorder- und einem Achterkastell, mit 3 Masten und Rahsegeln, mit Marssegel und Vormarssegel, das Besansegel als Lateinsegel, Tragfähigkeit über 2000 Tonnen. Es wurde von allen Nationen verwendet, am meisten von den Genuesern und den Portugiesen, überwiegend für den Handelsverkehr, bisweilen aber auch im Krieg.«

Der erste Schritt in der Entwicklung des nordischen Segelschiffs war das Langschiff der Wikinger. Es hatte einen erhöhten Freibord, weil damit Last transportiert werden sollte und weil die Reisen immer weiter von den schützenden Küsten wegführten. Gleichzeitig kamen 2 Kastelle auf, eines am Bug, das andere am Heck (S. 38 oben).

Beim mittelalterlichen Segelschiff traten die beiden Elemente, die für die Entwicklung des Langschiffs typisch waren, in verstärktem Maße auf: Das Kastell wurde in den Rumpf integriert und gewann vorne wie achtern an Bedeutung. Auch der Freibord wurde höher und das gesamte Schiff schwerer (S. 38 unten).

In ihrer definitiven Gestalt war die Karracke ein mächtiges Segelschiff mit großem Tiefgang und hohem Freibord. Beide Elemente führten zu einer erhöhten Tragfähigkeit. Karracken hatten 3 Masten und wegen des Gesamtgewichts eine vergrößerte Segelfläche (links).

In einem Dokument vom Ende des 14. Jahrhunderts, der so genannten »Carta di Pizigani«, ist ein zweimastiges Schiff abgebildet. Der Großmast trägt ein Rahsegel, der Besanmast ein Lateinsegel. Damit sind auf einem Schiffstyp die klassischen Merkmale des Kriegs- und des Frachtschiffs des Mittelmeeres sowie der nördlichen Kogge vereinigt. Es handelt sich dabei um die erste Darstellung einer Karracke. Dieses Segelschiff stellte während zweier Jahrhunderte und bis zum Aufkommen des Nachfolgemodells, der Galeone, das typische Handelsschiff des Mittelmeers und des Atlantiks dar. Es wurde vor allem von den Venezianern und den Genuesen, den Spaniern und Portugiesen verwendet. Die Karracke stellte zu ihrer Zeit den Höhepunkt der Schiffbaukunst dar. Das Heck war rund geformt und wies ein zentrales Ruder auf. Beim Vorder- wie beim Achterkastell handelte es sich um einen eher leichten Aufbau, eine einfache Plattform mit einer Reling oder nur um eine Art Gitterrost, um die beiden Enden des Schiffes nicht übermäßig zu belasten und um das Wasser schneller ablaufen zu lassen. Anfänglich hatten die Karracken neben dem Großmast nur einen Besanmast, wie wir dem bereits genannten Dokument entnehmen können. Aber bald setzte sich die klassische dreimastige Anordnung durch.
Nun hatte der Segelantrieb vollständig die Oberhand gewonnen über den Ruderantrieb, und die Kunst im Umgang mit den Segeln hatte vor allem bei der nordischen Kogge ein Niveau erreicht, das erst in der Zeit der Klipper oder Windjammer übertroffen wurde.
Für den Hauptantrieb sorgte das große Rahsegel am Großmast. Das Manövrieren hingegen geschah mit den 2 beweglichen kleinen Segeln des Besanmastes hinten und des Fockmastes vorne. Mit dem einen luvte man an, mit dem anderen fiel man ab.
Der Wunsch nach einer Leistungssteigerung führte zu einer Vergrößerung der Zahl der Segel: Vorne befestigte man am Bugspriet ein rechteckiges Rahsegel, die Blinde, und am Großmast befestigte man eine Großstenge mit einem ebenfalls viereckigen Marssegel. Das Großsegel verfügte über Bonnets, die bereits erwähnten Segelstreifen, die am Unterliek hinzugefügt wurden, um die Segelfläche zu vergrößern. Dieses nordische System ersetzte vollständig das seit der Antike gebräuchliche mediterrane System zur Verkleinerung oder Vergrößerung der Segelfläche.

Die Karracke war das typische Schiff des Spätmittelalters. Sie wurde von allen Seefahrernationen gebaut. Auch Venedig und Genua, damals die beiden größten Seemächte im Mittelmeerraum, benutzten die Karracke. Die Darstellung von Vittore Carpaccio zeigt die Typologie mit allen technischen Einzelheiten: zentrales Heckruder, Besanmast mit Lateinsegel, Großmast mit Rahsegel, ferner – hier nicht zu sehen – ein kleiner Fockmast auf dem Vorderkastell. Die beiden Kastelle sind stark erhöht (rechts).

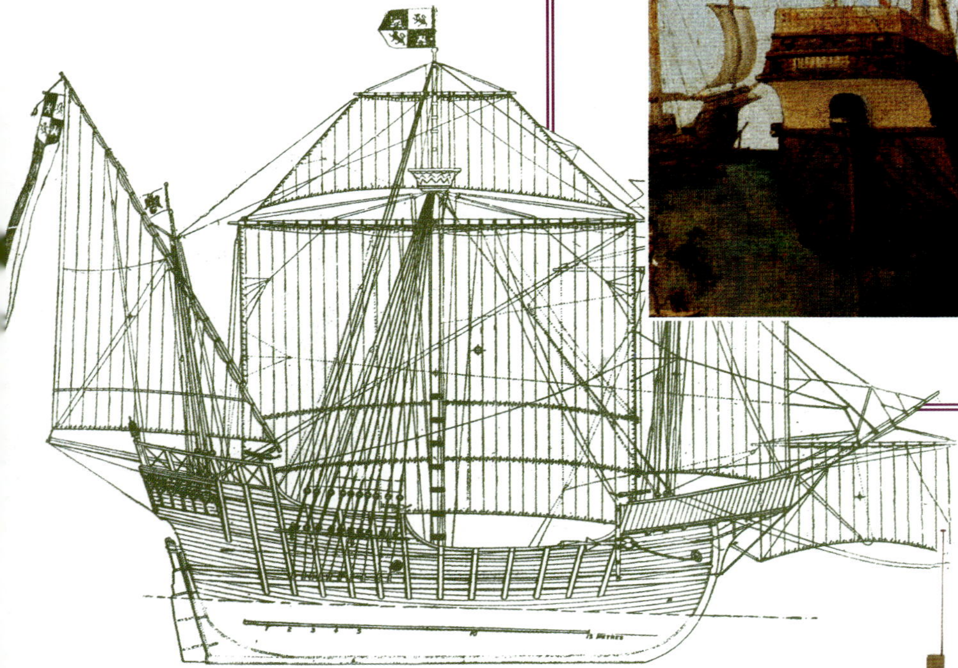

Mit dieser Ausrüstung startete die SANTA MARIA, das Flaggschiff der kleinen Flotte, mit der Christoph Kolumbus 1458 den Atlantik überquerte und Amerika entdeckte.
Die SANTA MARIA war ein Segelschiff, das in den portugiesischen Texten als Nao bezeichnet wird. Ursprünglich bedeutet das nichts anderes als »Schiff«. Der Begriff steht für ein Segelschiff, das sich durch seine Dimensionen von den anderen unterschied. Obwohl uns keine Abbildung zur Verfügung steht, war die SANTA MARIA ohne Zweifel eine Karracke. Kolumbus liefert uns in seinem Schiffstagebuch detaillierte Beschreibungen von ihrer Ausrüstung und von ihrem Aufbau.
Die SANTA MARIA war keine große Karracke. Durch Analogieschlüsse können wir ihre Ausmaße abschätzen: Die Länge über alles betrug wohl rund 24 Meter, die Breite 8 Meter.

Wir kennen aber die Abmessungen größerer Karracken aus jener Zeit. In einem Lehrbuch der Schiffbaukunst, das im British Museum aufbewahrt wird, sind die Maße einer großen Karracke verzeichnet: Länge über alles 38 Meter, Länge des Kiels 26 Meter, Breite 10,40 Meter.
Noch größer war wohl die venezianische Karracke, die der Maler Jacopo de Barbari im 16. Jahrhundert auf einer Stadtvedute abbildete. Dieses Segelschiff weist eine bemerkenswerte technische Neuerung auf: Es hat 4 Masten. Ganz hinten am Heck taucht ein zweiter Besanmast auf, der Bonaventuramast. Mit dem entsprechenden Segel luvte man in Notfällen an.

Die SANTA MARIA, das Flaggschiff von Christoph Kolumbus, stellte den modernen Karrackentyp dar. Leider sind keine Darstellungen dieses Schiffes überliefert worden, doch aus den Beschreibungen des Genueser Admirals geht hervor, dass es sich um eine portugiesische Nao handelte. Dieser Name galt Großsegelschiffen und damit Karracken. Die hohen Kastelle sind übrigens verschwunden; diese Tendenz führte letztlich zum Linienschiff.

Die Darstellungen entsprechen zwei Interpretationen der Beschreibungen von Kolumbus (S. 40 Mitte u. unten).

Die Portugiesen verwendeten die Karracke für ihre Entdeckungsreisen und entwickelten sie dazu weiter. Die Kastelle wurden dabei größer. Auch die Zahl der Masten und die Segelfläche nahmen zu. Es erschienen zum Beispiel das Marssegel sowie ein vierter Mast, der Bonaventuramast (oben).

Die Karavelle

Karavelle: Handelsschiff des 15. und 16. Jahrhunderts, Wasserverdrängung zwischen 100 und 130 Tonnen, in der Regel mit 3 Masten und einem Bugspriet, mit Lateinsegeln und oft Rahsegeln an den vorderen Masten sowie einer Blinde. Zwei Karavellen, die PINTA und die NIÑA, und ein größeres Schiff, die SANTA MARIA, bildeten die Flotte, mit der Christoph Kolumbus Amerika entdeckte.

Unter den Schiffen, mit denen Christoph Kolumbus den Atlantik überquerte, besaß die NIÑA einen etwas kürzeren Rumpf als das Flaggschiff. Sie war mit Rahsegeln am Fockmast und am Großmast ausgerüstet und trug am Besanmast ein Lateinsegel. Der Rumpf hatte weniger Freibord. Damit eignete sie sich gut für die Küstenfischerei, für die die Karavelle ursprünglich konzipiert worden war (rechts).

Die Schiffe von Christoph Kolumbus waren eigentlich klein. Wenn sein Flaggschiff, die SANTA MARIA, knapp über 20 Meter maß, so musste die PINTA, eine typische portugiesische Karavelle, noch kleiner sein. Ursprünglich besaß sie 2 Masten mit Lateinsegeln (links).

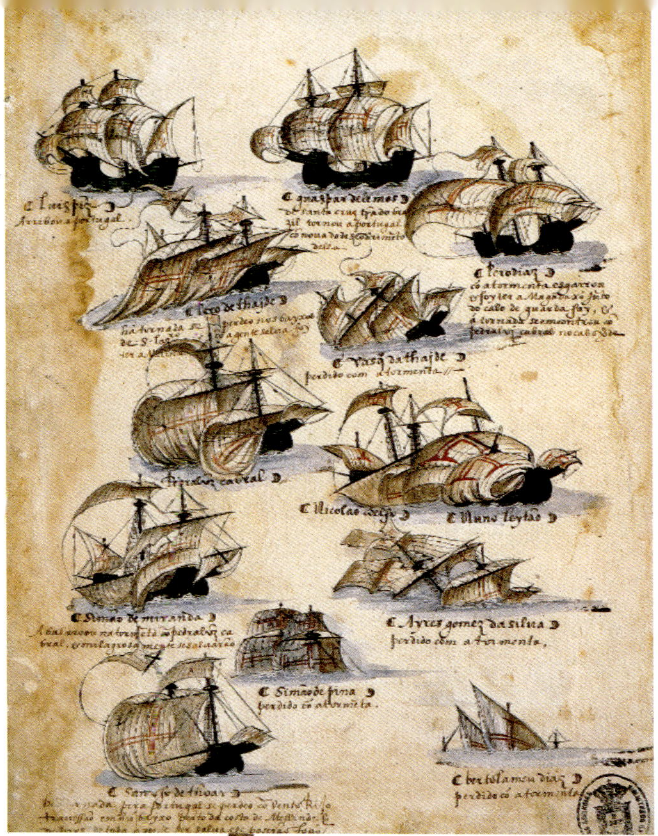

Karavellen, Karracken und portugiesische Naos gelangten im Jahr 1500 unter dem Kommando von Pedro A. Cabral nach Südamerika. Das Blatt aus dem »Livro das Armadas« stellt die abenteuerliche Landung dar, die für einige Schiffe ein tragisches Ende bedeutete (rechts).

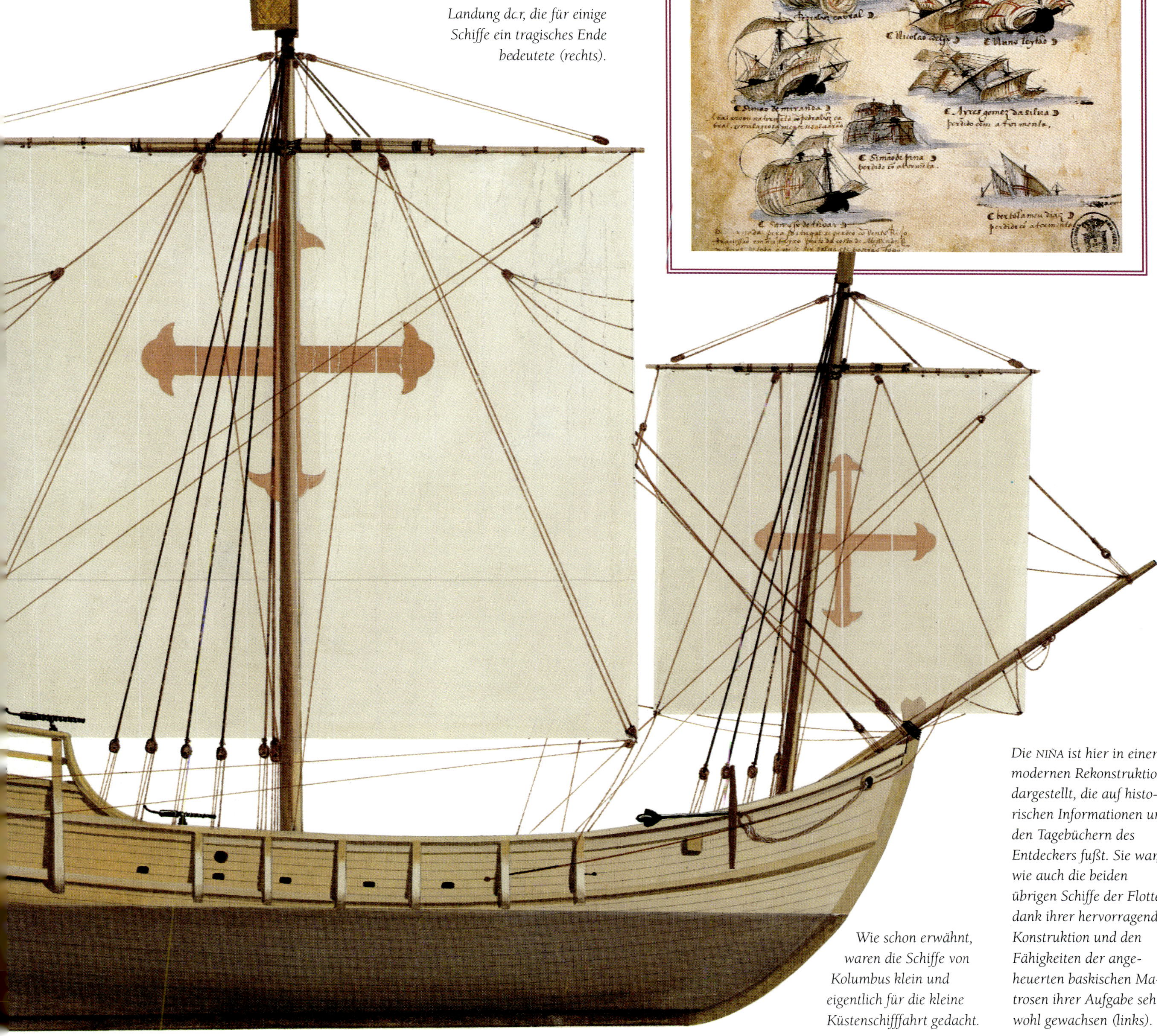

Wie schon erwähnt, waren die Schiffe von Kolumbus klein und eigentlich für die kleine Küstenschifffahrt gedacht.

Die NIÑA ist hier in einer modernen Rekonstruktion dargestellt, die auf historischen Informationen und den Tagebüchern des Entdeckers fußt. Sie war, wie auch die beiden übrigen Schiffe der Flotte, dank ihrer hervorragenden Konstruktion und den Fähigkeiten der angeheuerten baskischen Matrosen ihrer Aufgabe sehr wohl gewachsen (links).

Die Karavelle verdankt ihre Bekanntheit der Tatsache, dass Christoph Kolumbus auf seiner ersten Entdeckungsreise »dem Gang der Sonne folgend« 2 Karavellen mitnahm. Sie hießen PINTA und NIÑA.
Für die Schiffshistoriker ist der Begriff Karavelle deswegen bedeutsam, weil mit ihm eine neue Art der Beplankung verbunden ist, die Kraweelbauweise, die im 16. Jahrhundert aufkam und die die bisherige Klinkerbauweise ersetzte. Der nordeuropäische Schiffbau hatte zwar das Heckruder entwickelt und beim Bau des Rumpfes den Übergang von der tragenden Beplankung zur tragenden Spantenstruktur begonnen. Trotzdem blieb er noch im ganzen 15. Jahrhundert an die Tradition gebunden, die nur die Klinkerbauweise vorsah.
In einer Chronik vom Ende des 15. Jahrhunderts finden wir erstmals die Nachricht, dass zwischen 1459 und 1460 in Holland und Dänemark Karavellen nach portugiesischem Modell, in Kraweelbauweise konstruiert wurden. Dies erlaubte einesteils eine größere Dicke und damit Festigkeit der Bordwand, und andererseits konnte diese auf eine Querstruktur aufgebracht werden. Dieses Bauprinzip heißt auf Deutsch Kraweel oder Karweel, und dieser Begriff leitet sich direkt von »Karavelle« ab.
Um der Genauigkeit willen muss allerdings eines hinzugefügt werden: Um erstmals die »Rippenstruktur« des Schiffes zu realisieren und darauf die Planken zu befestigen, brauchte man vorher unbedingt genaue Vorlagen, um den Spanten die richtige Krümmung zu verleihen. Erst dann lässt sich die Beplankung richtig anbringen. Die Technik des maßstäblichen Zeichnens trat aber erst vom 17. Jahrhundert an auf. Es ist somit

unwahrscheinlich, dass irgendjemand zwei Jahrhunderte zuvor ein solches Schiff fertig stellen konnte. Allerdings müssen wir den niederländischen Chronisten durchaus eine gewisse Glaubwürdigkeit einräumen. Wahrscheinlich wurden jene »Cravelschepen« von einem bereits bestehenden Schiff aufgebaut. Man übernahm ganz dessen Formen oder beschränkte sich darauf, einige wichtige und nicht gleich alle Spanten einzubauen.
Dank Christoph Kolumbus und der Tradition der Kraweelbauweise gehört die Karavelle zu den bekanntesten Schiffstypen der Marinegeschichte. Ohne Zweifel stammt sie aus Portugal. Heinrich der Seefahrer setzte auf seinen Entdeckungsreisen längs den Küsten Afrikas Karavellen ein. Obwohl uns ihre Ausmaße nicht überliefert sind, können wir doch sicher sein, dass sie kleiner waren als die bereits kleine SANTA MARIA und somit weniger als 20 Meter Länge über alles aufwiesen.
Diese Karavellen zeigten sehr interessante technische Merkmale. Sie lagen flach im Wasser mit geringem Tiefgang, waren ziemlich schmal und leicht. Die Wasserlinie lief am Bug sehr spitz zu; achtern befand sich ein Spiegelheck. Sie besaßen 2, seltener 3 Masten mit einem Bonaventuramast beim Spiegelheck, und sie waren mit Lateinsegeln ausgerüstet. Alle diese Merkmale bewirkten, dass die Karavelle schnell vorankam und im Vergleich zu den anderen Schiffen jener Zeit besser gegen den Wind segeln konnte. Diese Eigenschaft schätzte vor allem Heinrich der Seefahrer. Er wusste nämlich, dass seine Schiffe auf ihrer Rückreise von der Erforschung der afrikanischen Küsten auf widrige Winde stoßen würden. Noch mehr schätzten die portugiesischen Fischer diese Eigenschaft: Sie stachen bei günstigem Wind ins Meer, mussten dann aber gegen diese Winde zurückkehren. Auf dem Fluss Teju oder Tajo fahren heute noch große Schiffe mit Lateinsegel, die Frigatas. Vor allem ihr Rumpf erinnert mit dem hohen geschwungenen Vordersteven an die alte Karavelle.

Die Portugiesen besaßen eine gewisse Zeit sozusagen das Monopol auf große Entdeckungsreisen. Vasco da Gama fuhr mit seinen Karracken in den Fernen Osten. Dort belud er sie mit allen möglichen exotischen Gütern und kehrte in seine Heimat zurück. In Portugal erwarteten ihn Ruhm und Ehren, wie dieser flämische Wandteppich aus dem 16. Jahrhundert im Museum Caramulo von Lissabon schildert (S. 44/45).

Stilisierte japanische Darstellung einer portugiesischen Karavelle (genauer gesagt einer Nao) vor den Gewässern von Nagasaki. Es besteht kein Zweifel daran, dass portugiesische Schiffe bis dorthin gelangt sind. Auf der Darstellung überrascht die Beplankung in Klinkerbauweise, obwohl doch gerade die Portugiesen nach dem niederländischen Vorbild die Kraweelbauweise vorzogen (oben).

Die Schiffe von Christoph Kolumbus wurden in der jüngsten Zeit oft unzutreffend rekonstruiert. Diese Keramik im Marinemuseum von Madrid gibt uns ein vernünftiges Bild: Die SANTA MARIA im Zentrum hat die Merkmale einer Karracke. Die NIÑA und die PINTA sind kleiner mit Lateinsegeln (rechts).

Wie diese Darstellungen aus der Renaissance zeigen, machte damals die schnelle, von Ruderern angetriebene Galeere noch den größten Teil der Kriegsflotten aus, insbesondere der türkischen. Das Ende der Galeere kam erst mit dem Aufkommen der Kanone, die sich viel besser in die schweren, hohen und stabilen nordeuropäischen Schiffstypen einbauen ließ (rechts, S. 47 unten).

Die Galeone ist trotz ihres Namens keinesfalls eine große Galeere. Aus der Galeere ging die Galeasse als größeres, massigeres Schiff mit mehr Segeln hervor. Die Galeone hingegen war die bewaffnete Weiterentwicklung der nordisch geprägten Karracke. Beide Typen bedeuteten allerdings das Ende für die Galeere (unten).

Fredrik Henrik af Chapman sammelte im 18. Jahrhundert Zeichnungen aller Schiffstypen, die es zu jener Zeit mindestens noch in der Erinnerung der lokalen Schiffbauer gab. Ihm verdanken wir diese wunderschönen, technisch einwandfreien Zeichnungen venezianischer Galeeren (S. 47 oben).

Galeere: langer schlanker Schiffstyp mit Lateinsegel und Ruderantrieb, von 1100–1800 hauptsächlich als Kriegsschiff verwendet.

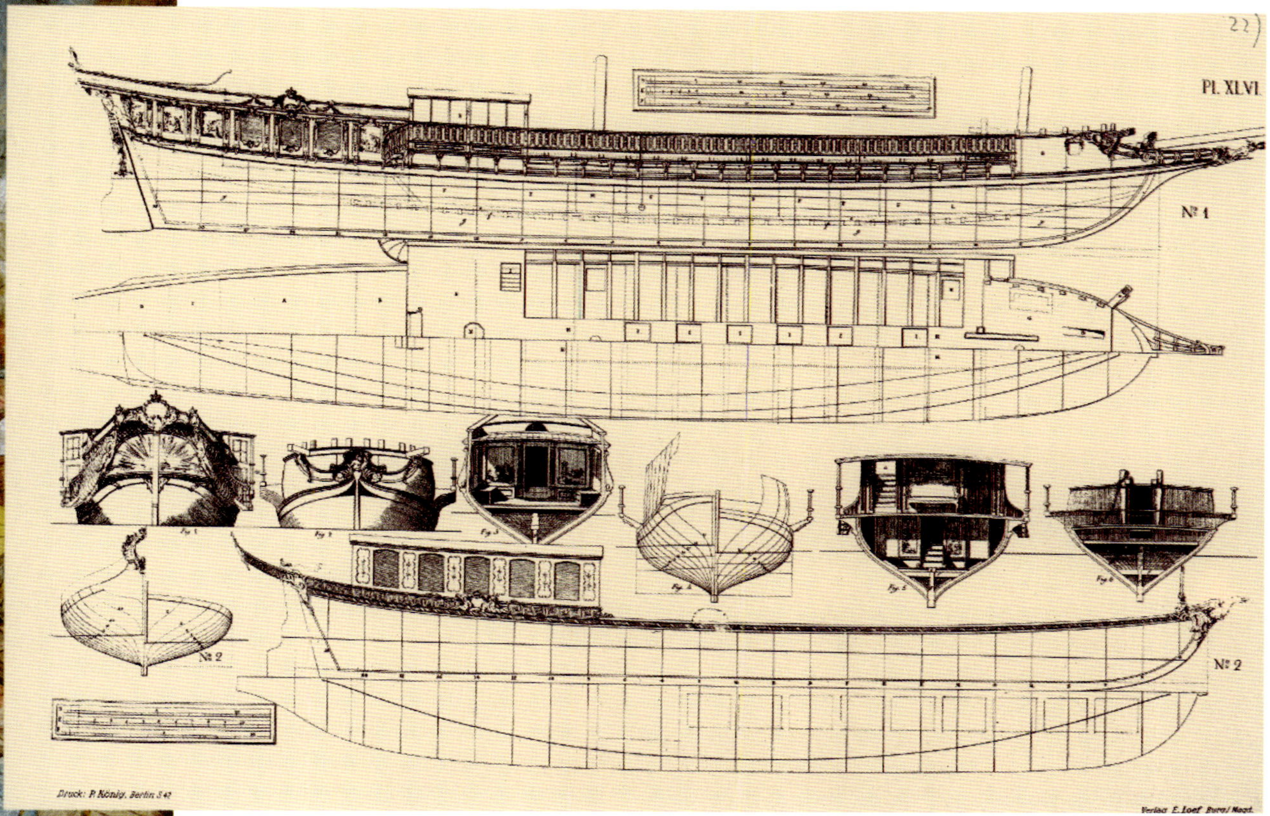

Die Galeere

Das klassische Kriegsschiff des Mittelmeeres war die Galeere. Sie vertraute beim Antrieb ganz auf die Ruderer. Das Segel diente nur als Hilfe. Diese Galeere bekam außerhalb der ruhigen Gewässer des Mittelmeeres bald Schwierigkeiten. Aber auch das runde, schwere nordische Schiff mit seinem einzigen Rahsegel hatte es nicht leicht, mit den schwachen und oft wechselnden Winden im Mittelmeer zurechtzukommen. So blieb die Galeere noch einige Jahrhunderte nach dem 1. Jahrtausend das bedeutendste Kriegsschiff des Mittelmeeres. Sie war leicht, lang, schlank und wendig und entwickelte auf den kurzen Strecken im Mittelmeer genügend Geschwindigkeit. Durch ihre Ausrüstung mit Lateinsegeln konnte sie auch gegen den Wind segeln, ohne auf günstige Winde warten zu müssen.

Die Genueser, die Venezianer, die Franzosen und die Spanier besaßen Kriegsflotten, die zu einem weit überwiegenden Teil aus Galeeren bestanden. Nicht zu vergessen die Araber und die Türken, an deren Küsten die Galeere mit dem Lateinsegel als direkte Nachfolgerin der byzantinischen Dromone entstanden war. Der Rumpf der Galeere war lang und lag flach auf dem Wasser, besaß aber im Unterschied zur Antike keinen Rammsporn mehr. Über der Wasserlinie erschien am Bug dafür ein Bugsporn, der u. a. die Riemen des Gegners zerstören konnte. Das Heck ragte nicht weiter vor, mindestens beim Modell aus dem 15. Jahrhundert nicht, bei dem die beiden Seitenruder, die auf der Höhe des Kastells befestigt waren, ersetzt wurden durch das modernere Heckruder. Über dem Heck befand sich ein leichtes Kastell, nur eine kaum hervortretende Plattform mit einer Reling auf allen Seiten und einer Vorrichtung zum Aufspannen eines Zeltdaches, das dem Kapitän und Steuermann bei schlechtem Wetter Schutz bot. Die Takelung war dieselbe wie bei der Karavelle, 2 oder 3 Masten, bei kleinen Schiffen nur ein einziger. Das Lateinsegel hing an einer langen Rah, die aus 2 Teilen bestand. Die Galeere besaß kein Deck, jedenfalls in der Kriegsversion, die am weitesten verbreitet war. Vorder- und Hinterkastell waren nur durch einen Laufgang

Noch im 17. Jahrhundert bekämpften sich im Mittelmeer die Türken und die Venezianer mit Flotten, die zu einem großen Teil aus Galeeren bestanden. Sie erwiesen sich in engen Gewässern und mit veränderlichen Winden als besonders wendig. Diese Galeere hat ihren Ursprung wohl in der altgriechischen Triere (oben).

Das Arsenal in Venedig war viele Jahrhunderte lang das wichtigste Schiffbauzentrum in Europa. Auf den Hellingen dieses Komplexes entstanden alle Schiffe, die es der Serenissima Repubblica ermöglichten, ihre Herrschaft über das Mittelmeer auszuüben (unten).

Das Gegenstück zur Galeere war das rundliche Frachtschiff nördlichen Ursprungs, das die Italiener »nave tonda« nannten. Die Konvois dieser Schiffe, die Kreuzritter und Pilger ins Heilige Land transportierten, um dann mit kostbaren Waren gefüllt wieder in die Heimat zurückzukehren, kamen allerdings nicht ohne den Begleitschutz von Galeeren aus (rechts).

miteinander verbunden, der in der Mitte über die Ruderdecks führte. Galeeren wurden aber auch für den Handelsverkehr ausgerüstet: Man behielt dazu die Ruderer mit ihren Riemen bei, doch verzichtete man auf den Sporn und gab der Galeere etwas vollere Formen.

Man unterschied die verschiedenen Galeerentypen nicht nur durch die Gesamtzahl der Ruderer, sondern auch durch deren Anordnung. Die Riemen wurden gleichzeitig entweder zu zweit oder zu dritt bewegt. Die Galeere als Handelsschiff war im Allgemeinen größer als die Kriegsgaleere und wies vor allem ein etwas gedrungeneres Verhältnis von Länge zu Breite auf. Und da gab es noch die Galeasse, die im 16. Jahrhundert aufkam. Sie gilt mit ihrer 5-fachen Kampfkraft als der letzte Versuch, sich gegen die wachsende Vorherrschaft der Galeone zu wehren, die ihre Leistungsfähigkeit der imponierenden Takelung sowie den mitgeführten Kanonen verdankte.

Wir verfügen über zahlreiche Dokumente, die uns Auskunft geben über die Ausmaße der Galeeren. Der venezianische Schiffbauer Teodoro de Nicolò definierte in einem Manuskript, das heute noch in der Biblioteca Marciana in Venedig einzusehen ist, die Ausmaße für jeden Galeerentyp. Die »galea fusta« musste 22,97 Meter lang, höchstens 3,96 Meter breit sein und ein maximales Freibord von 1,37 Meter aufweisen. Die »galea sottile« erreichte eine Länge von 39,93 Meter, eine Breite von 5,03 Meter und einen Freibord von 1,68 Meter. Die entsprechenden Zahlen für die Handelsgaleere betrugen 46,02, 7,47 und 3,03 Meter.

Eine weitere genaue Informationsquelle ist ein Dokument Karls I. von Anjou aus dem Jahr 1275. Er befahl darin den Bau von Galeeren. Sie sollten eine Länge über alles von 39,50 Meter, eine Länge in der Wasserlinie von 28,20 Meter, eine Breite von 3,70 Meter und einen Tiefgang von 2,08 Meter aufweisen. Sie waren mit 2 Masten auszurüsten: einem 18 Meter hohen Großmast mit einem Maximaldurchmesser von 30 Zentimeter und einer Lateinrah von 26,80 Meter. Der Fockmast sollte 11 Meter hoch sein, einen Maximaldurchmesser von 25 Zentimeter und eine 17 Meter lange Rah aufweisen.

Zu Ende des 16. Jahrhunderts führten die Kanonen der christlichen Galeeren zum Untergang der türkischen Galeerenflotte bei Lepanto. Damit war im Mittelmeergebiet der erste Schritt zur Galeone vollzogen. Zur gleichen Zeit besiegten die englischen Galeonen bei Calais und die niederländischen Galeonen in ihren Heimatgewässern mit Leichtigkeit die spanischen Flotten, die damals noch aus Galeeren bestanden.

Zwei Schlachten bedeuteten somit das Ende dieses Schiffstyps. Vor allem zeigte sich die Überlegenheit des Segelschiffs gegenüber dem von Ruderern angetriebenen Schiff.

2

Auf der Zeichnung ist die englische Fregatte YARMOUTH *abgebildet, die 52 Kanonen an Bord hatte. Ihre Fahrten im Mittelmeer zur Verteidigung der englischen Interessen beschrieb in allen Einzelheiten der Seemann Edward Barlow in seinem Tagebuch (oben).*

Die technische Weiterentwicklung des mittelalterlichen Schiffs wird bei der GREAT HARRY *deutlich: Das Vorder- und das Achterkastell sind ein Erbe der Karracke. Zum Emblem dieses Schiffes wurde allerdings die Kanone. Die* GREAT HARRY *war das Flaggschiff der Flotte von Heinrich VIII. Sie besaß 122 Kanonen unterschiedlichen Kalibers an Bord (unten).*

Das Heck der SOLEIL DE ROYAL *zeigt uns, wie wenig Aufmerksamkeit die Schiffbaumeister jener Zeit der Stabilität widmeten. Stattdessen zogen sie es vor, ein opulentes Schnörkeldekor anzubringen. Manche Kapitäne zögerten nicht, den Zierrat abschlagen zu lassen, sobald sie sich von der Küste entfernt hatten (rechte Seite).*

Von der Galeone zum Linienschiff

Zu Beginn des 16. Jahrhunderts hatte das Segelschiff vor allem durch die Weiterentwicklung und die Entdeckungsreisen der neuen Seemächte in Nordeuropa ein hohes technisches Niveau erreicht. Der bekannte Marinehistoriker A. Lane drückte dies so aus: »Während die Segelausrüstung einem Seemann aus der Antike absolut unverständlich vorgekommen wäre..., hätten die Kapitäne aus der Zeit der großen Entdeckungsreisen oder auch noch einer Generation früher kaum etwas hinzulernen müssen, um das Kommando eines Schiffes zu Zeiten von Admiral Nelson zu übernehmen.«

Was hatte dazu geführt, dass man die mittelalterlichen Schiffstypen so stark weiterentwickeln konnte, etwa die Kogge, die eher einer gigantischen Nussschale glich und nur langsam und schwankend vorankam, oder die Galeere, die mit ihrem Wald von Rudern bei Wellengang kaum Fahrt machte, oder auch der letzte Schiffstyp, die Karracke, die trotz ihrer Plumpheit den Weg zur Neuen Welt eröffnen konnte? Es gibt gar keine eklatanten Unterschiede zwischen den genannten Schiffen und den Schiffstypen der darauf folgenden Jahrhunderte. Vielmehr passte man die Struktur des Schiffes und die Segelausrüstung neuen Anforderungen und Bedingungen an.

Zwei neue Bedingungen waren es vor allem: zunächst die Notwendigkeit, den Seekrieg angesichts der Einführung der Kanone auf den Schiffen zu verändern. Und dann war ein Hunger nach neuen Gebieten und vor allem nach deren Reichtümern spürbar. Die europäischen Gesellschaften hatten sich vom finsteren Mittelalter gelöst und beanspruchten diese Güter nun für sich. Die beiden Bedingungen hatten durchaus miteinander zu tun. Die erste Kanone stand bereits zu Beginn des 14. Jahrhunderts an Deck eines Segelschiffes: Französische Schiffe verwendeten sie bei der Belagerung von Antwerpen im Jahre 1336. Genueser Galeeren schossen damit 2 Jahre darauf auf Piraten der Berber. Sofort wurde aber klar, dass die Kanone auf dem Deck instabiler Schiffe eher von Nachteil war und keinesfalls ein effizientes Kriegsgerät darstellte. Das war aber noch nicht alles. Um einen Gegner, der sich in Bewegung befand, zu treffen, musste das Schiff, auf dem die Kanone montiert war, selbst sehr wendig sein. Geringe Stabilität und ein Mangel an Manövriervermögen waren hingegen die Eigenschaften des spätmittelalterlichen Segelschiffes. Diese Dinge änderten sich mit der Karracke: Sie war stabiler als die Kogge und die Galeere, die nur dann Schüsse abfeuern konnte, wenn die Kanone genau in der Mitte des Schiffes platziert war, weil es sonst gekentert wäre. Die Karracke war etwas wendiger als die Kogge und hochseetüchtiger als die Galeere. Im 15. Jahrhundert drangen die fortschrittlichsten Nationen in Europa, erst Portugal und Spanien, dann auch Frankreich, England und die Gebiete der Hanse zu Handelszwecken in immer weiter entfernte Gebiete vor. Dazwischen lagen oft weite, stürmische Meere. Daher stammte das Bedürfnis nach schnellen, hochseetüchtigen und wendigen Seglern, die nicht zu lange unterwegs waren und die mit reduzierter Mannschaft auskamen. Überdies verlangte man von diesen Schiffen eine hohe Ladefähigkeit. Dazu kam auch noch

LE SOLEIL ROYAL

eine andere Neuerung. Das römische Frachtschiff konnte zu seiner eigenen Sicherheit im vergleichsweise kleinen Mittelmeer durchaus von Triremen eskortiert werden. Doch dasselbe konnte man nicht von einem Handelsschiff erwarten, das sich bis ins entfernte westliche oder östliche Indien vorwagte.
So bestückte man das Segelschiff des 15. Jahrhunderts nach und nach mit Kanonen. Zum ersten Mal in der Geschichte der Seefahrt entfiel die Unterscheidung zwischen Kriegsschiff und Handelsschiff. Beide erfüllten nun ähnliche Anforderungen, wiesen die gleiche äußere Form einer Karracke auf und waren ähnlich bewaffnet. Die Handelsreisen waren zu Beginn ja oft auch militärische Eroberungszüge. Später wurden daraus auch Raubzüge: Man wollte jenen, die zuerst gekommen waren, die zusammengerafften Schätze wieder abjagen.
Die Antwort auf diese veränderten Anforderungen an das Segelschiff des 16.Jahrhunderts bestand in einer langsamen Veränderung der Karracke, die noch aus dem 14. Jahrhundert stammte. Das Segelschiff des darauf folgenden Jahrhunderts war hochseetüchtig, etwas größer und dadurch schneller und verdrängte genug Wasser, um schwere Kanonen und Fracht aufnehmen zu können. Es erhielt mehr Masten und neue Segel, um die Manövrierfähigkeit und die Gesamtleistung zu verbessern. Das zentrale Heckruder war damals schon überall in Gebrauch. Als die beste Rumpfform und damit als Modell beim Bau des Unterwasserschiffs erschien die der Karavelle: Sie war schlanker und hatte ein Spiegelheck. Die Karavelle diente tatsächlich als Vorbild für alle europäischen Schiffe. Es ist kein Zufall, dass sie aus Portugal stammte und damit dem stürmischen Atlantik angepasst war, der sich vom Mittelmeer und auch den eher kleinräumigen Meeren Nordeuropas erheblich unterscheidet. Die Ruder als Antrieb verschwanden ganz, und schon in den großen Seeschlachten am Ende des 16. Jahrhunderts taucht kein einziger Ruderer mehr auf. Auch mit dem Arsenal in Venedig, das einst ein Symbol für die Seemacht dieser mediterranen Stadt gewesen war, ging es bergab. Früher einmal hatte sich hier der größte Standort für den Schiffbau in ganz Europa befunden. Doch die Werften anderer Nationen überflügelten nun schnell das Arsenal.

Das historische Erbe der Kogge ist das holländische Frachtschiff, mit einem hohen, nach oben verjüngten Achterkastell an einem abgestutzten Spiegelheck. Sie nutzen das Niedrigwasser zu einer Überholung: Links erneuern Kalfaterer das gepechte Werg zwischen der Planken, rechts teeren sie den Kiel (links).

Noch im 17. Jahrhundert kam der Schiffbau ohne gezeichnete Pläne aus. Allerdings erschienen in jener Zeit einige Studien zur Schiffbaukunst, die die existierenden Typen und ihre Bauweisen in den Werften katalogisierten. Man ging damals somit von der Realisation und nicht von einer Konzeption aus. Trotzdem verbreiteten sich schiffstechnisches Wissen und Erfahrung, sodass erhebliche Fortschritte möglich wurden. Interessant auf den beiden Darstellungen sind die kreuzförmigen Verstrebungen. Sie sollten wahrscheinlich die Kräfte schräg ableiten, die die Kanonen beim Schuss durch ihren Rückstoß entwickeln (Mitte u. unten).

Das große Linienschiff brachte den definitiven Verzicht auf die Formen des mittelalterlichen Schiffes: Die Kastelle verschwanden vorne wie achtern. Die Takelung erfuhr eine bedeutende Höhenausdehnung mit zahlreichen Marssegeln. Dies wurde typisch für alle späteren Großsegler – bis zur heutigen Zeit (rechts).

Die Galeone

Matthew Baker, wahrscheinlich der Sohn von James, stellte in der zweiten Hälfte des 16. Jahrhunderts in einer Reihe von Tafeln den Schiffbau seiner Zeit dar. Hier ist ein hydrodynamisches »Gesetz« illustriert, das bis zu Mitte des 19. Jahrhunderts eiserne Gültigkeit besaß: Der Rumpf musste wegen des Wasserwiderstandes die Form eines Fisches aufweisen, der den Kopf eines Dorsches und den Schwanz einer Makrele hatte (links).

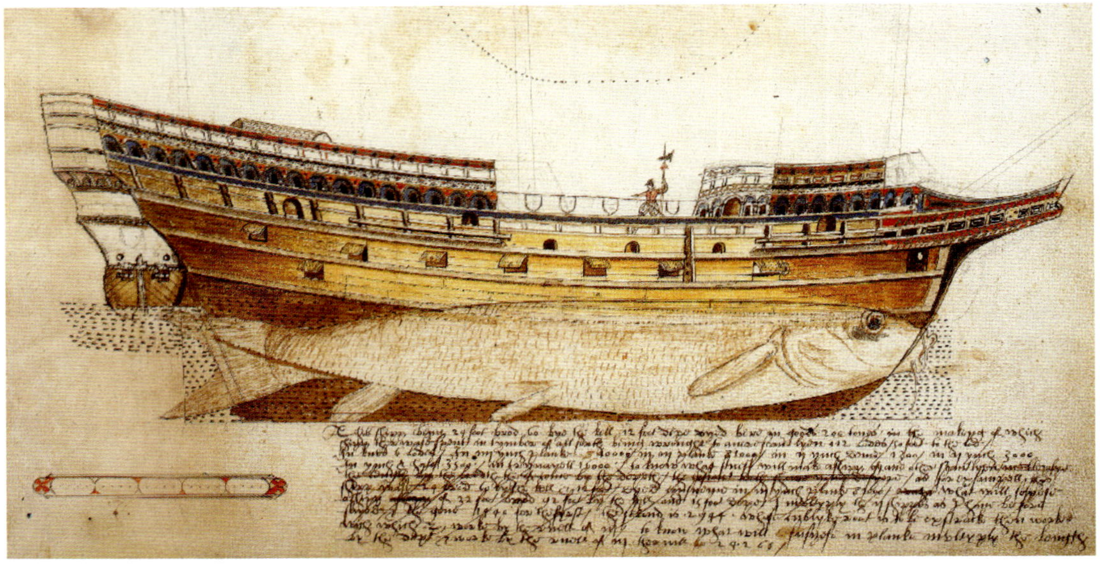

Der Ursprung des Begriffes Galeone liegt im Dunkeln. Im technikhistorischen Sinn handelt es sich um die Weiterentwicklung der Karracke im 15. Jahrhundert. Die Galeone ist schlanker und weist flachere Kastelle auf, besonders vorne. Auf der anderen Seite lässt sich die sprachliche Ableitung des Begriffs vom italienischen Galea für die typisch mediterrane Galeere nicht leugnen. Man könnte also das italienische Wort Galeone formal korrekt als »große Galeere« übersetzen. Aber wenn man die gesamte Struktur des Schiffes betrachtet, hat die Galeone mit der Galeere nichts gemeinsam – vielleicht mit Ausnahme der Tatsache, dass auch sie schlanker war als die Karracke. Doch die Verwandtschaft zu diesem Schiff lässt sich nicht abstreiten.

Die Galeone hat ihren Ursprung in England, und sie wurde gebaut, um eine neue Kriegswaffe im Seegefecht, die Kanone, aufzunehmen. Drei Jahrhunderte lang beeinflusste sie nun Form und Aussehen der Segelschiffe. Als die Karracke mit Kanonen bestückt wurde, musste man sie vergrößern. Die Kanonen brachte man auf dem Deck und den Kastellen unter. Das verringerte die durch die Form des Schiffes ohnehin prekäre Stabilität.

Zu Beginn des 16. Jahrhunderts stieß man auf die Lösung, die es erlaubte, Kanonen mit den wünschenswerten Dimensionen einzubauen: die Geschützpforte an den Breitseiten. Der Engländer James Baker entwickelte dazu eine ganz einfache Idee: Er installierte die Kanonen auf niedrigen Decks und schuf für den Schuss Öffnungen in den Flanken, die sich verschließen ließen.

Das erste Schiff, das nach den Vorstellungen Bakers gebaut wurde, war die GREAT HARRY von 1514, das Flaggschiff der englischen Flotte unter Heinrich VIII. Sie war eine Gigantin mit einem Rauminhalt von über 1000 Registertonnen, orientierte sich aber noch an mittelalterlichen Schiffstypen: Sie besaß 4 Masten, Fockmast und Großmast mit Rah- und Marssegeln, Besan- und Bonaventuramast mit Gaffelsegeln. Vor allem traten die Vorder- und Achterkastelle durch ihre Größe hervor.

Die Bewaffnung enthielt noch Erbstücke aus der vorhergehenden Epoche: Abgesehen von den vielen Kanonen mit 195 (später 122) bedrohlich wirkenden Geschützpforten, nahm das Schiff Bogenschützen auf, die 1200 Sehnen als Reserve für ihre Waffen und 750 Pfeilbündel mit sich führten. Wenige Jahre danach beauftragte Königin Elizabeth, die auf Heinrich VIII. gefolgt war, den Schatzmeister der königlichen Flotte, Sir John Hankins, damit, ein neues Schiff zu planen und dabei die Nachteile der GREAT HARRY zu eliminieren. So entstand die Galeone. John Hankins senkte vor allem die hohen Kastelle ab, ja er verzichtete ganz auf das Vorderkastell und ließ einen längeren und schmaleren Rumpf bauen: Vom klassischen Verhältnis 3:1 ging er auf 4:1 über. Dieser elizabethanische Segler war ein »race built ship«, wobei der Begriff »race« sich nicht auf die Leistungen des Schiffes bezog, obwohl es in dieser Hinsicht allen anderen zeitgenössischen Schiffen überlegen war, sondern vom französischen »race« stammt, das einfach »flach« bedeutet. Hankins führte auch die abnehmbare oberste Stenge ein. Dieses Merkmal übernahmen alle späteren Segelschiffe. In der Praxis erwies sich das Segelschiff von Hankins als sehr schnell und wendig. Es konnte um die feindlichen Schiffe herumfahren und sich in die beste Schussposition bringen.

Die Engländer waren sich seit jeher der entscheidenden Rolle der Marine in der Entwicklung und Sicherheit ihrer Nation bewusst. Sie verwandten deswegen

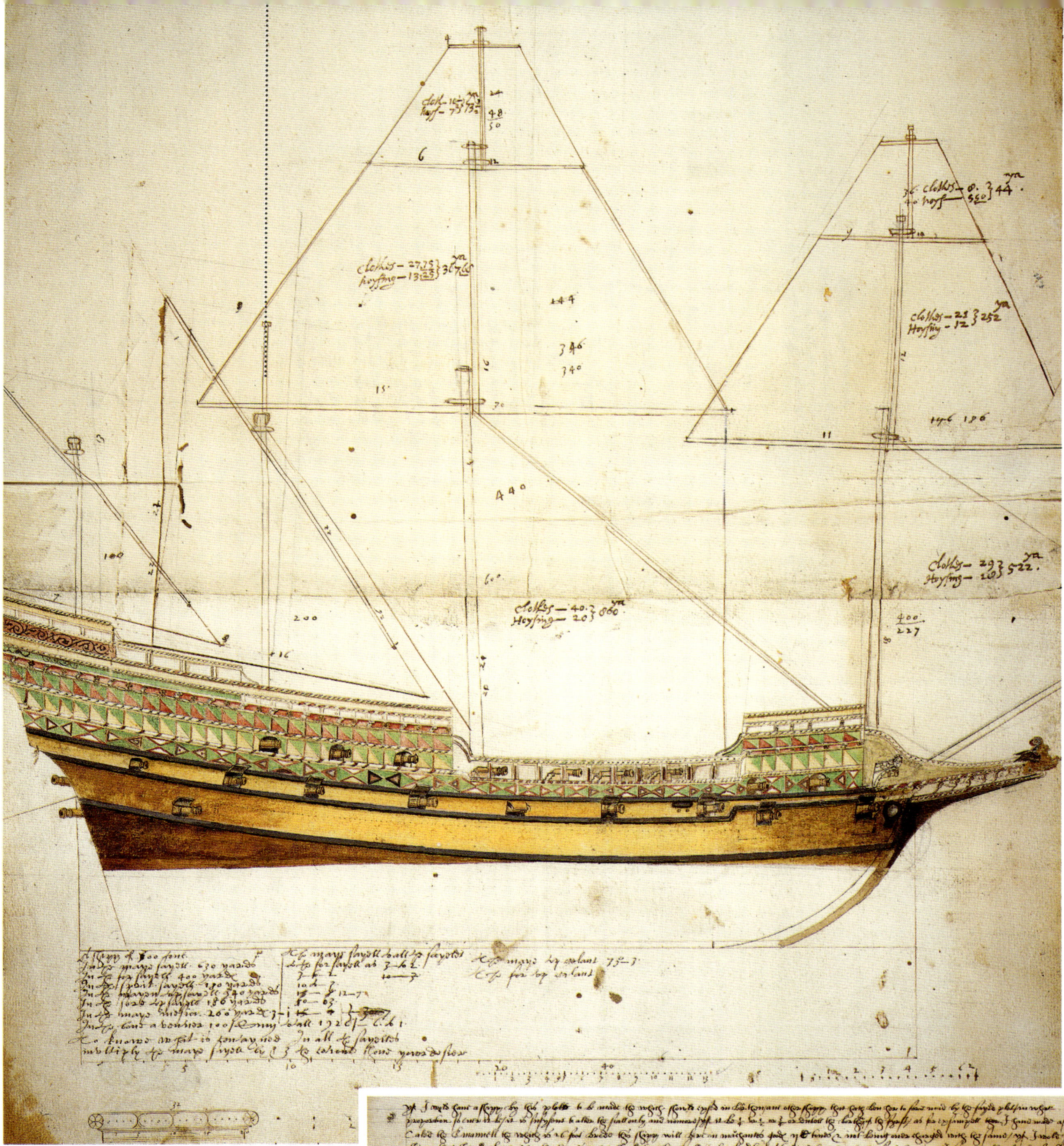

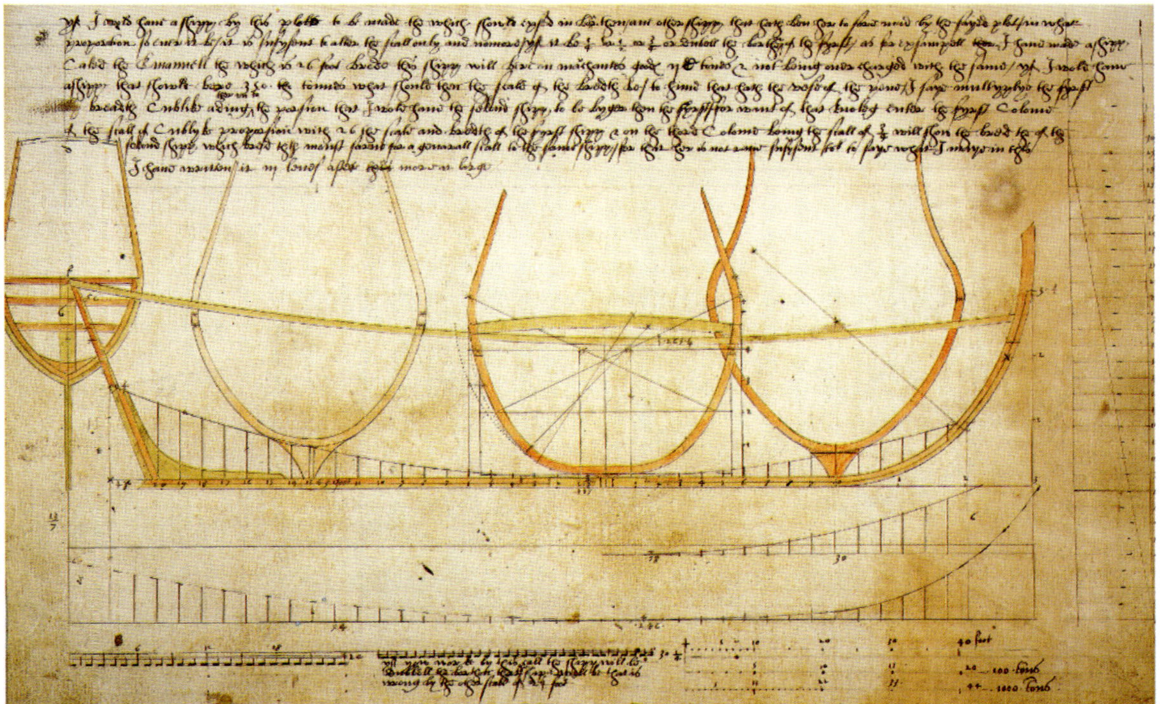

Auf dieser Tafel stellt Baker einen Schiffbauer dar, der seinem Gehilfen jene Daten diktiert, die er mit dem Zirkel der Zeichnung des Rumpfes entnimmt (S. 54 Mitte).

Das »Livro de Tracas de Carpintaria« des Portugiesen Manuel Fernandes aus dem Jahr 1616 ist eines der ersten Handbücher über den Schiffbau. Ihm wurde dieses Bild einer Galeone entnommen; die Abstammung von der Nao des 16. Jahrhunderts ist hier noch deutlich zu erkennen (S. 54 unten).

Diese Zeichnung von Baker gehört zu den ersten Darstellungen der Segelgeometrie. Das Schiff ist mit einem Bonaventuramast ausgestattet und hat am Groß- wie am Fockmast nur eine Ordnung von Marssegeln (oben).

So stellte Baker die wichtigsten tragenden Elemente des Rumpfes dar: Spanten, Bodenwrangen, Decksbalken und Kiel. Er gibt die Form dieser Bauteile an und macht auch Angaben über das zu verwendende Holz (rechts).

viel Energie auf die Vervollkommnung ihrer Schiffstypen. So begannen sie, sich zu jener Zeit auch theoretisch am Schreibtisch und nicht nur in der Werft mit dem Schiffbau zu beschäftigen. Auf James Baker folgte Matthew Baker, der als Erster den Titel »Master Shipwright« tragen durfte. Er gilt zu Recht als einer der ersten großen Meister der modernen Schiffbaukunst.

Der Nachfolger von Baker hieß Phineas Pett. Er war der erste einer ganzen Dynastie von Schiffbauern und Designern, die über zwei Jahrhunderte hinweg das Vertrauen der englischen Könige genossen. Phineas Pett vermerkte in seinem Tagebuch zu Beginn des 17. Jahrhunderts: »Ich habe damit begonnen, teilweise mit meinen eigenen Händen ein neues Schiffsmodell zu bauen. Es ist reich mit Skulpturen und Malereien geschmückt und ruht nun auf einem Gestell, das mit karmesinrotem Taft überzogen ist. Ich habe es dem Marineminister in seiner Residenz in Whitehall vorgeführt.«

Tatsächlich war es damals üblich, der Admiralität, die gerade geschaffen worden war, sehr klar ausgeführte Schiffsmodelle zu präsentieren, die die Konstruktionsmerkmale exemplarisch verdeutlichten.

Petts Schiff unterschied sich von der elizabethanischen Galeone vor allem durch die Abmessungen: Es war fast eineinhalbmal so lang und hatte einen entschieden größeren Tiefgang. Die größere Wasserverdrängung machte es möglich, die Kanonen auf 3 Decks unterzubringen. Die Admiralität hieß das Modell gut: 1610 wurde in den Werften von Woolwich die PRINCE ROYAL zu Wasser gelassen. Diese Galeone hatte sich mit Ausnahme der 4 Masten von den früheren Bauvorschriften gelöst. Auch wenn die Spanier, die Franzosen und die Niederländer im 16. Jahrhundert große Segelschiffe mit Kanonen bauten, die aus Geschützpforten schossen, so bleibt die Galeone doch eine englische Erfindung. Sie führte auch zur Vormachtstellung dieser Nation auf allen Weltmeeren.

Die Takelung erfuhr, wie schon ausgeführt, bei der Galeone keine entscheidende Weiterentwicklung.

Die Kanone veränderte von Grund auf die Gefechtstaktik. Verschwunden sind die Ruderer, die das Gewicht eines bewaffneten Schiffes ohnehin nicht mehr hätten bewegen können, verschwunden ist auch der Rammsporn. Der Angriff ging nun von den Seiten des Schiffes aus, die gleichzeitig auch am meisten exponiert waren (links).

Die zeitgenössischen Bilder stellen Situationen mit irrealer Dramatik dar. Immerhin konnte das Segeln in engen Linien zu solchen Konfusionen führen. Und ein Mastbruch wie beim Schiff in der Bildmitte kam häufig vor (oben).

Phineas Pett war der Baumeister der SOVEREIGN OF THE SEAS. Sie stellte den technischen Höhepunkt in der Entwicklung vom mittelalterlichen Schiffstyp zum modernen Linienschiff dar. Pett, der hier auf einem zeitgenössischen Gemälde dargestellt ist, konstruierte das Schiff von einem maßstäblichen Modell aus, wie dies zu jener Zeit üblich war (S. 57 oben).

Abgesehen von der abnehmbaren Stenge, erscheint am Ende des Bugspriets ein kleiner Mast mit einem kleinen rechteckigen Segel, der Oberblinden. Schließlich wird bei den Galeonentypen des 17. Jahrhunderts auch der Bonaventuramast eliminiert. Die verbesserte Form des Kiels und die gestiegenen Fähigkeiten der Kapitäne machten das Bonaventurasegel für Manöver des letzten Augenblicks überflüssig. Im 17. Jahrhundert folgten auch die Flotten der übrigen Länder dem englischen Vorbild.

Frankreich besaß zu Beginn des Jahrhunderts kein Schiff, das es mit der englischen Galeone hätte aufnehmen können, und wandte sich somit an holländische Schiffbauer: Richelieu bestellte 1624 fünf Schiffe dieses Typs. Es waren moderne Schiffe mit 2 Batteriedecks, 3 Masten, einer der Oberblinden am Bugspriet und einem Grätingsdach zum Schutz der Mannschaft.

Die Schweden bauten die majestätische WASA und ließen sie 1628 vom Stapel. Von ihr wird später die Rede sein. In ganz Europa wurden nun Handbücher über die Schiffbaukunst veröffentlicht: Der Portugiese Manuel Fernandes sammelte seine Geschichten und Zeichnungen im »Livro de Tracas de Carpintaria«. Der Deutsche Josef Furttenbach schrieb seine »Architectura Navalis«. Doch der Primat blieb den Engländern.

Im Jahr 1637 konstruierte Phineas Pett die SOVEREIGN OF THE SEAS.

Mit einem Kiel von fast 40 Meter Länge, einer Breite von 15 Meter und einem Tiefgang von über 7 Meter war dieses Schiff, was allein die Dimensionen anbelangt, seiner Zeit um mindestens 100 Jahre voraus. Sie verfügte auch über eine bisher nicht gesehene Fülle von Ornamenten und Dekor. Die Galionsfigur bestand aus einem König zu Pferd, der über feindliche Soldaten hinwegritt. An den Seiten des Vorderstevens, der den Bug unter dem Spriet nach vorne verlängerte, befanden sich Skulpturen von Windhunden des Königs, von Löwe und Einhorn, ferner von den Rosen Englands, den Disteln Schottlands, der französischen Lilie, der irischen Harfe und anderer heraldischer Symbole. Auf dem Bug fanden sich die Skulpturen von 2 Satyrn, 6 Gottheiten und 1 Cupido auf einem Löwen. Auf der Bordwand waren Wappen, Helme, Rüstungen, Musikinstrumente und die Tierkreiszeichen abgebildet. Die Galerien am Schiffsheck mit ihren Kuppeln und Fenstern waren mit mythologischen Darstellungen geschmückt. Auf dem Spiegel des Hecks dominierten die Statuen von Viktoria, Neptun, Jupiter, Jason und Herkules.

Diese ganze Pracht war noch mit Goldfolie überzogen, und man kannte das Schiff auf dem Meer als »Golden Devil«. Gerade dieses Segelschiff wurde zu einem Symbol jener Zeit. Es war aber auch marinehistorisch bedeutsam wegen seiner Takelung. Sie war erstmals in jener Vollständigkeit ausgeführt, wie sie für die späteren Jahrhunderte typisch wurde. Die beiden Segel am Klüverbaum waren groß ausgeführt. Am Großmast wie am Fockmast traten weitere Rahsegel auf: das Großmars-, das Großbram- und das Großroyalsegel am Großmast, das Vormars-, das Vorbram- und das Vorroyalsegel am Fockmast.

Das Bonaventurasegel war nun endgültig eliminiert. Auch am Kreuzmast wurden Kreuzmarssegel und Kreuzbramsegel gefahren, beides Rahsegel.

Die SOVEREIGN OF THE SEAS wies beim Rumpf eine Besonderheit auf, die nach ihr für alle Schiffe Ihrer Majestät im Vergleich zu denen anderer Nationen typisch werden sollte: Das untere Heck war rund.

Das Schiff nahm trotz seiner vielen Vergoldungen an zahlreichen Seeschlachten teil und blieb immer Siegerin. Nur eine Kerze, die im Offiziersdeck umgestürzt war, und der nachfolgende Brand bedeuteten im Jahre 1696 das endgültige Aus.

Das Linienschiff

Zur Zeit der Galeone lagen die Form und die Ausrüstung des Segelschiffes im Wesentlichen fest. Das Aufkommen der Kanone und ihre wirkungsvolle Verwendung in der Seeschlacht bedeuteten aber eine langsame Weiterentwicklung auf größere Dimensionen hin. So bauten Engländer immer umfangreichere Segelschiffe, einfach um auch immer mehr Kanonen unterbringen zu können. Diese Entwicklung kam nur deswegen zu einem Stillstand, weil der Werkstoff Holz hier klare Grenzen setzte: Man kann kein Holzschiff bauen, das länger als 200 Fuß ist, weil darunter die Stabilität leiden würde. Von einem bestimmten Punkt an führt eine weitere Größenzunahme auch zu einem zu hohen Gewicht. Dann muss man andere Werkstoffe einsetzen, wie das im späten 19. Jahrhundert mit der Einführung von Stahl geschah – erst bei den tragenden Teilen, dann auch bei der Beplankung: Nur so wurde es möglich, Schiffe mit über 65 Meter Länge zu bauen.

Die Franzosen allerdings, die als Letzte auf dem Plan erschienen waren und damit von den Fehlern der anderen Nationen lernen konnten, gaben der Effizienz den Vorrang: Sie bauten etwas kleinere, doch breitere Schiffe mit weniger Kanonen, die allerdings auf einer stabileren Plattform montiert waren, sodass sie damit genauer schießen konnten.

Die Franzosen bemerkten auch, dass die Engländer das unterste Deck immer näher an der Wasserlinie bauten, um noch mehr Kanonen aufzunehmen. Das hatte aber zu Folge, dass die dort aufgestellten Kanonen wegen des Seegangs und der Eigenbewegung des Schiffes fast nie feuern konnten. So verzichteten die Franzosen auf ein Deck und dort

Die Schlacht in der Bucht von Quiberon auf einem zeitgenössischen Gemälde. Die Kanone spielte in der Kriegs- wie in der Handelsflotte eine große Rolle und trug dadurch nicht wenig zur Entwicklung der seemännischen Fähigkeiten bei. Vor allem ging es darum, beim Angriff mit den Schiffen in einer Linie zu segeln (S. 58 oben).

Das französische Schiff wird von beiden Seiten von kleineren englischen Schiffen angegriffen. Diese Stellung wäre zur Zeit der Galeeren von Vorteil gewesen, doch im Zeitalter der Kanone erwies es sich als fatal (S. 58 unten).

Die Schlacht bei der Doggerbank auf einem zeitgenössischen Gemälde. Die Kanonenkugeln konnten oft wenig ausrichten, weil die Seiten aus robuster Eiche bestanden. In diesem Fall ließen die Kapitäne Kanonenkugeln mit daran befestigten Ketten gegen die Masten der feindlichen Schiffe schießen. Mit zerfetzten Segeln, durchtrennten Wanten und gebrochenen Masten wurde das feindliche Schiff zu einer leichten Beute (unten).

Der Felsen von Gibraltar, hier auf einer Darstellung aus dem 18. Jahrhundert, stellte die Eingangspforte zu den Märkten des Mittelmeeres und Afrikas dar. Kleine Handelsschiffe, einige davon mit Lateinsegeln, die ihren mediterranen Ursprung deutlich verraten, begegnen hier Linienschiffen der englischen Flotte (rechts).

Das Handelsschiff, das weit entfernte Meere befuhr, war vom zeitgenössischen Kriegsschiff fast nicht zu unterscheiden: Die so genannten East Indiamen, im Bild die PRINCESS ROYAL, mussten sich gegenüber Piraten und konkurrierenden Händlern durchsetzen, und sie taten das mit Kanonen (unten).

Das große Linienschiff war das Schlachtschiff des 18. und 19. Jahrhunderts. Es kämpfte gegen den Feind in einer Linie. Die erste und die zweite Klasse der Linienschiffe besaßen 3 Decks, die dritte Klasse 2 Decks. Die Linienschiffe der vierten, der fünften und der sechsten Klasse dienten z. B. als Eskorte oder als Kaperschiffe (S. 60/61).

stationierte Kanonen und erhielten im Gegenzug dafür leichtere und somit schnellere und manövrierfähigere Schiffe.

Diese prinzipiellen Unterschiede verwischten sich aber bald, als die beiden Gegner – im 17. Jahrhundert dominierten nur diese beiden Nationen – gegenseitig ihre Projekte abkupferten. Die Weiterentwicklung der Galeone bestand nun in einer konstanten Vervollkommnung.

Schon zu Beginn des 16. Jahrhunderts bestand die Tendenz, auf die Kastelle zu verzichten. Diese Entwicklung hielt weiter an. Und bald erfuhren auch die reichen Dekorationen einen radikalen Abbau. Je mehr die Künstler mit ihren überbordenden Werken der Eitelkeit ihrer Herrscher schmeichelten, umso mehr mussten die Kapitäne dieser Schiffe feststellen, dass das Dekor ein Hindernis, ja eine Gefahr beim Manövrieren darstellte. Der bekannte Pierre Puyet, der Kunsttischler vieler französischer Schiffe, konnte nicht wissen, dass mindestens ein Teil seines mühselig geschaffenen, einfallsreichen Werks ins Meer geworfen wurde, sobald das Schiff außer Sichtweite der Küste lag!

Einige bemerkenswerte Neuerungen gab es jedoch bei der Takelung.

Auf den Rahsegeln erschienen die Zeisinge zum Reffen. Schon die Römer hatten sie auf ihren Schiffen verwendet, doch im Mittelalter gab man sie zugunsten der Bonnets auf. Für kurze Zeit traten sie auf einigen kleineren Schiffen des 15. Jahrhunderts wieder in Erscheinung, wurden dann aber sofort vergessen. Erst zu Ende des 17. Jahrhunderts finden wir sie wieder auf den großen Marssegeln.

Nach dem Verzicht auf die Bonnets vergrößerte man die Segelfläche bei leichtem Wind durch Leesegel, die man an beweglichen Verlängerungen der Spieren befestigte. Sonst differenzierte sich vor allem die Takelung in Längsschiff-Richtung. Die Stagfock wurde bald durch Klüver ersetzt. Zwischen den Masten

spannte man Stagsegel. Der Besanmast verlor das traditionelle Lateinsegel zugunsten des Gaffelsegels. Erst trug er eines, dann ein zusätzliches Toppsegel.

Die ganze Takelung wurde verändert, um das Segeln härter am Wind zu erlauben und um damit die Manövrierfähigkeit zu erhöhen. Dabei erfüllte jedes der vielen Segel eine ganz spezielle Aufgabe. Das Deck war praktisch durchgehend gebaut ohne Aufbauten wie Vorder- und Achterkastell. Die Ausmaße des Schiffes erkannte man vor allem an der Zahl der drohend blickenden Geschützpforten der Seitenbatterien. Solche Segelschiffe durchpflügten im 17. Jahrhundert alle Weltmeere. Es waren keine Galeonen mehr, sondern Linienschiffe.

Alle Linienschiffe jenes Zeitalters ähnelten sich im Rumpf wie in der Takelung. Man unterschied sie vor allem anhand der Größenabmessungen und an der Zahl der Kanonen an Bord. Das Linienschiff der ersten Klasse war am größten; es führte mindestens 90 Kanonen mit.

Die ersten drei Klassen der Linienschiffe waren Kriegsschiffe; die letzten drei Klassen umfassten Geleitschiffe, Eskorten und sonstige Hilfsschiffe für die unterschiedlichsten Aufgaben. Die Schiffe der ersten drei Klassen nahmen in einer Linie Aufstellung und fuhren so in die Schlacht – daher die Bezeichnung Linienschiff (siehe auch später das Kapitel über die VICTORY). Die anderen Linienschiffe fuhren einzeln, um sich, wenn sie kleiner oder schwächer bewaffnet waren, schnell feindlichen Schiffen nähern zu können oder vor ihnen zu fliehen. Die klare Einteilung in Klassen erscheint uns etwas kalt, erfüllte aber ihren Zweck auf militärischem Gebiet. Überdies ist die Frage nach einer klaren Einteilung und Identifikation mit präzisen Fachbegriffen eher ein Problem unserer und nicht jener Zeit. Die Menschen verwendeten damals herkömmliche Begriffe, besonders bei den kleineren Segelschiffen.

Weitere Schiffstypen

Das 18. Jahrhundert war ein Zeitalter der Ordnung. Überall empfand man die Notwendigkeit, das angesammelte Wissen in eine systematische Ordnung zu bringen. So konnten die verstreuten Informationen, Entdeckungen und Wissenselemente schließlich der ganzen Menschheit zugute kommen.
Das Gebiet des Schiffbaus entging dieser Entwicklung nicht. Die erste bedeutende Figur in diesem Zusammenhang war ein englischer Schiffbauer, den das schwedische Königshaus zu sich berufen hatte, um den einheimischen Werften aufzuhelfen: Fredrik Henrik af Chapman.
Er schrieb das große Werk »Architectura Navalis Mercatoria«. Darin breitete er zum einen die Theorie der Schiffbaukunst seiner Zeit aus (manche seiner Methoden sind heute noch gültig), und zum anderen nahm er darin Darstellungen aller Schiffstypen auf, die im 18. Jahrhundert auf den nördlichen Meeren unterwegs waren, und klassifizierte wenige Schiffe auch unter ihrem Namen.
Im Besonderen unterschied Chapman nach den Merkmalen des Rumpfes 5 »Klassen«.
Die ersten drei umfassten Schiffe, deren Rumpf am Bug in einen Vordersteven auslief. Das waren die Fregatte mit Spiegelheck, das Heckschiff mit rundem Heck und das Pinkschiff, das ebenfalls ein rundes, aber nach oben verjüngtes Heck aufwies und auf holländische Vorbilder zurückging.
Die beiden übrigen »Klassen« hießen »Bark« und

Bark

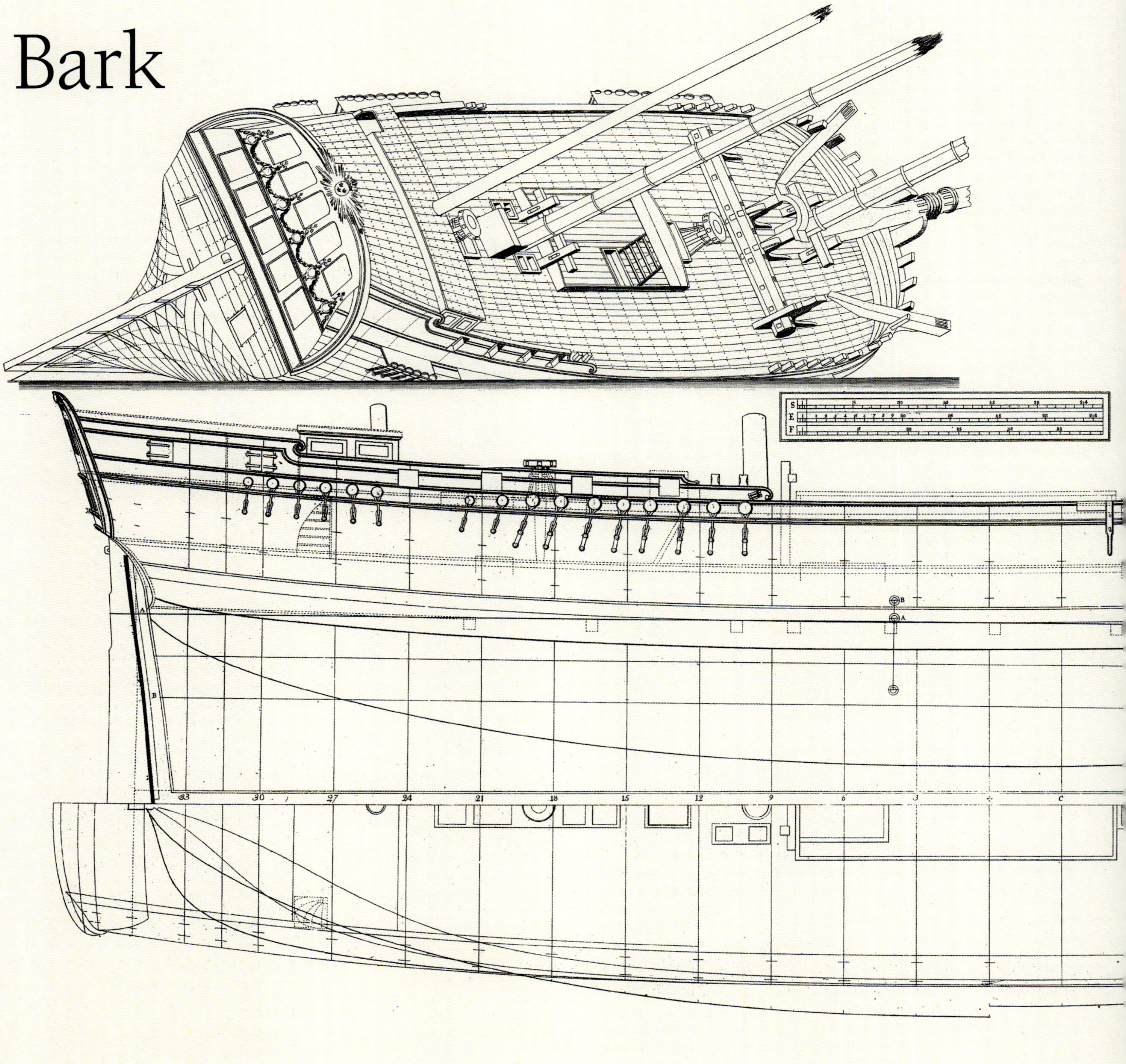

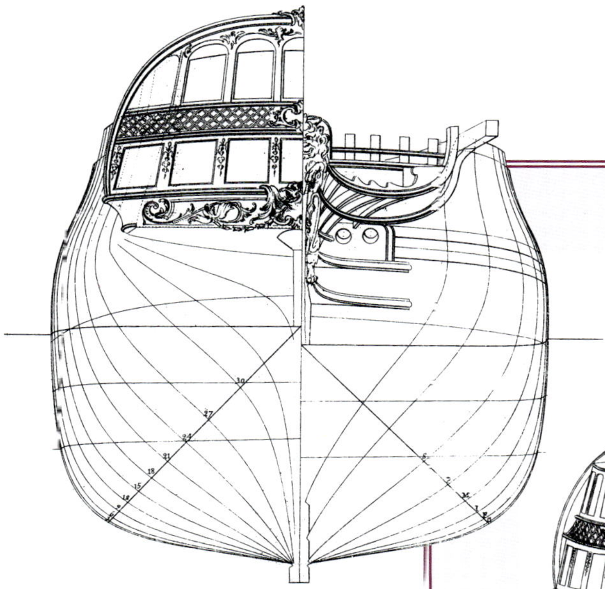

Heckschiff

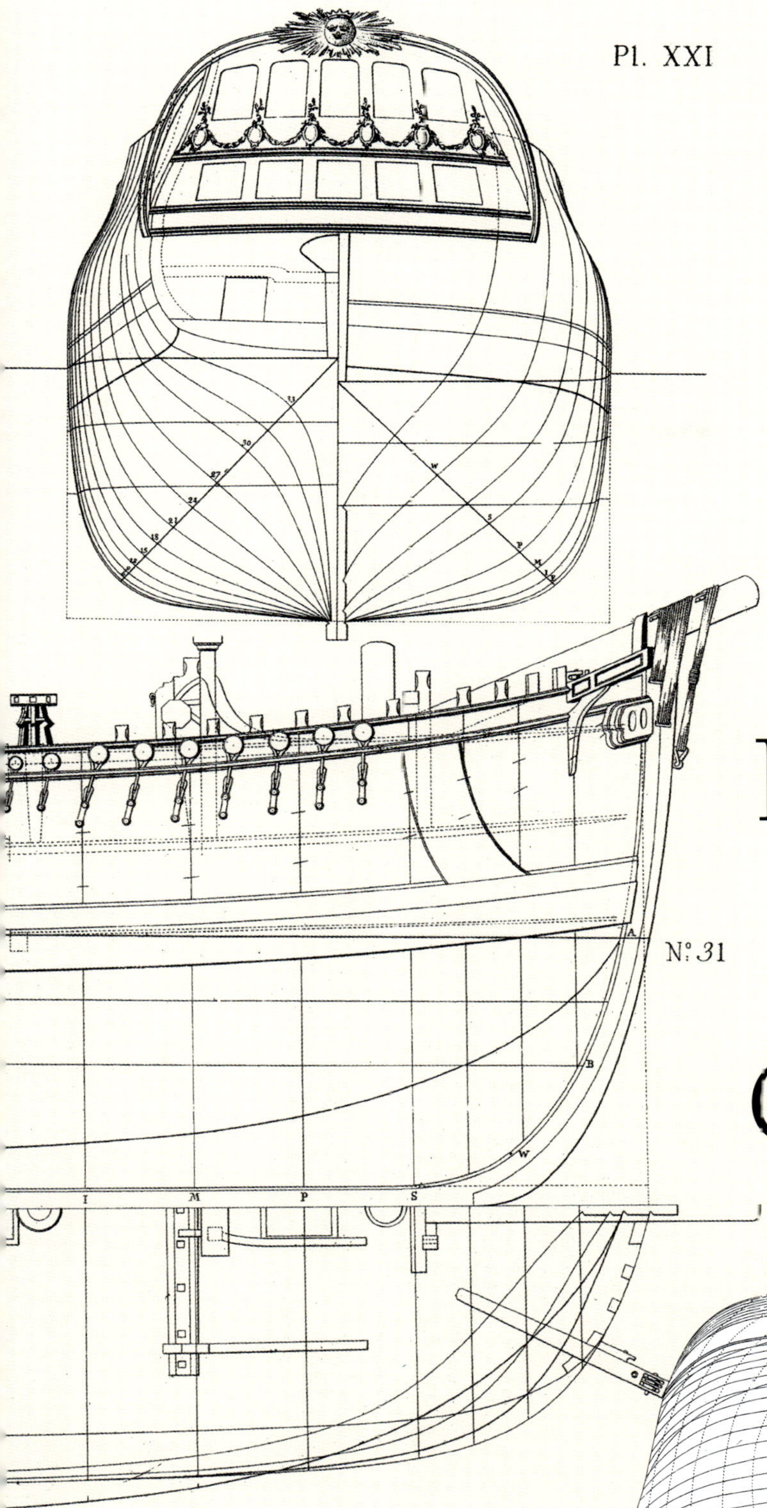

Die Abhandlung von Fredrik Henrik af Chapman hilft uns bei der Klassifikation der verschiedenen Segelschiffstypen. Damals allerdings war die Frage nach der Einteilung praktisch ohne Bedeutung. Kein Schiffbauer interessierte sich dafür, ob sein Schiff zu einem Typ zählte, der allgemein anerkannt war. Es reichte ihm vielmehr aus, wenn lokal ein Name zur Verfügung stand. Der Drang, alles zu klassifizieren, ist eine Erscheinung unserer heutigen Zeit.
Mit Chapmans Hilfe unterscheiden wir z. T. heute Schiffstypen *(S. 62/63).*

Pinkschiff

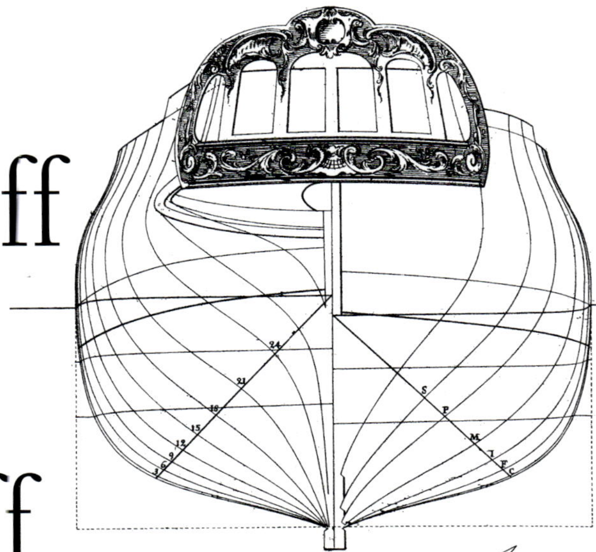

Cattschiff

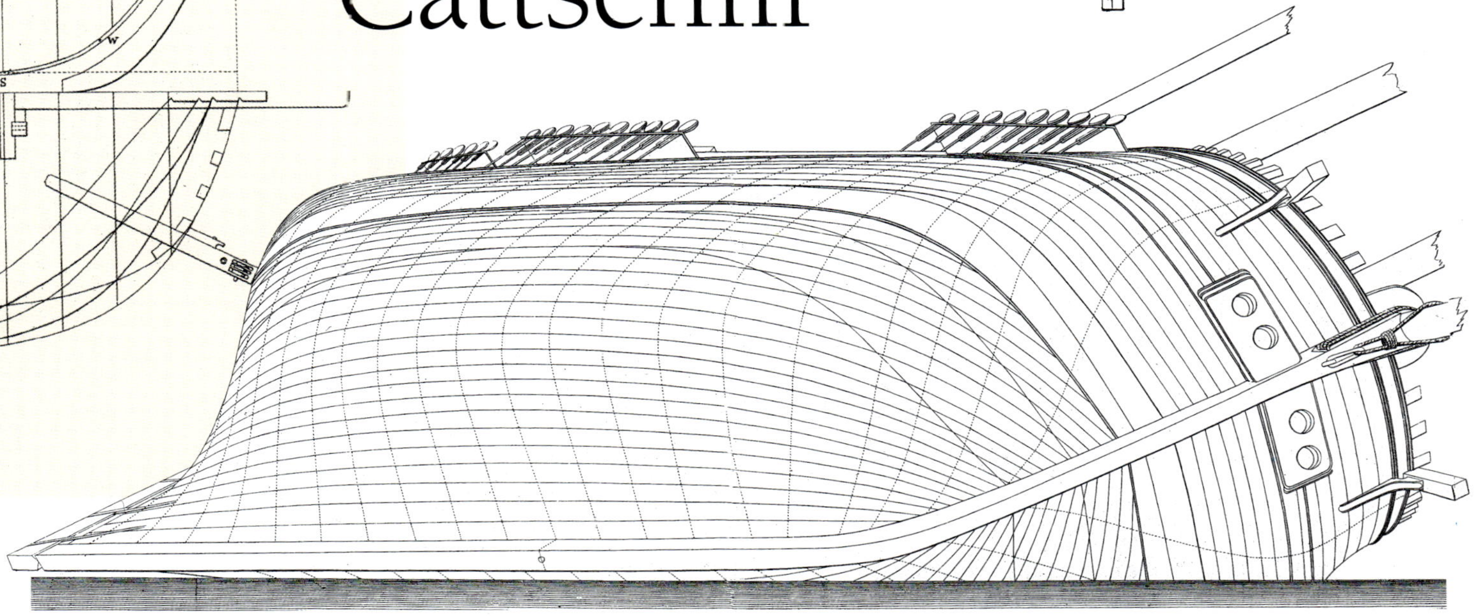

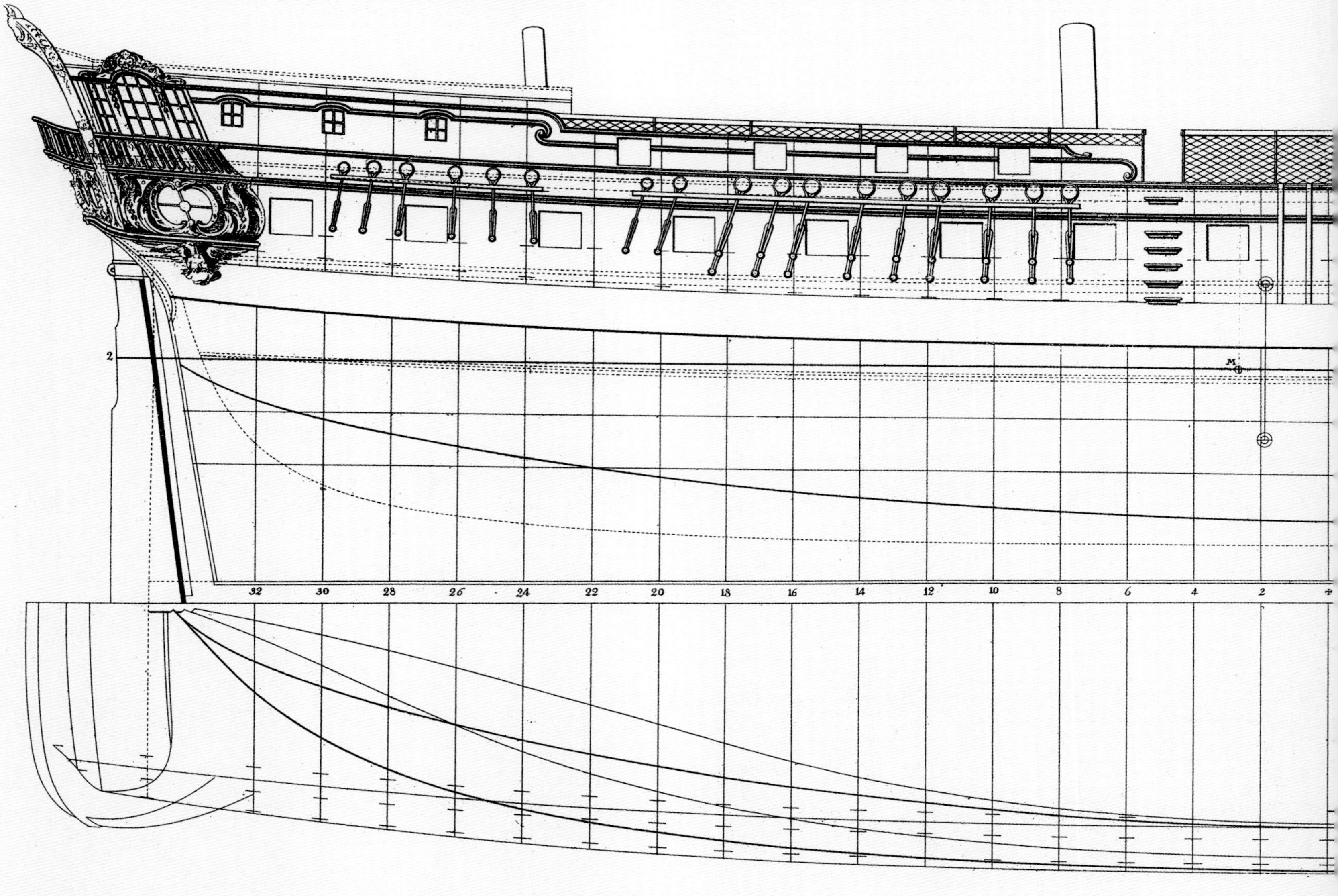

Cattschiff; beide hatten ein rundes Heck und kamen ohne spitzen Vordersteven aus. Jede der genannten 5 »Klassen« konnte man nun noch nach der Takelung weiter unterteilen.
Im darauf folgenden Jahrhundert unterschied man die verschiedenen Segelschiffstypen nur noch anhand ihrer Takelung.
Im 18. Jahrhundert waren auf den Weltmeeren zahllose, vor allem kleinere Segelschiffe unterwegs, die nur in den jeweiligen lokalen Traditionen eine Bezeichnung hatten. Es ist von heute ausgesehen keine leichte Aufgabe, jeden Typ anhand angeblich allgemein gültiger Kriterien zu definieren und zu benennen. In der Tat macht das auch nur wenig Sinn. So bleibt es denn bei einer etwas verwirrenden und nicht in allen Belangen konsistenten Nomenklatur.
Vor allem die Niederlande entwickelten im 18. Jahrhundert zahlreiche Schiffstypen, die mit mehr oder minder gravierenden Änderungen auch in die vielen Kolonien exportiert wurden, die diese Seefahrernation auf der ganzen Welt unterhielt. Aus der »Besanyacht« konnte sich beispielsweise sowohl der amerikanische Schoner entwickelt haben, der einen Großmast und einen Fockmast aufweist, als auch der Kutter, da es auch eine Besanyacht mit einem einzigen Mast gab.
Ein zweimastiges Schiff, das seit dem Ende des 17. Jahrhunderts weite Verbreitung gefunden hatte, nennt Chapman »Brigg« oder »Brigantine«. Es besaß Rahsegel an beiden Masten und hatte in seiner verbreitesten Version einen Klüverbaum und achtern ein Gaffelsegel mit Baum (diese Segelform nannte Chapman »Yachtsegel«). Wurde das Gaffelsegel ohne Baum gefahren, klassifizierte er ein Zweimaster als »Schnau«.
Die Fregatte trat auf allen europäischen Meeren auf und hatte als kleinere Schwester die Korvette. Beide Schiffstypen eskortierten Konvois und dienten als Aufklärer.
Die Fregatte, das Heckboot und das Pinkschiff, um in der Chapmanschen Klassifikation zu bleiben, ersetzten jene Segelschiffe, die in Nordeuropa als Nachfolger der historischen Kogge zu betrachten waren, vor allem das Pinassschiff und die holländische Fleute.
Beide besaßen 3 Masten mit Rahsegeln am Fock- und Großmast und Lateinsegeln am Besanmast. Die Segelfläche war eher klein, und die Schiffe hatten höchstens 2 durchgehende Decks. Das Pinassschiff besaß ein Spiegelheck, während die Fleute durch

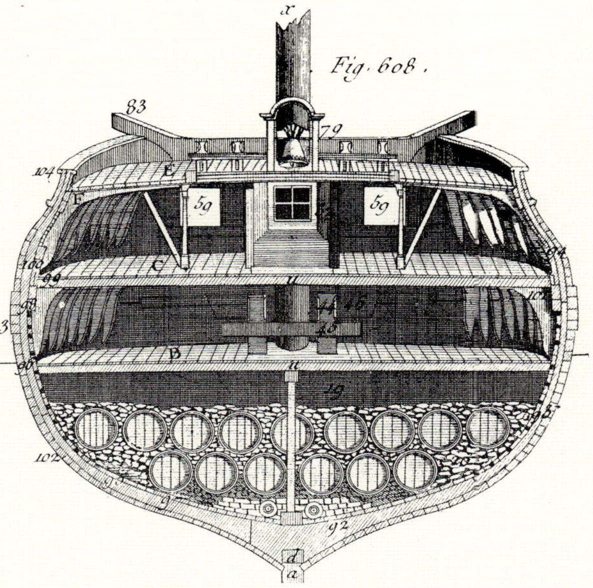

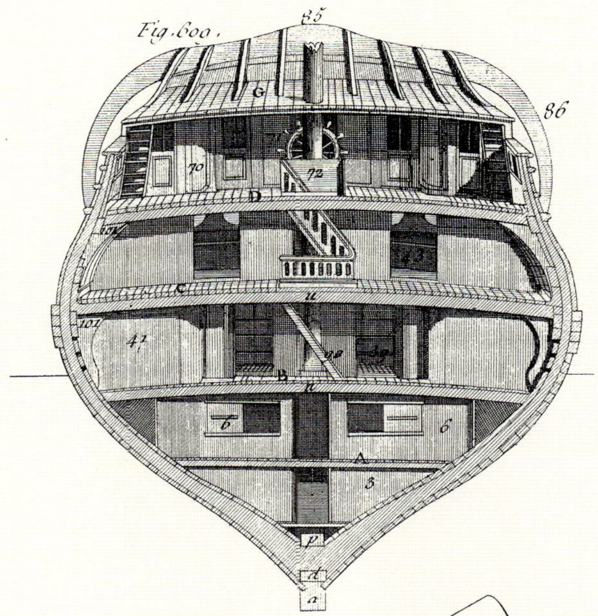

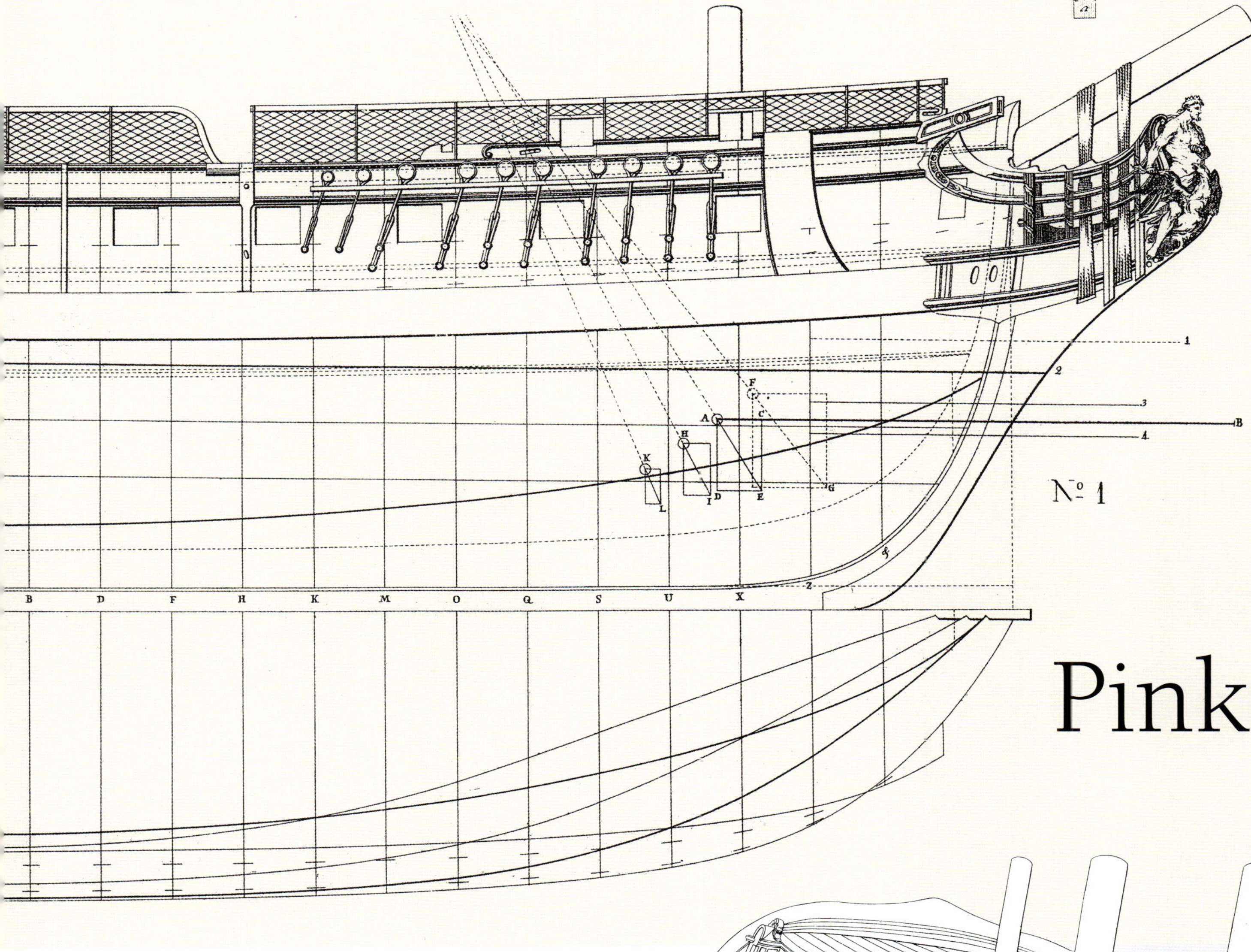

Pinkschiff

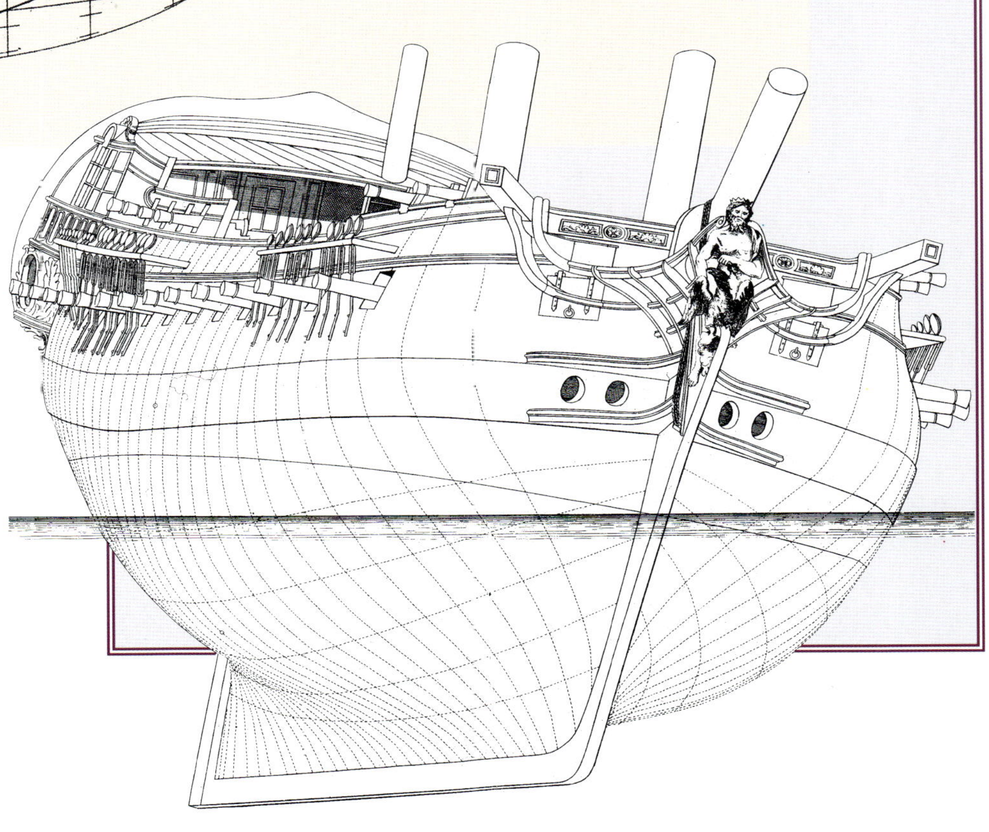

Chapman versuchte das schiffbautechnische Wissen seiner Zeit zusammenzufassen und bildete alle Schiffstypen ab, die im 18. Jahrhundert auf den europäischen Meeren fuhren. Jedem gab er einen Namen. Chapman unterschied nach den Eigenschaften des Rumpfes 5 Kategorien. Die 3 ersten Kategorien umfassten Schiffe, deren Bug in einen Vordersteven auslief: Fregatte (Spiegelheck), Heckschiff (rundes Heck), Pinkschiff (rundes Heck, aber nach oben verjüngt). Die beiden anderen Kategorien bildeten die Barken und die Cattschiffe, beide mit rundem Heck und ohne spitzen Vordersteven (S. 64, 65).

James Cooks Bark ENDEAVOUR *liegt vor dem Eingang zu einem Hafen im Ärmelkanal vor Anker. Ein Lotsenkutter steht neben dem Schiff, ein anderer verlässt in der leichten Brise den Hafen (rechts).*

Stapellauf eines East Indiaman. Unter dieser Bezeichnung versteht man englische Schiffe im Handelsverkehr mit Ostindien. Sie brachten von dort wertvolle Güter in das Königreich zurück. Die East Indiamen unterhielten praktisch einen Linienverkehr mit den Ländern des Fernen Ostens (links).

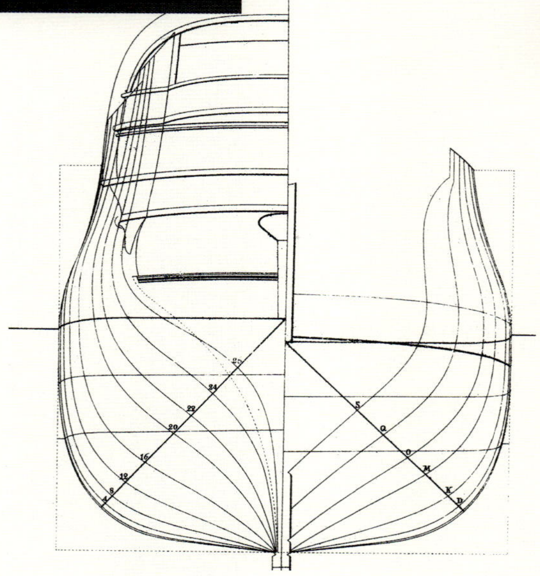

East Indiaman

einen merkwürdig bauchigen, nach oben verjüngten Rumpf auffiel. Der Grund für diese Form lag in den damaligen Bestimmungen der dänischen Zollbehörden.

Im Allgemeinen waren alle Handelsschiffe von eher geringen Ausmaßen. Auch Schiffe, die in weit entfernte und noch unerforschte Gebiete fuhren, hatten nur in seltenen Ausnahmefällen eine Länge über alles von mehr als 40 Meter.

Die berühmte ENDEAVOUR, mit der James Cook von England in den Pazifik fuhr, war eine Bark. Sie maß vom Vordersteven bis zum Heckende 29,77 Meter. Der Kiel brachte es auf eine Länge von 24,79 und der Rumpf auf eine maximale Breite von 8,89 Meter. Sie war damit nur halb so groß wie die VICTORY.

Wenn man einmal die Abmessungen beiseite lässt, muss man doch feststellen, dass das Handelsschiff des 18. Jahrhunderts, insbesondere wenn es in die Kolonien fuhr, in Form wie in Ausrüstung und Takelung dem Kriegsschiff noch sehr nahe stand.

Alle Schiffe der niederländischen Ostindien Compagnie waren richtige Kriegsschiffe. Die Eroberung neuer Märkte und die Verteidigung der zusammengerafften Güter war zu jener Zeit in der Tat den Kanonen vorbehalten.

Die englische EARL OF PEMBROKE wurde vom James Cook in ENDEAVOUR umgetauft. Er unternahm mit ihr seine Entdeckungsreisen in den Pazifik. Die kattgetakelte Bark war wegen ihrer Vielseitigkeit damals weit verbreitet (oben).

Auf diesen 3 Abbildungen von Chapman ist ein typischer East Indiaman abgebildet, rechts im Längsriss, links oben als Schrägansicht, darunter im Schnitt mit Konstruktionszeichnungen. Das Schiff hatte zwischen den Loten eine Länge von 135 Fuß, eine Breite von 34 Fuß und einen Tiefgang von 19 Fuß. Die Tragfähigkeit betrug 314 Lasten, wobei die Last ein altes Gewichtsmaß ist, das rund zwei Tonnen entspricht. Die Wasserverdrängung lag bei 52.333 Kubikfuß (unten).

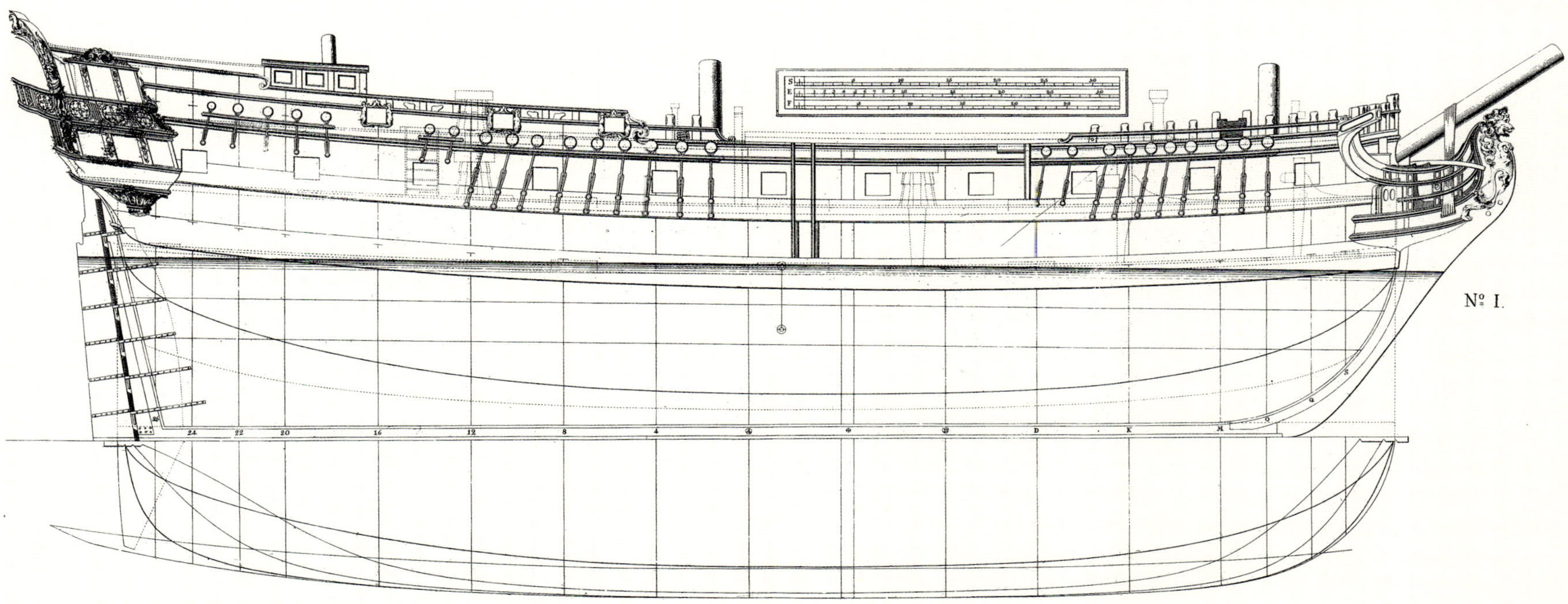

Wasa

Die WASA war eine große schwedische Galeone des 17. Jahrhunderts. Sie ruhte 350 Jahre lang auf dem Meeresboden und wurde dann geborgen und restauriert. Heute kann man sie in einem eigenen Saal im Inneren des Statens Sjöhistoriska Museum von Stockholm bewundern (links).

Galeone: »Ein sehr großer Schiffstyp, in der Länge ähnlich den Galeeren und Galeassen, aber mit hohem Bord, mit dicken Planken, Bug und Heck mondsichelartig erhöht, mit 14 Geschützpforten auf dem ersten und ebenso vielen auf dem zweiten Deck, mit 30 großen und ebenso vielen kleinen Kanonen bestückt. Die Galeone besaß 4 Masten, 2 davon mit Rahsegeln und 2 mit Lateinsegeln. Sie diente als Kriegs- und Handelsschiff.«

Das wichtigste und vollständigste Relikt einer Galeone verdanken wir einem tragischen Unfall auf See. Heute stellt die WASA ein unschätzbares Dokument der Schiffbautechnik des 16. und 17. Jahrhunderts dar. Die WASA war das Flaggschiff der schwedischen Flotte und unternahm ihre Jungfernfahrt am 10. August 1628 im milden nördlichen Dämmerlicht. Sie verließ den Hafen von Stockholm mit einer leichten Brise, die die Segel am Fock- und Kreuzmast füllte. Zwei Marssegel waren schon gesetzt, doch das Schiff hatte noch nicht volle Fahrt aufgenommen. Da brachte sie eine Bö zum Krängen, und sie neigte sich erst auf die eine, dann auf die andere Seite.
Bei der WASA befanden sich die Geschützpforten des unteren Decks ca. 1,20–1,50 Meter über der Wasserlinie. Sie waren noch offen, wie dies während der Manöver üblich war. Sofort drang Wasser ein. Es reichte aus, um das wegen der schweren Kanonen ohnehin ziemlich instabile Schiff zum Kentern zu bringen, sodass es unterging.
Trotz dieses tragischen Unfalls, bei dem übrigens fast alle Besatzungsmitglieder gerettet wurden, stellt die WASA den Höhepunkt in der Entwicklung der Galeone dar. Die Pläne zu diesem Schiff gingen eigentlich auf die Niederländer zurück, die die technische Entwicklung dieses von den Engländern erfundenen

Die WASA erlitt auf ihrer Jungfernfahrt Schiffbruch. Sie nahm zahlreiche Gegenstände, die der Besatzung gehört hatten, mit auf den Meeresgrund, etwa diese Münzen, die direkt nach dem Auffinden fotografiert wurden (unten).

Eine Darstellung der WASA in voller Fahrt. Wahrscheinlich handelt es sich um ein reines Fantasieprodukt, da die Galeone nur wenige Stunden segelte, als sie noch nicht in voller Fahrt von einem unerwarteten seitlichen Windstoß getroffen wurde (S. 69 oben links).

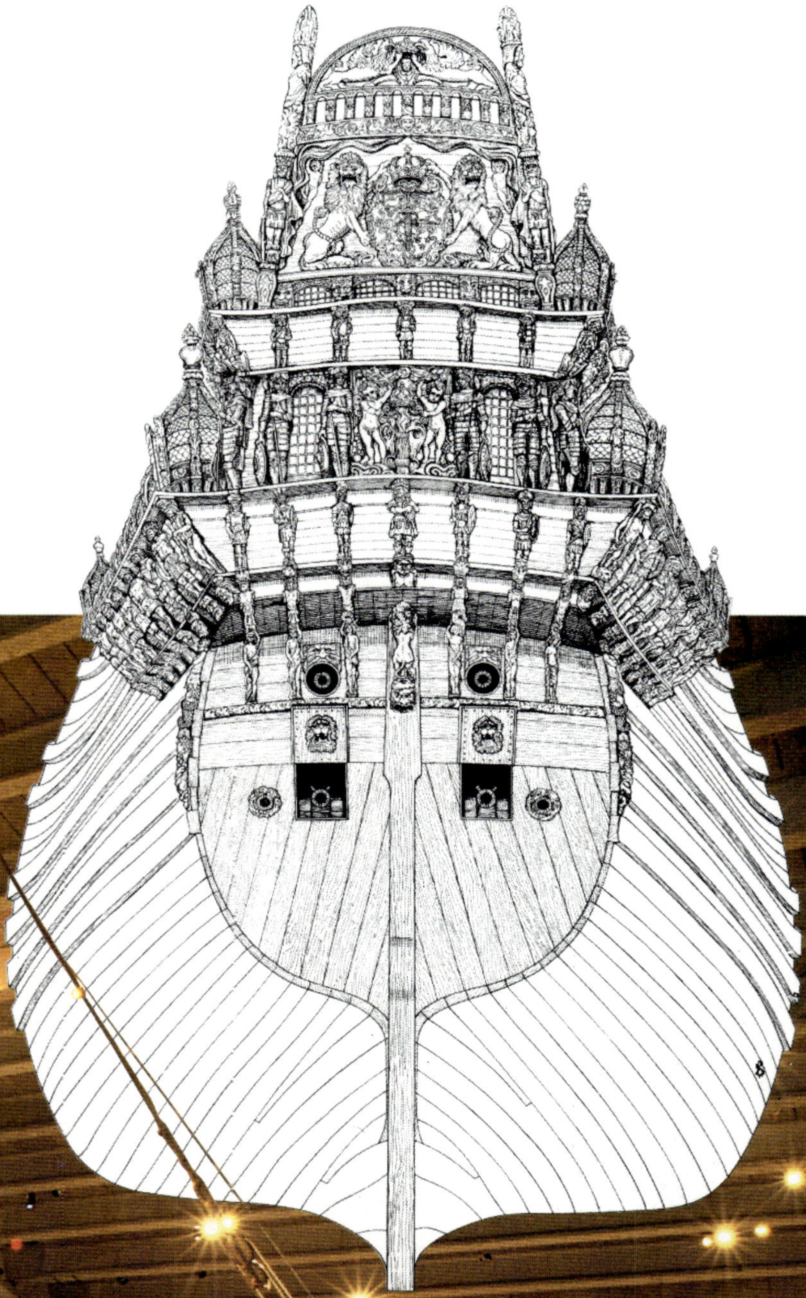

Die Zeichnung zeigt den Heckspiegel der WASA, der der Sitte der Zeit gemäß mit Konsolen, Statuen und Ornamenten überladen war. Es ging bei diesem Zierrat viel mehr darum, den Herrscher zu verherrlichen als dem Gegner Schrecken einzujagen (oben).

Der große Vorsteven der schwedischen Galeone geht auf antike Vorbilder zurück und hat noch keine Verbindung zu Spanten und Beplankung des Rumpfes (unten).

Schiffstyps am weitesten vorangetrieben hatten. Die WASA war eigens für Schnelligkeit gebaut worden. Deswegen erhoben sich die 3 Masten bis 40 Meter über das Deck und trugen insgesamt 1200 Quadratmeter Segel. Fock- und Großmast besaßen viereckige Rahsegel. Am Besanmast stand ein Lateinsegel, am Bugspriet ein Klüver. Aufgrund der Segelfläche und der Wasserverdrängung schätzt man ihre potenzielle Geschwindigkeit auf über 10 Knoten.
Die WASA hatte 3 Decks, die vom Bug bis zum Heck reichten und die der Länge nach stark geneigt und der Breite nach etwas konkav ausgeführt waren. Auf den beiden oberen Decks standen insgesamt 64 Kanonen, während sich im untersten Deck die Mannschaftsquartiere, die Munitions- und die Lebensmittelvorräte befanden. Im Heck stand ein sehr hoher Aufbau, in dem die Offiziere wohnten. Die gesamte Oberfläche des Schiffes war reich geschmückt mit großen Holzstatuen, mit Darstellungen von Menschen und klassischen Göttern, ferner Grotesken im Stil der Zeit, dazwischen einige Fenster mit beschnitzten Rahmen, die etwas Licht in die Innenräume hindurchtreten ließen.
Am Spiegelheck, mindestens 12 Meter über der Wasserlinie, thronten 2 riesenhafte vollplastische Löwen aus Holz, die das Siegel der schwedischen Königsfamilie trugen.

Ein Löwenkopf in der Bordwand der WASA, sozusagen ein Übungsstück für die Künstler, die die WASA verschönern sollten (oben).

Eine lange Reihe vollplastischer Skulpturen schmückt das Heck der Galeone, beeinträchtigte aber deren Manövrierfähigkeit (links).

Becher, Teller, Lampen, ein ganzer Hausrat konnte aus dem Wrack der WASA geborgen werden. Die Gegenstände verraten uns heute, wie sich das Leben an Bord eines solchen Schiffes abspielte (unten).

Das Heck der WASA bietet einen beeindruckenden Anblick. Hier ist allerdings nur der obere Teil mit den Fenstern dargestellt, die etwas Licht in die Offiziersquartiere hineinließen. Für die Auflockerung der Fensterfront sorgen Grotesken – 2 Löwen, die auf den Hinterbeinen stehen, halten das königliche Wappen (S. 70/71).

Blick auf das Oberdeck gegen das Heck zu mit dem Kastell und den Eingängen zu den Räumen der Offiziere, mit dem Großbaum aus Vollholz und den eng stehenden Wanten.

Die Decksbeplankung wurde rekonstruiert, da die originalen Hölzer durch den langen Aufenthalt im Wasser verloren gegangen waren (oben).

An den Seiten der Galeone befinden sich die Stückpforten für die Kanonen. Sie gehen auf eine englische Erfindung des vorhergehenden Jahrhunderts zurück. Diese Pforten waren militärtechnisch ebenso nützlich, wie sie für das Schiff selbst eine Gefahr darstellten. Die WASA nämlich ging unter, da durch die noch offenen Geschützpforten des unteren Decks Wasser eingedrungen war (S. 73 oben).

Lafetten der Kanonen im Zwischendeck. Dieser niedrige dunkle Raum füllte sich sofort nach dem Schuss mit den Abgasen des Schießpulvers. Zusammen mit den Flammen, dem

unglaublichen Lärm und dem scharfen Rauch muss das die Hölle für die Artilleristen jener Zeit gewesen sein. Sie waren auch die Ersten, die bei einer Havarie gefährdet waren (unten).

Dieser gesamte Zierrat war von Goldfolie überzogen, was dieser Kriegsmaschine ein eher heiteres und dem Genuss zugewandtes als ein schreckliches Aussehen verlieh. Aber das war eben zu jener Zeit üblich; auf diese Weise reagierte man auf den Obskurantismus der vorhergehenden Epoche.

Tatsächlich stellte das Achterkastell mit seinem Dekor, das rein repräsentative Funktionen erfüllte, bei der Galeone ganz allgemein und insbesondere bei der WASA einen der Schwachpunkte und wahrscheinlich die schwächste Stelle in der Konstruktion dieses Schiffstyps dar. Die Galeone war zwar schneller und manövrierfähiger als die Karracke, aber auch gleichzeitig deutlich weniger stabil: Die Absenkung des Vorderkastells brachte dabei keine Besserung, nachdem das Achterkastell mit eitlem Dekor überladen worden war.

Die Bauweise der WASA war schon modern: Die Längsstruktur des Rumpfes gründete sich auf den Kiel und auf die wichtigsten Planken, die Querstruktur bestand aus einer engen Reihe von Spanten, die mit der Längsstruktur über Bodenwrangen und Decksbalken verbunden waren.

Auch die Rumpfform mutet durchaus modern an. Das Verhältnis zwischen Länge und Breite ist weit von dem der Koggen und Karracken (3:1) entfernt. Bei der WASA liegt es bei rund 5:1, was eine Leistung versprach, die bisher nur von der Galeere hätte erreicht werden können. Doch diese wiederum konnte gar nicht ihre Höchstgeschwindigkeit erreichen, da sie von Ruderern angetrieben wurde.

Durch die schweren Kanonen und die mitgeführte Munition lag der Gewichtsschwerpunkt der WASA höher als zuvor berechnet, sodass sie topplastig war. Zudem erwies sich der Schiffsrumpf für diese Ladung als zu schlank.

Alles spricht bei der WASA schon eine andere neue Sprache: Der Bug hat mehr Schwung und ist fast wie bei der Karavelle verjüngt. Achtern endet der Rumpf in einem Spiegelheck mit zentralem Ruder. Diese Formen sind typisch für die letzte Generation der Segelschiffe aus Holz, der Linienschiffe.

Die Schnitzereien der WASA stellen Figuren und Szenen aus der Mythologie, aus der Volksüberlieferung und aus der Geschichte des Landes dar: So stellte das Schiff eine Art »Zusammenfassung« der Nation dar, die den Seeleuten und ihrem Kommandanten anvertraut wurde (unten, rechts).

Ein Behälter mit einem Deckel aus Terrakotta. Er wurde zusammen mit vielen anderen Gegenständen aus den Spunden der Seeleute geborgen (unten).

Keine Zeichnung und kein Gemälde beschreibt so gut wie die Skulpturen die Bedeutung der WASA für jene Zeit. Sie diente mehr der Selbstdarstellung als der Schifffahrt und war somit eher ein Symbol als der funktionale Ausdruck eines Bedürfnisses (S. 75).

Admiral Horatio Lord Nelson kam am 29. September 1758 in Burnham Thorpe zur Welt. Er war der Sohn von Edmund Nelson, einem bescheidenen Landgeistlichen, und von Catherine Walpole, einer Tochter des früheren Premierministers Sir Robert Walpole. Mit 15 Jahren fuhr Nelson schon zur See und nahm als Steuermann an einer Expedition in die Arktis teil (links).

Die VICTORY und weitere Linienschiffe vor Anker an der Mündung der Themse. Mit einer Kanonensalve begrüßt man den Kommandanten, der das Schiff besteigt – wahrscheinlich in der Tat Nelson. An den Seiten erkennt man die Geschützpforten mit den Kanonen. Die des unteren Decks liegen gefährlich nahe der Wasserlinie, kaum zwei Meter über dem Wasserspiegel. Während der Fahrt wurden die Pforten allerdings fest verschlossen (oben).

Victory

Linienschiff: Im Kampf formierten sich die Schiffe in einer Linie hintereinander, sodass sie während der Fahrt gleichzeitig feuern konnten. Das verursachte den größten Schaden. Um die Mitte des 17. Jahrhunderts unterteilten die Engländer diese Schiffe in (bis zu acht) Rängen: Die Schiffe 1. Ranges hatten 3 Decks und rund 110 Kanonen, die des 2. Ranges zwei Decks und 80 Kanonen und die des 3. Ranges 1 Deck mit 40–50 Kanonen. Andere Nationen übernahmen diese Unterteilung, allerdings gab es keine einheitliche Klassifizierung.

Vom Ende des 17. Jahrhunderts an war die bereits mächtige und dominierende englische Flotte zu einem vollkommenen Angriffs- und Verteidigungsinstrument geworden. Die Schiffbaukunst hatte weitere Fortschritte gemacht. Sie hatte die Radsteuerung erfunden, und der Kiel war nun mit Kupfer überzogen. Und dank Stag- und Gaffelsegeln konnte man nun höher am Wind fahren. Die gesamte Segelfläche wurde durch weitere Segel vergrößert, vor allem durch Leesegel, die man auf ausziehbaren seitlichen Verlängerungen der Spieren anbrachte.

Die großen Linienschiffe der englischen Flotte stammen von bewaffneten Galeonen ab und waren die ersten richtigen Schlachtschiffe, die mit ihren Kanonen angreifen und auch die Hochsee befahren konnten. Ein Linienschiff der ersten Klasse wie etwa die VICTORY beherbergte 100 Kanonen und nahm fast 1000 Mann an Besatzung und Soldaten auf (unten).

In der Seeschlacht kamen sich die Linienschiffe ziemlich nahe: Die Kanonen jener Zeit hatten nur eine geringe Reichweite, und die Kugel, die noch nicht wie eine Granate explodierte, erwies sich oft als unwirksam gegen das massive Holz der Bordwand. Viel wirksamer waren da schon die Breitseiten gegen die Segelausrüstung. Ohne Masten und Segel war das Schiff verloren (S. 79).

Gleichzeitig hatte die britische Admiralität ihre »Fighting Instructions« erlassen. Darin wurde eine Reihe von Manövern und Standardsituationen im Gefecht kodifiziert. An erster Stelle stand hier die Kiellinie. Da die Kanonen bei den Kriegsschiffen jener Zeit an den Seiten in mehreren Decks übereinander standen, war die Feuerkraft am wirkungsvollsten, wenn man dem Feind Seite an Seite gegenüberstand. Eine Flotte von Kriegsschiffen, die hintereinander, in Kiellinie, vor dem Feind vorbeisegelte, entwickelte eine hohe Feuerkraft. Ein 60 Meter langes Linienschiff mit 100 Geschützpforten konnte auf einmal eine halbe Tonne Kanonenkugeln verschießen.

In dieser Formation, in Kiellinie, kämpften die großen Linienschiffe der ersten, zweiten und höchstens noch dritten Klasse. Die VICTORY war ein solches Linienschiff der ersten Klasse. Sie wurde nach einem Plan von Sir Thomas Slade zwischen 1759 und 1765 im englischen Chatam gebaut. Heute liegt sie in der Marinebasis von Portsmouth und ist das älteste Schiff, das offiziell noch im Dienst der Royal Navy steht. In Wirklichkeit dient sie nur noch als schwimmendes Museum und als Symbol der englischen Seemacht, eine Erinnerung an Trafalgar und an Admiral Lord Nelson.
40 Jahre war das Schiff schon alt, als es durch sein letztes Gefecht in die Geschichte einging, auch weil

der Kommandant dabei ums Leben kam. In dieser Zeit hatte die VICTORY erhebliche Veränderungen erfahren, die allerdings ihr für die goldene Zeit der Linienschiffe typisches Aussehen nicht wesentlich veränderten.
Die Ausmaße der VICTORY liegen nahe dem Maximum, das für eine Holzkonstruktion überhaupt möglich ist: Länge von der Galionsfigur bis zum Achtersteven 69 Meter, Länge des Geschützdecks 56,50 Meter, maximale Breite 15,70 Meter.
2500 erstklassige Eichenstämme hatte man für den Rumpf gebraucht, für seine doppelwandige Beplankung, seine Decksplanken und Spanten, von denen die verstärkten eine Dicke von 60 Zentimeter erreichten. Der Kiel bestand aus Ulme, und das gesamte Unterwasserschiff hatte man erst mit ölgetränktem Stoff und dann mit Kupferplatten überzogen, die man auf die Planken nagelte. Damit schützte man das Holz vor dem Schiffsbohrwurm. Genau dasselbe Verfahren setzten vor 1500 Jahren auch die römischen Schiffbaumeister ein. Sie verwendeten damals anstatt des Kupfers allerdings Blei, aber die Idee und die Vorgehensweise waren dieselben. Das Ruderblatt war bis zu 1,80 Meter breit und insgesamt über 11 Meter lang. Es wurde über einen 8,70 Meter langen Ruderschaft bewegt, der am Spiegelheck direkt oberhalb des Unterdecks und damit am ersten Geschützdeck in den Rumpf eintrat. Dieser Ruderschaft war seinerseits über Steuerseile und Flaschenzüge mit dem doppelten Steuerrad verbunden, das sich auf dem Kampagnedeck befand. Die VICTORY besaß 4 durchgehende Decks und ein Oberdeck.

Schnitt durch die VICTORY, *eine moderne Rekonstruktion von Nelsons Flaggschiff. Die Darstellung zeigt, welche Aufgaben die verschiedenen Decks übernahmen. Im Laderaum vorne befanden sich die Lebensmittelvorräte, in der Mitte die Krankenstation und achtern die Offizierskombüse. Die übrigen 3 Decks waren für die Kanonen und die Unterkünfte der Besatzung sowie der Soldaten reserviert. Diese hängten während der Fahrt ihre Hängematten an den Bodenwrangen auf, um sich auszuruhen. Der Heckbereich der 3 Decks war für die Offiziere und den Navigationsraum bestimmt.*
Das Steuerrad befand sich unter dem Kampagnedeck. Dieses war beim Linienschiff aus dem 18. Jahrhundert der Überrest des Achterkastells der mittelalterlichen Schiffe. Am Bug war der Vordersteven in den Rumpf integriert. In der Mitte des Schiffes war das Oberdeck unterbrochen, weil dort auf Bootsbalken die Beiboote ruhten.

Segelriss und Seitenansicht der VICTORY, eines Linienschiffes der ersten Klasse, bewaffnet mit 104 Kanonen, die 12- bzw. 32-pfundige Kanonenkugeln aus Gusseisen verschießen konnten. Dazu kamen 2 Carronaden mit 68 Pfund schweren Kugeln. Bei einer Breitseite verschoss die VICTORY ungefähr 500 Kilogramm Kanonenkugeln auf eine Entfernung von einer Seemeile. Um im Seegefecht wirksam eingesetzt werden zu können, mussten solche Schiffe über einen ausgeklügelten Segelriss verfügen. Die Bedienung der Segel war hoch spezialisiert: Der Kommandant eines Linienschiffes hätte vom Kapitän eines Klippers oder eines Windjammers zwei Jahrhunderte danach nichts Neues lernen können. Übrigens konnte jeder Kommandant die Seiten seines Schiffes nach eigenem Geschmack streichen lassen. Die schwarzen und gelben Streifen der VICTORY jedoch wurden durch die Persönlichkeit Admiral Nelsons später typisch für die gesamte englische Flotte.

Manövriertechnik erforderte. Insbesondere die Stagsegel und das große Gaffelsegel am Besanmast machten es dem Schiff möglich, höher am Wind zu segeln. Wie bei allen Linienschiffen, die viele Kanonen mitführten und eine doppelte Bordwand aufwiesen, übertraf die Geschwindigkeit selten 6 Knoten, und die Spitze lag bei 10 Knoten. Heute erscheint die VICTORY, wenn man sich ihr vom Meer her nähert, wie ein riesiger schwimmender Palast mit drei ockerfarbenen Streifen, in denen sich die Geschützpforten wie Fenster öffnen.
Die VICTORY stellt ein besonders mächtiges Symbol dessen dar, was man den »hölzernen Schutzwall Englands« nannte: eine uneinnehmbare Festung, die das Herz eines Reiches verteidigen sollte, das sich auf dem Seeweg auf allen Kontinenten festgesetzt hatte.

Es war in der Mitte des Schiffes offen, und auf den Decksbalken ruhten die Beiboote. Das unterste Deck war der Laderaum: Dort lagerten die Lebensmittel- und Munitionsvorräte.
Auf diesem Deck befand sich die Krankenstation mit dem Arzt, die Werkstatt des Schiffszimmermanns und die Kombüse für die Offiziere. Das untere, mittlere Hauptdeck und das obere Batteriedeck beherbergten die Kanonen sowie die Hängematten der Besatzung und der Soldaten.
Unter dem Achterdeck war das Reich der Offiziere. Die 3 Masten der VICTORY trugen eine gesamte Segelfläche von 1600 Quadratmetern. Diese waren in sehr viele Segel aufgeteilt, wie es die damalige

Die VICTORY an ihrem Ankerplatz im Hafen von Portsmouth. Das Schiff zeigt noch nicht das endgültige Aussehen mit den gelben und schwarzen Streifen (oben).

Der Speisesaal von Admiral Nelson, im Hintergrund sein Studierzimmer mit der großen Fensterfront (unten).

Nelsons Räume an Bord der VICTORY umfassten das Studierzimmer (Abbildung), einen großen Speisesaal, in dem der Admiral seine Offiziere und Gäste empfing, sowie die persönliche, sehr bescheidene Kabine mit einer einfachen Liegestatt (unten).

Blick auf das Heck der VICTORY. Der Zierrat bleibt auf das Wesentliche beschränkt und ist nicht mehr mit der barocken Pracht der Galeonen des vorhergehenden Jahrhunderts zu vergleichen (oben).

Das Wappen des englischen Königshauses befand sich ganz vorne am Steven der VICTORY, wo die Handelsschiffe sonst ihre Galionsfigur zeigten (S. 83).

PENSE
MON

3

Das 19. Jahrhundert: Die Entwicklung zum Klipper

Noch im 18. Jahrhundert war das Segelschiff zur Hauptsache ein Kriegsschiff. Auf den Bildern der Marinemaler jener Zeit spielen Rauchschwaden und rötlicher Feuerschein von den Kanonenschüssen eine viel größere Rolle als die vollen Segel und die brechenden Wellenkämme, die auf den Gemälden des nachfolgenden Jahrhunderts dominieren. Es war immer noch die Kanone, die den Segelschiffen jener Zeit ihren Stempel aufdrückte.

Tatsächlich bedeutete selbst im aufklärerischen 18. Jahrhundert die Seefahrt ein Abenteuer mit höchst ungewissem Ausgang: Auf den geographischen Karten gab es noch viele unerforschte weiße Gebiete, und man argwöhnte natürlich, dass dort Menschen, Tiere und eine Natur anzutreffen seien, die Fremden gegenüber feindlich eingestellt waren. Von den vielen Seeleuten, die sich auf eine solche Reise machten, kamen nur wenige zurück. Von den Untergegangenen erzählte man schreckliche Geschichten, und die Überlebenden widersprachen ihnen keinesfalls, um ihren eigenen Ruhm zu mehren. Tatsächlich wohnten in den noch unerforschten Gebieten Völker, die von der Zivilisation der Entdecker, die eigentlich Eroberer waren, nichts wissen wollten und die mit Gewalt auf die Eindringlinge reagierten.

Die Ozeane jenseits der Säulen des Herkules und der nebligen nördlichen Meere waren nach damaliger Vorstellung von großen Walen bewohnt, und die langen Tentakel der Riesenkalmare waren auf alten Darstellungen gar nicht so übertrieben dargestellt. Wenn es wahr ist, dass diese Tiere eine Länge von 20 Meter erreichen, dann waren die damaligen Schiffe nur wenig länger: Die ENDEAVOUR, mit der James Cook unbekannte Ozeane erforschte, hatte einen Rumpf von weniger als 25 Meter Länge!

Da brauchen wir gar nicht erst davon zu sprechen, wie solche Rümpfe auf Meereswellen reagierten, die viel größer und zerstörerischer waren als die des Mittelmeeres, obwohl diese immerhin für die Form und die Konstruktion dieser Schiffe maßgeblich gewesen waren.

Angesichts dieser Tatsachen blieb das Segelschiff bei der Takelung, der Handhabung der einzelnen Segel und trotz der bis auf die Spitze getriebenen Größenentwicklung ein Kriegsschiff. Selbst die Bemalung und damit die Ästhetik der Bordwand war bis ins 20. Jahrhundert hinein eine Angelegenheit der Admirale und nicht der Schiffbauer. Die Farbwahl blieb dem Geschmack des Kommandanten überlassen, und so boten Galeonen und Linienschiffe oft ein bizarres Bild. Die meisten englischen Schiffe zeigten eine schwarze und gelbe Streifung. Bei Abukir traten jedoch ein Schiff mit roten und gelben Streifen und ein anderes mit schwarzen und roten Streifen in Erscheinung. Bei Trafalgar trug das spanische Schiff SANTISIMA TRINIDAD weiße Streifen auf purpurfarbenem Grund, während ein anderes ganz schwarz gestrichen war.

Die berühmtesten englischen Fregatten wurden in der Blackwall-Werft an der Mündung der Themse gebaut. Diese modernen Fregatten zeigten durchaus einen gewissen Schmuck, konnten sich aber nicht mehr mit dem üppigen Dekor der ersten Linienschiffe messen (S. 84/85).

Auch hier diktierte der Sieger schließlich das Gesetz: Nelson hatte seine Schiffe mit gelben und schwarzen Streifen streichen lassen, und diese Farben à la Nelson trug das Segelschiff im 19. Jahrhundert, seien es nun Kriegs- oder Handelsschiffe. Auf diesen verschwanden schließlich die Kanonen, aber nicht die auffällig bemalten Geschützpforten!

Am 21. Oktober 1806 begann die Seeschlacht bei Trafalgar zwischen der englischen Flotte unter dem Kommando von Admiral Horatio Nelson und der verbündeten französisch-spanischen Flotte. Der Sieg der Engländer legte die Grundlage für ihre Oberherrschaft auf den Weltmeeren. Vor allem ging damit auch eine lange Kriegszeit zu Ende, und es begann eine neue Epoche des Friedens, in der die Schifffahrt wieder in die Hände der Kaufleute überwechselte. Daraus ging der entscheidende Impuls zur Schaffung regelmäßiger Schiffsverbindungen hervor. Damit konnte auch eine neue Generation von Segelschiffen entstehen. Nach und nach verzichtete man dabei auf die Formen und Merkmale, die auf die Einführung der Kanonen zurückzuführen waren.

Einmal abgesehen von der eindeutig militärisch beeinflussten Bemalung, die sich auf den größeren Schiffen aller Flotten wiederfand, waren mittlerweile im Schiffbau nur geringere Änderungen zu verzeichnen.

Nur wenige Seeleute waren notwendig, um die Manöver auf einer kleinen Fregatte des 18. Jahrhunderts durchzuführen: Zwei Männer auf der Rah der Obermarssegel mussten ausreichen, um diese aufzutuchen (links).

Diese Fregatte der englischen Flotte verlässt den Hafen von Kapstadt und setzt dabei alle Segel. Deutlich erkennt man die Bordwand mit den klassischen Streifen (oben).

Der Schiffsschnabel oder das Galion verlor Form und Funktion und wurde in die Verlängerung des Bugrumpfes integriert. Erst entwickelte er sich zu einer Art Reling, dann ging er in der Beplankung auf. Das Spiegelheck verlor seinen Schmuck, die Glasfenster und die Balkons. Es gab zwar Widerstände dagegen, das gesamte Heck einfach hinter einer gekrümmten Bordwand verschwinden zu lassen, wie dies als Versuch bei einigen englischen Schiffen geschah. Aber die Notwendigkeit, das Achterschiff vor feindlichem Feuer zu schützen, behielt schließlich die Oberhand über das Streben der Offiziere nach Bequemlichkeit und eitler Selbstdarstellung.
Das Oberdeck war nun durchgehend: Auch wenn man den Heckbereich weiterhin Poop oder Achterdeck und den Bugbereich Back nannte, verlor die Geometrie des Schiffes doch diese beiden charakteristischen Erhebungen einer altehrwürdigen Marinetradition.
Das neue Segelschiff des 18. und 19. Jahrhunderts war die Fregatte. Und es war das Handelsschiff, das die neuen Formen bestimmte.
Obwohl das Schiff auf dem Oberdeck noch über eine Kanonenbatterie verfügte, war dieses nun doch durchgehend und besaß mittschiffs nicht mehr jene Öffnung, die bei den Kriegsschiffen Beiboote und Rettungsboote aufgenommen hatte. Auch die Bordwand war durchgehend und vom Bug bis zum Heck durchgezogen. So entstand ein pragmatischeres Schiff, das weniger repräsentative Aufgaben zu erfüllen hatte. Trotzdem schlug sich dieses Schiff in der Schlacht noch recht gut, und das war auch weiterhin notwendig, um die kostbare Ladung in umkämpften oder gar feindlichen Kolonien zu schützen. Die Fregatte segelte wegen des niedrigeren Freibordes und der vereinfachten Takelung schneller als das Linienschiff, und ihre Ausmaße wuchsen weiter.
Der East Indiaman des 18. Jahrhunderts hatte einen Rauminhalt von 500 bis 800 Registertonnen.
Am Ende dieses Jahrhunderts erreichte er 1200 Tonnen bei einer Länge von 50 Meter, einer Breite von 12 und einem Tiefgang von 5 Meter.
Das Segelschiff, das in die Neue Welt fuhr, der West Indiaman mithin, blieb kleiner. Der Rauminhalt erreichte kaum 500 Tonnen, und es waren höchstens 2 Decks vorhanden. Auch die Schiffe, die auf traditionellen Routen die europäischen Meere befuhren, blieben deutlich kleiner: Sie übertrafen selten 30 Meter Länge. Ursprünglich behielten sie das Rigg mit 3 Masten und den klassischen 6 oder 8 Segeln bei. Doch langsam vereinheitlichte sich das Bild, und es entstand ein zweimastiges Schiff, die Brigg oder Brigantine. Sie entwickelte sich schließlich zum verbreitetsten kleineren Segelschiffstyp überhaupt.

Eine merkwürdige Darstellung der englischen Fregatte ZION aus zwei verschiedenen Blickwinkeln. Gemälde und Stiche sind für lange Zeiträume die einzigen historischen Quellen für die Bauweise der Schiffe. Erst später fertigte man Pläne und Konstruktionszeichnungen an (S. 86 oben).

Der kleine französische Kutter, der wahrscheinlich Schmuggelgeschäfte betreibt, versucht, der englischen Fregatte zu entkommen. Oft waren die Fregatten aber wegen ihrer Schnelligkeit und Manövrierfähigkeit überlegen (S. 86 unten).

Kleine Schiffe mit Lateinsegeln sind typisch für die Mittelmeertradition, besonders in der östlichen Hälfte dieses Meeres, wo einst die Galeeren der Türken und die der italienischen Seerepubliken unangefochten dominierten. Die großen Linienschiffe mit Rahsegeln bedeuteten allerdings deren Untergang (links).

Den amerikanischen Schiffbauern gelang es trotz einer viel kürzeren Tradition auf diesem Gebiet, Schiffe und vor allem Fregatten zu konstruieren, die den englischen und französischen Modellen überlegen waren, obwohl sie auf diesem Gebiet als die besten galten. Die amerikanische Fregatte war vor allem größer und schneller und erreichte auch eine höhere Schussfrequenz im Vergleich zu den europäischen Linienschiffen (rechts).

Am Ende des 18. Jahrhunderts hatten alle Seefahrernationen die Terminologie für die unterschiedlichen Schiffstypen vereinheitlicht. So bezeichnete man als Fregatte nun auch ein wohl definiertes Modell. Das Wort taucht wahrscheinlich erstmals im 14. Jahrhundert auf und bezeichnete damals eine der vielen Untertypen der Mittelmeergaleere. Dann verstand man darunter jedes mittelgroße, schnelle Schiff mit geringer Bewaffnung. Schließlich erhielt die Bezeichnung ihre fest umrissene Bedeutung: Die Fregatte ist ein langes Schiff mit niedrigem Freibord und weniger als 40 Kanonen auf dem Hauptdeck. Das Oberdeck ist in der Mitte offen. Dieses Merkmal hatte die Fregatte mit den großen Linienschiffen gemeinsam. Sie diente zur Aufklärung und machte auch Jagd auf feindliche Schiffe. Das moderne Äquivalent ist der Kreuzer. Vor allem war die Fregatte schnell: Sie erreichte 12 Knoten und konnte bis 60 Grad am Wind segeln. Sie war ein Schiff, »das bei starkem Wind Schiffe mit 2 Decks hinter sich ließ und sich bei leichtem Wind dem Seegefecht entziehen konnte«. So lautete eine Definition des Schiffbauers Joshua Humphreys aus Philadelphia, der sich auf diesen Schiffstyp spezialisiert hatte.

Die Fregatte

Die Struktur des Rumpfes ist fertig. Eine Reihe von vielleicht nur provisorischen Plankengängen wurde angebracht als Widerlager für die Stützen, die den Rumpf auf der Helling hielten. Eine vollständige Überdachung erleichterte die Fertigstellung der dänischen Fregatte JYLLAND *(oben).*

Das Paketschiff vom Beginn des 19. Jahrhunderts. Kanonen sind keine mehr vorhanden, dafür aber noch das Muster der Geschützpforten, die als schwarze Rechtecke auf dem weißen Band kenntlich sind (rechts).

Mit offenen Geschützpforten und noch nicht vollständig gesetzten Segeln verlässt diese englische Fregatte den Hafen von Liverpool. Hier wird das neue Design deutlich: Der Vorsteven ist in die Schiffswand integriert, und das Spiegelheck liegt niedrig über der Wasserlinie (links).

Dichte Schoten: ein ungewöhnlicher Kurs für diesen Rahsegler, dem es im besten Fall gelang, einen raumachterlichen Kurs zu halten. Bei der JYLLAND *sind die Segel maximal dichtgeholt (unten).*

Die Fregatte entwickelte sich parallel zum großen Linienschiff, das beim Bau und bei der Handhabung sehr viel schwerfälliger war. Man konnte der Fregatte in allen Kriegsflotten jener Zeit begegnen. Schließlich wurde sie zum Handelsschiff im Fernostverkehr. Der East Indiaman ist im Wesentlichen die Handelsversion der Fregatte. Als Erste hatten die Franzosen sie entwickelt. Um die Stabilität besonders beim Schuss zu erhöhen, hatten sie das obere Geschützdeck des Linienschiffes entfernt, dessen Breite etwas vergrößert, aber sonst dieselbe Struktur beibehalten. So entstand ein Schiff, das sich vor allem beim Feuern als stabil erwies. Gegnerischen Treffern konnte es ebenso standhalten wie das Linienschiff, aber durch sein geringeres Gewicht war es auch schneller.

Natürlich übernahmen die Engländer sofort die französische Neuentwicklung: Ihre Fregatten wiesen dieselben Merkmale auf wie die ihrer Gegner jenseits des Ärmelkanals. Diesen Schiffstyp exportierten sie dann nach Amerika. Dort brauchte man keine Linienschiffe für das Seegefecht, doch einige Kanonen auf dem Deck eines wendigen Schiffes waren schon erwünscht. So wurde die Fregatte zum typisch amerikanischen Kriegsschiff, sobald die eben entstandenen Vereinigten Staaten die Notwendigkeit eines Küstenschutzes empfanden.

Die amerikanischen Konstrukteure merkten sofort, dass man noch Verbesserungen vornehmen konnte. Die Fregatte war im Grunde genommen ein Linienschiff ohne oberes Geschützdeck. Der Kiel blieb aber derselbe. Deswegen war das Schiff anfänglich langsam und wenig manövrierfähig, obwohl es den Linienschiffen durch die Gewichtsersparnis natürlich überlegen war. Die Amerikaner verfeinerten daher die Rumpfform und passten sie den seichten Gewässern ihrer Küste an. Sie verringerten den Tiefgang und kompensierten dies durch größere Breite. Das Ergebnis: Die amerikanische Fregatte war dank der besseren Linienführung des Rumpfes schneller und wendiger und wegen der größeren Breite beim Schuss auch stabiler und damit sogar besser geeignet für das Seegefecht.

Beim direkten Vergleich mit den Engländern erwiesen sich die neuen amerikanischen Fregatten als schneller. Sie schlugen im Kampf auch die besten französischen Schiffe dieser Bauart. Die amerikanischen Konstrukteure entwickelten ihre Modelle zum Ende des 18. Jahrhunderts. Damals schufen sie die größten Schiffe dieses Typs. Sie maßen vom Vorsteven bis zum Spiegelheck über 60 Meter bei einer Maximalbreite von 13,5 Meter. Die offizielle Definition der Marine sprach von einer »Fregatte mit 44 Kanonen«. In Wirklichkeit waren 30 24-Pfünder und 30 12-Pfünder auf dem Oberdeck sowie 2 weitere 24-Pfünder auf der Back. Mit diesen Ausmaßen erwiesen sich die amerikanischen Fregatten im Mittel als 6 Meter länger und 1 Meter breiter als die zeitgenössischen

Die ersten amerikanischen Fregatten wie die ESSEX *auf diesem Gemälde zeigten Merkmale des englischen Kriegsschiffes des 18. Jahrhunderts: Der Vorsteven ragt noch deutlich hervor und das Spiegelheck ist mit vielen Glasfenstern versehen (oben).*

Die moderne Rekonstruktion von J. Batchelor zeigt die Merkmale des neuen Schiffstyps: das niedrige Freibord und das durchgehende Deck. Obwohl der Schmuck im Heck und am Vorsteven bleibt, hat sich das Design der Fregatte schon stark von dem des Linienschiffes entfernt (unten).

Unterkünfte für die Mannschaft im Vorschiff, die für die Offiziere am Heck. Die oberen Decks waren für die Kanonen reserviert, die unteren dienten als Lager für Kugeln und Schießpulver, für Lebensmittel und Ersatzmaterialien. Dieser Schnitt durch ein Kriegsschiff vom Endes des 18. Jahrhunderts gibt uns einen Überblick über die Raumaufteilung (S. 91 oben).

Auf dieser Zeichnung von Chapelle wird die Vergrößerung der Segelfläche der weiterentwickelten amerikanischen Fregatte im Vergleich zum ursprünglichen englischen Vorbild deutlich. Die PRESIDENT *weist im Vergleich zur* ESSEX, *die links davon abgebildet ist, zusätzliche Rahsegel auf (S. 91 unten).*

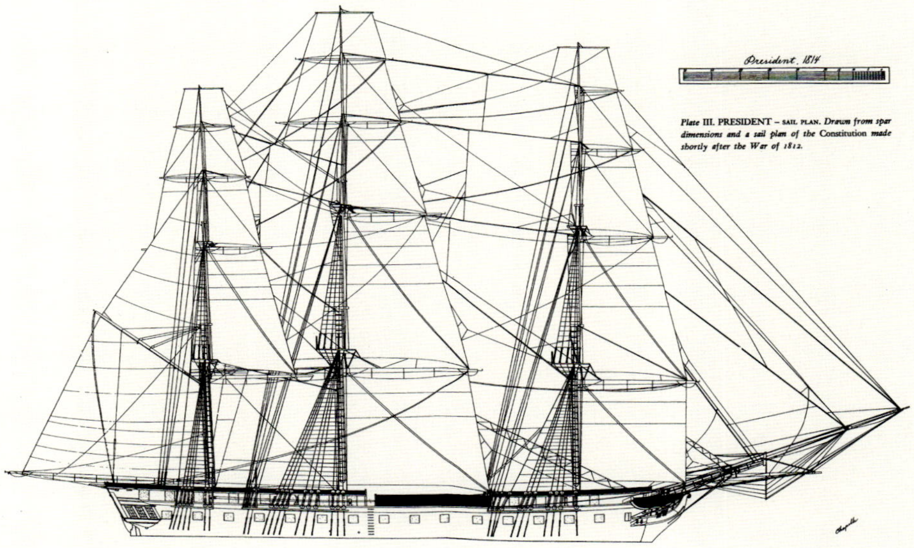

Fregatte

englischen und mindestens 4 Meter länger als die französischen Schiffe dieses Typs.

Ein weiteres Merkmal der amerikanischen Fregatten war ihre ungeheure Segelfläche. Das Schiff besaß 3 Masten mit Rahsegeln sowie 1 Gaffelsegel am Besanmast. Alle 3 Masten trugen Ober- und Unterbramsegel und somit im Schnitt 2 Rahsegel pro Mast mehr als die Linienschiffe, obwohl die Fregatten doch leichter waren als diese. In der Tat erreichte die PRESIDENT, die schnellste der amerikanischen Fregatten, eine Spitzengeschwindigkeit von 14 Knoten!

Nachdem die Kriege auf dem Kontinent und die Konflikte mit den ehemaligen Kolonien jenseits des Atlantiks beigelegt waren, empfanden die Engländer keine Notwendigkeit, bei ihren Fregatten Verbesserungen anzubringen. Sie spezialisierten sich mehr auf das Handelsschiff. Doch wie schon gesagt, diente das Kriegsschiff dabei weiterhin als Ausgangspunkt.

Zu Beginn des 19. Jahrhunderts stieg die Nachfrage nach Schiffen für den Verkehr mit Fernost, mit Australien und Südamerika sprunghaft an: Die Zeit der Monopole der großen Kompanien, die eigentlich dem Staat gehörten, war nun vorbei, und viele private Reeder wollten beim Transport von Emigranten und Kolonialwaren von und nach England mitmischen. Die Fregattenbauer griffen dabei auf Modelle zurück, mit denen man bereits Erfahrungen gesammelt hatte: Auf den Hochseerouten fuhren Segelschiffe, die sich nur durch die geringere Zahl von Kanonen und durch die Uniformen der Offiziere und Seeleute von den Fregatten der Royal Navy unterschieden.

Die berühmtesten unter diesen waren die so genannten Blackwall-Fregatten, die ihren Namen von einer Werft an der Themsemündung hatten. Es waren Dreimaster, die allerdings nicht an die Ausmaße der amerikanischen Schwestern herankamen. Der Rauminhalt erreichte 1500 Registertonnen bei einer Maximallänge von 55 Meter und einer Breite von 12 Meter. Mit diesem Typ ging die Epoche der Segelschiffe mit weiß und schwarz bemalten Bordwänden und Geschützpforten, mit der Fensterfront am Spiegelheck und mit einem ausladenden Vorsteven zu Ende. Neue Impulse für den Schiffbau kamen nun aus der Neuen Welt.

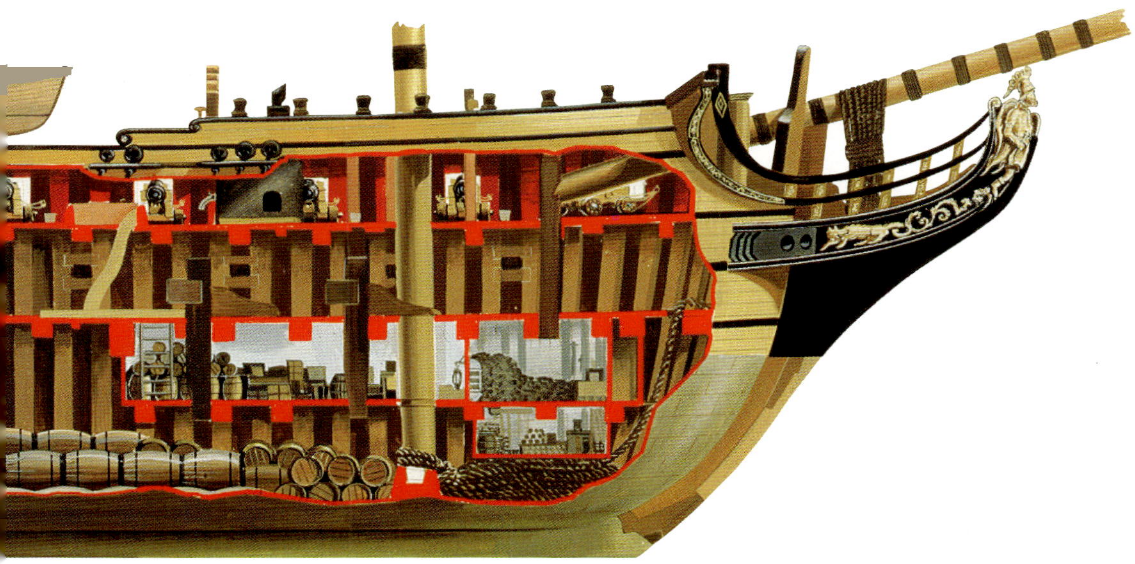

Westindien besaß seit der Entdeckung ein maritimes Erbgut. Natürlich ist der Hinweis banal, dass die Entdecker auf dem Seeweg kamen. Doch dies war nur möglich dank eines portugiesischen Schiffes, das über eine Hochseetradition verfügte, dank baskischer Matrosen, die an diese Hochsee gewöhnt waren, und dank eines Genueser Kommandanten. Noch bedeutsamer ist die Tatsache, dass die ersten Kolonien, die auf dem neuen Kontinent entstanden, englischen und niederländischen Ursprungs waren: New Amsterdam, das spätere New York, wurde von Niederländern gegründet. Die Engländer setzten sich an weiten Teilen der Atlantikküste fest und verdrängten bald die Niederländer (so wurde aus New Amsterdam eben New York). Niederländer wie Engländer brachten fest verwurzelte Marinetraditionen und die entsprechenden Technologien mit. Anfänglich konzentrierte sich zwar die Aufmerksamkeit der Kolonisatoren auf ihre Siedlungen und die täglichen Auseinandersetzungen mit den Ureinwohnern, den Indianern. Doch in weniger als einem Jahrhundert bildete sich auch unter dem Druck, den Verkehr mit den anderen Siedlungen an der Küste und mit der weit entfernten Heimat aufrecht zu erhalten, eine intensive Seeschifffahrt aus. Sie wurde begünstigt durch

Jenseits des Atlantiks

RATTLESNAKE

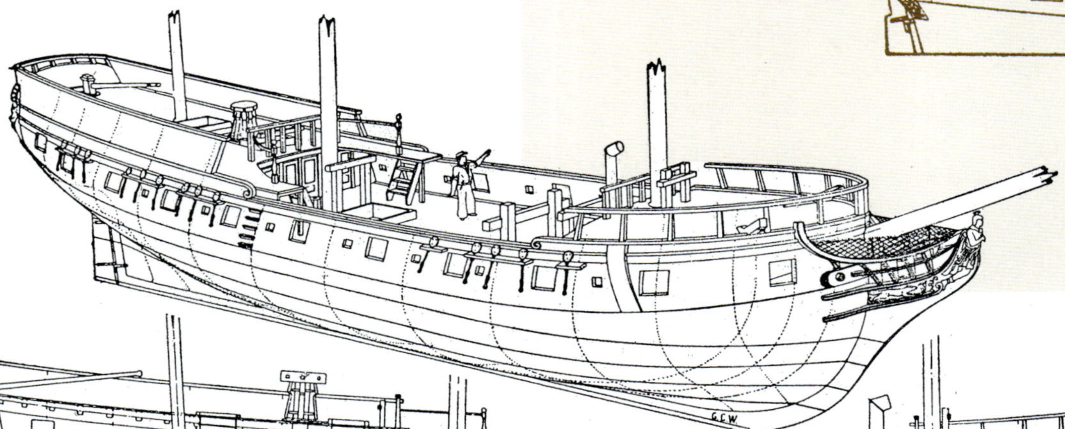

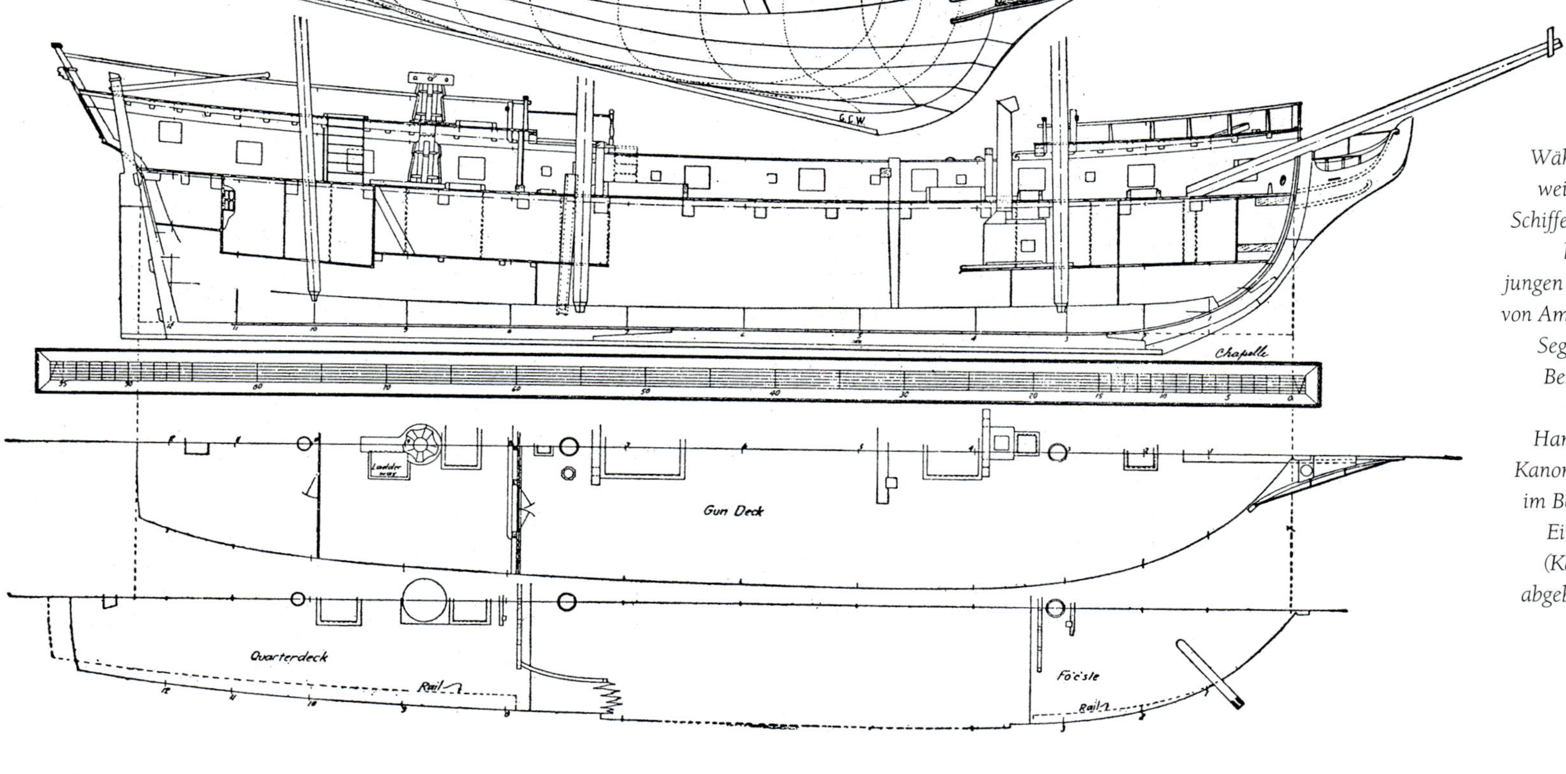

Während in Europa der weitaus größte Teil der Schiffe dem Staat gehörte, breiteten sich in den jungen Vereinigten Staaten von Amerika seit Anbeginn Segelschiffe aus, die im Besitz privater Reeder waren. Viele dieser Handelsschiffe besaßen Kanonen, um der Marine im Bedarfsfall zu helfen. Eines dieser Privateer (Kaperschiffe) war die abgebildete RATTLESNAKE *(links).*

Die wertvollsten Informationen über amerikanische Segelschiffe liefern uns die Zeichnungen von Howard I. Chapelle. Er sammelte sehr viele technische Daten und erstellte mit ihrer Hilfe präzise Darstellungen aus verschiedenen Blickwinkeln, darunter auch vom Kaperschiff RATTLESNAKE *(links).*

Die englischen Gründerväter gelangten mit der MAYFLOWER *nach Nordamerika, einem typischen Frachtschiff des 17. Jahrhunderts mit hohem Freibord und geringer Segelfläche. Sie brachten auch schiffbautechnische Kenntnisse mit, die es ihnen ermöglichten, innerhalb kurzer Zeit sehr schnelle Segler zu entwickeln (oben).*

geschützte Gewässer an der Küste und zahlreiche sichere Häfen.

Als sich die Kolonien entschlossen, die Unabhängigkeit von ihrer alten englischen Heimat zu verlangen, erwies sich die neu geschaffene Marine der Vereinigten Staaten von Amerika als der englischen ebenbürtig, obwohl diese als die größte Seemacht der Welt galt. Die letzten Einwanderer kamen mit reichem technischem Wissen nach Amerika. Auf jeden Fall hatten sie jene Unbeweglichkeit und Ablehnung des Neuen, wie sie typisch ist für die Arrivierten, vollständig abgelegt. Kulturelle Neugierde und die Lust am Experimentieren sind eben die Tugenden des einfachen Mannes. Aber nicht nur das: Die neue amerikanische Nation konnte auf den Vergleich zahlreicher Erfahrungen zählen: Engländer, Franzosen und Niederländer steuerten ihr Wissen bei, sodass schließlich ein völlig neuer Schiffsrumpf entstand.

Zu den ersten amerikanischen Segelschiffen zählte die VIRGINIA, die ungefähr 50 Fuß lang war. Amerikanische Kolonisatoren bauten sie 1607 in Maine. Die Niederländer von New Amsterdam konstruierten die ONRUST nach dem Vorbild ihrer einheimischen Yacht. Die CHALEUR war in Wirklichkeit ein französisches Schiff, das die Engländer im Ärmelkanal aufgebracht und dann in die Kolonien geschickt hatten, wo es wie ein Schoner getakelt wurde. Alle europäischen Schiffstypen mussten dabei mit den Bedingungen der Neuen Welt kämpfen: flache Küstengewässer, unregelmäßige Winde und vor allem das Bedürfnis nach Geschwindigkeit. Dieses empfand man ganz besonders in einem Land, in dem Mangel und Schwierigkeiten die Hauptbedingungen des Lebens waren.

Aus diesen Gründen entwickelten die Amerikaner von Anfang an einen breiteren Rumpf, um nicht zu viel Rauminhalt zu verlieren und um den geringeren Tiefgang wettzumachen. Sie bevorzugten Segel, die in Kielrichtung standen, und nicht Rahsegel, weil sie mit ihnen höher am Wind segeln konnten und mit drehenden Winden besser zurechtkamen. Damit gelang es ihnen, Häfen anzusteuern, die man tief im Landesinneren am Ende großer Ästuare angelegt hatte. Und sie bauten dank des Reichtums ihres Landes an leichtem harzreichem Holz auch leichtere Rümpfe. Solche Schiffe erreichten eine hohe Geschwindigkeit und kamen mit reduzierter Mannschaft aus. Trotz der unterschiedlichen Herkunft der Menschen, die sich in Amerika ansiedelten, bestand nie das Bedürfnis nach einer exakten Klassifikation der Schiffstypen. Ihre Verwendung spielte eben eine größere Rolle als die Schiffbautheorien. So unterschieden die Amerikaner ihre Schiffe höchstens nach ihrer Verwendungsart.

Ganz allgemein entstand der Schiffbau in Amerika zu Handelszwecken, nicht so sehr um Kriege zu führen oder um sich zu verteidigen, denn am anderen Ende des Atlantiks lebten immerhin die Verwandten!

So entstanden zum Beispiel die Privateer, private Segelschiffe, und das war schon eine Neuerung gegenüber der Alten Welt, wo die Flotten dem Staat oder

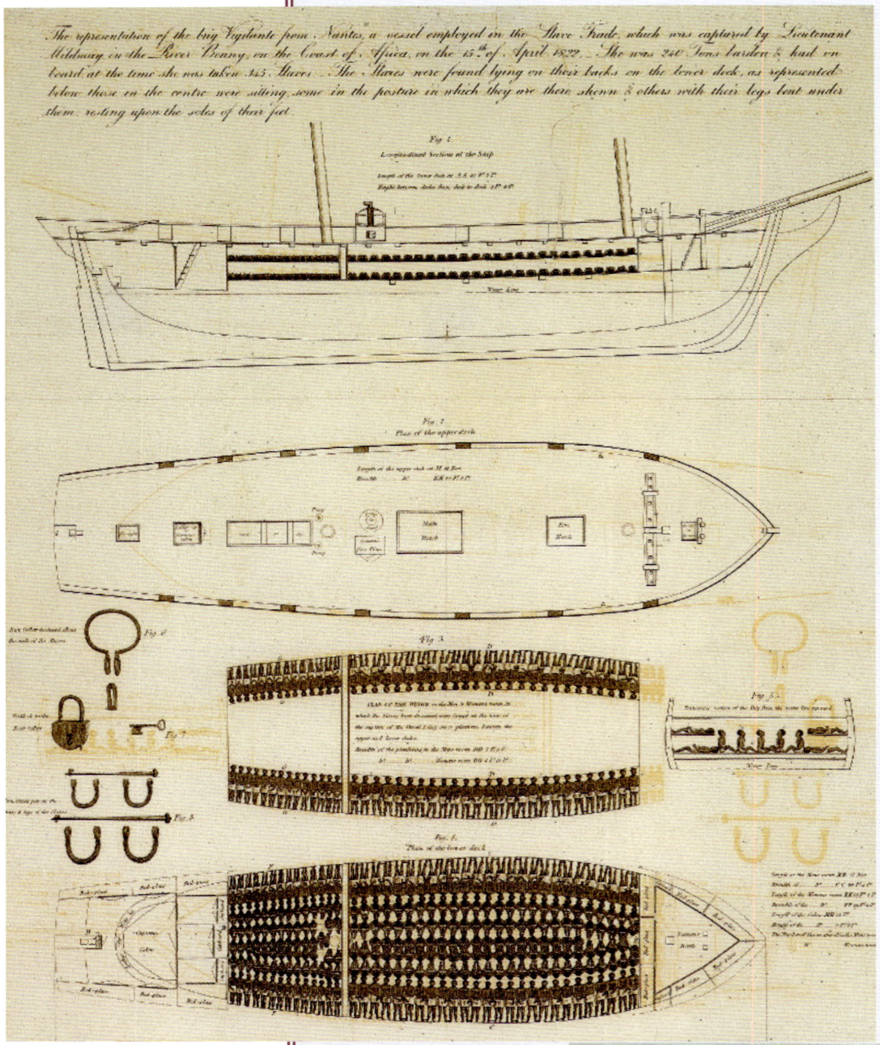

Die englische Fregatte ELECTRA hat das englische Sklavenschiff CAROLINA eingeholt. Nach langer Verfolgungsjagd entscheiden die Kanonen der Engländer das Duell trotz der größeren Schnelligkeit des Schoners mit seiner schrecklichen Fracht. Nach der Kaperung wurde die CAROLINA zum Flaggschiff des englischen Königs und hieß von da an FAWN (unten)

Die erste typisch amerikanische Takelung wies der Schoner auf, auch wenn sie ohne Zweifel holländischen Ursprungs war. Die Amerikaner entwickelten diesen Segelriss, weil er Schnelligkeit und Wendigkeit garantierte und man mit einer reduzierten Mannschaft auskam (rechts).

Diese Darstellung zeigt, wie man an Bord eines Sklavenschiffes die bedauernswerte menschliche Fracht anordnete, um den Raum optimal auszunutzen. Die Tafel zeigt das Aussehen des Schoners VIGILANTE (oben).

Schnelligkeit und Wendigkeit ließen den Schoner als besonders geeignet für den Transport von Sklaven von den afrikanischen zu den amerikanischen Küsten erscheinen. Durch diese Gewinn bringende Aktivität wurde das hier abgebildete Schiff L'ANTONIO berühmt (rechts).

großen Kompanien gehörten, die sich aber im Wesentlichen ebenfalls in staatlichen Händen befanden. »Privateer« hat eine ganz spezifische Bedeutung: Gemeint sind Kaperschiffe, die mit Genehmigung der Regierung Schiffe anderer Nationen in Kriegszeiten überfielen und ausraubten. Aus diesem Grund waren sie auf dem Oberdeck mit Kanonen bestückt. Dem eigenen Schutz diente eine hoch gezogene Bordwand, durch deren Pforten hindurch geschossen wurde. Ein typisches Kaperschiff aus der Mitte des 18. Jahrhunderts war die RATTLESNAKE, die John Peck in Boston gebaut hatte: Sie war 27 Meter lang, 6,5 Meter breit und hatte einen Tiefgang von nur 2,5 Meter. Sie besaß 3 Masten, 3 Vorsegel am langen Klüverbaum, Lateinsegel am Besanmast, ein einziges durchgehendes Deck mit einem Aufbau vorne und achtern sowie einem großen Laderaum in der Mitte.
Von gleichem Aussehen, aber tragischer Verwendung waren die »Slaver«, die Sklavenschiffe. Sie sollten den Atlantik überqueren und wurden vor allem auf Schnelligkeit und möglichst ökonomische Unterbringung ihrer menschlichen Fracht gebaut. Am weitaus

wichtigsten war aber eine hohe Geschwindigkeit. Diese Forderung führte zu einem Segelriss, der zum Emblem der amerikanischen Flotte werden sollte, der Schonertakelung. Ihre Handhabung war leicht und verlangte nur wenige Mann Besatzung. Ein weiteres typisch amerikanisches Schiff, dessen Bezeichnung eher die Verwendung als technische Spezifikationen widerspiegelt, ist der Revenue Cutter. Dieser Zollkutter diente den Zollbehörden zur Bekämpfung des Schmuggels. Aus der Revenue Marine ging die Coast Guard hervor, die Küstenwache.

Die ersten Revenue Cutter wurden gegen Ende des 18. Jahrhunderts in Auftrag gegeben und mussten folgende Spezifikationen aufweisen: Länge des Rumpfes zwischen 36 und 40 Fuß, Bewaffnung mit 6 drehbaren Kanonen auf dem Oberdeck, Mannschaft bestehend aus Kapitän, einem zweiten Offizier und 6 Seeleuten.

Die Takelung war im Allgemeinen die eines Schoners. Die Masten standen schräg nach achtern geneigt und trugen Gaffelsegel. Diese Schiffe sollten die Schmuggler an Schnelligkeit und Wendigkeit übertreffen. Damit kam jener Wettkampf in Gang, der schließlich dazu führte, dass der amerikanische Schoner und der Klipper zu den schnellsten Segelschiffen der Welt wurden.

Seine Verbreitung als typischstes aller amerikanischen Schiffe verdankt der Schoner wiederum seiner Verwendung. Beim Fernverkehr vertraute man auf die vorherrschenden Winde, und für die Schiffe, die auf diesen Routen fahren sollten, stellte somit das Rahsegel die beste Wahl dar. Man kann damit eine sehr große Segelfläche setzen, ohne die Masten stark zu verlängern.

Der Küstenverkehr hingegen musste gerade die wechselnden Winde berücksichtigen. Wenn man einen Tag lang auf einen günstigen Wind warten muss, spielt das bei einer Schifffahrt, die insgesamt nur wenige Tage dauert, schon eine große Rolle. Überdies muss man in Küstengewässern oft die Fahrtrichtung wechseln, um entweder dem Verlauf dieser Küste zu folgen oder um Meeresbuchten oder sogar Flüsse hochzusegeln.

Der Schoner stammt ursprünglich aus den Niederlanden und geht auf die erste Hälfte des 18. Jahrhunderts zurück. Er verbreitete sich schnell an der ganzen nordamerikanischen Atlantikküste und fand sein Zentrum schließlich in der Stadt Baltimore in Virginia. Dort wurden in großer Zahl Kaperschiffe, Sklavenschiffe und Revenue Cutter produziert.

Der Baltimoreschoner entwickelte sich zu einem eigenständigen Typ. Er beeinflusste auch den Entwurf der Schoner für die Neufundlandfischerei. Im 18. Jahrhundert dominierte die Schonertakelung auch bei den Handelsschiffen. Man baute bis zur magischen Grenze von 60 Meter auch große Segler, die 3, 4, 5 oder sogar 6 Masten aufwiesen und mit denen man Holz, Kohle oder Guano transportierte. Schließlich baute man auch einen Siebenmaster, doch hatte er keinen großen Erfolg, weil er erst dann zu Wasser gelassen wurde, als sich die Epoche der Segelschifffahrt ohnehin schon ihrem Ende zuneigte.

Die Klipper

Zu Beginn des 19. Jahrhunderts legte auch der alte Kontinent Europa auf dem Land wie auf dem Wasser die Kriege zwischen den Staaten weitgehend bei. In jener Zeit entstanden regelmäßige Verbindungen zu den ehemaligen oder noch bestehenden Kolonien. Sie verschafften den europäischen Völkern ein ungeahntes Wirtschaftswachstum.
Die Atlantiküberquerungen waren keine Abenteuer auf Leben oder Tod mehr, auch wenn die Segelschiffe weiterhin mit widrigem Wind und Wetter zu kämpfen hatten. So konnten regelmäßige Schiffsverbindungen entstehen. Auf vielen Routen fuhren nun immer wieder Schiffe und transportierten Passagiere und Fracht. Dieser Entwicklung kam auch ein technisches Mittel zu Hilfe. In den Marine-Archiven in Washington hatten sich Hunderte von Dokumenten angesammelt: Logbücher und Berichte über Schiffsreisen, Beschreibungen des Küstenverlaufs, Notizen über vorherrschende Wind- und Wasserströmungen sowie kartographische Darstellungen. Dies alles hatte man in dem vorhergehenden Jahrhundert wohl ohne bestimmten Beweggrund gesammelt. In dieses Informationsmaterial vertiefte sich der Marineleutnant Matthew Fontaine Maury, der wegen seiner angegriffenen Gesundheit nicht mehr auf See Dienst tun konnte. Aus dem Studium dieses enormen Materials gingen 1844 die »Pilot Charts« hervor, das erste Werk der Geschichte, das systematisch für jedes Gebiet die vorherrschenden Wind- und Wasserströmungen und die Routen mit den besten Wetterbedingungen verzeichnete. Man segelte nun nicht mehr in blindem Vertrauen auf irgendeinen Wettergott oder auf die Intuition des Kapitäns. So entstanden auf den Meeren der Welt richtige Schifffahrtsrouten, und eine neue Generation von Seglern konnte nun entstehen. Aus kleinen West Indiamen entwickelten sich die »Packet Ships«, die Postschiffe des Atlantiks.
Und aus den größten East Indiamen entstanden später die Klipper. In der Mitte des 19. Jahrhunderts stellte das Packet Ship die Weiterentwicklung der Fregatte dar und behielt auch deren Formen, den Aufbau und die Takelung.
Die wichtigste Veränderung fand im Inneren statt: Das Schiff transportierte trotz seines Namens mehr Passagiere als Fracht, und diese verlangten auf der langen Überfahrt nach einer angenehmen Unterkunft. Die Kabinen der Passagiere unterschieden sich nun nicht mehr stark von der des Kommandanten und waren mit lackiertem Holz getäfelt. Man fand darin eine Waschgelegenheit, einen Schreibtisch und ein Bücherregal. Die Betten waren von Damastvorhängen

Die Weiterentwicklung des Segelschiffes im 19. Jahrhundert wird vor allem vom Klipper repräsentiert. Er wies feine, elegante Rumpfformen auf, die man bisher noch nie gesehen hatte. Noch 50 Jahre zuvor hätte man die Takelung des Klippers für unmöglich gehalten. Zusammen mit der Rumpfform ermöglichte sie beinahe unglaubliche Spitzengeschwindigkeiten (oben).

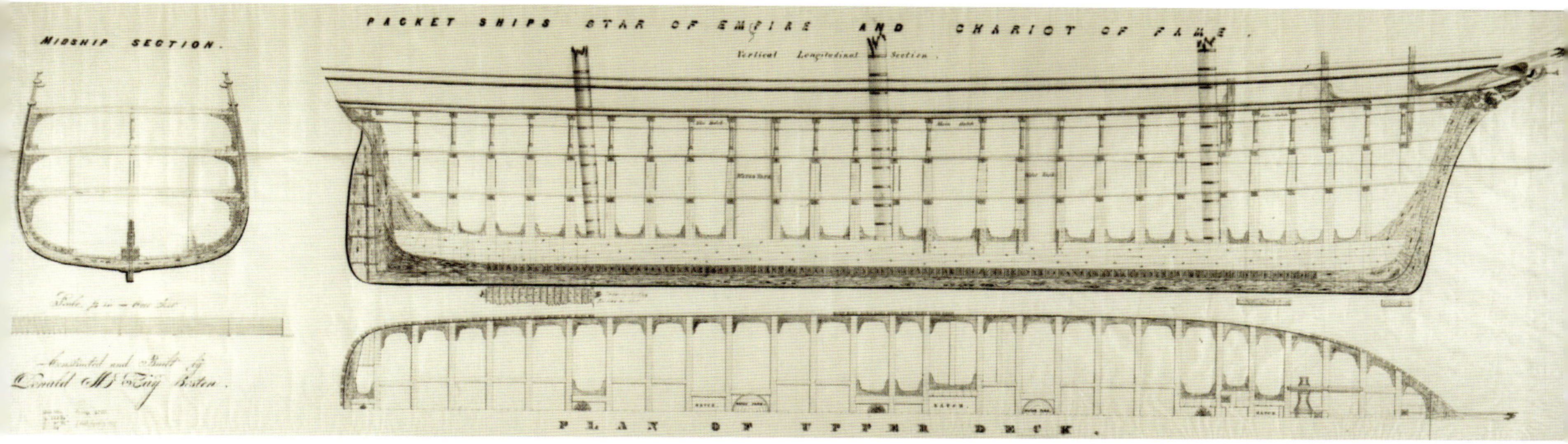

Die hübsche Zeichnung und der Konstruktionsplan der CHARIOT OF FAME, eines der berühmten Paketschiffe von McKay, zeigen sehr gut die technischen Fähigkeiten des berühmten Klipperbauers aus Boston. Seine Schiffe waren für ihre Geschwindigkeit berühmt, doch als noch bedeutsamer erscheinen heute ihre konstruktiven Merkmale (oben).

1

Tug Steamer leaving the "James Baines" on her Outward Voyage
off Liverpool January 5th 1857

We left London January 2 1857 and arrived at Liverpool 9 PM, deposited our Luggage at the Cloak Room, after which bent our steps to the "Angel Hotel" had Tea which we all enjoyed and then to Bed.
January 3rd Breakfast at 8 after which to the Station for our Luggage, thence to the Old Seacombe Slip or pier, where the Steamer conveying the passengers and Luggage starts from for the "James Baines" at Anchor one mile up the River, the scene on the pier no one can realize unless they

Die Reichtümer der Kolonien im Orient veranlassten die englischen Konstrukteure des 19. Jahrhunderts, das traditionelle Segelschiffmodell, das auf der Fregatte beruhte, aufzugeben und den amerikanischen Weg einzuschlagen: schmucklose schmalere Rümpfe und eine größere Segelfläche (links).

Auf ihrem Hinweg nach China, um dort Tee zu laden, oder nach Australien, der Wolle wegen, transportierten die Klipper Passagiere, meist Emigranten auf dem Weg in Länder voller rosiger Versprechungen. So reiste auch Alfred Withers mit seiner Frau Madge mit der JAMES BAINES von Liverpool nach Australien. Sie beschrieben ihre Überfahrt in einem köstlichen Tagebuch, von dem hier eine Seite abgebildet ist. Sie zeigt das Schiff beim Auslaufen aus dem Hafen von Liverpool. Rechts im Bild kehrt der Schlepper in den Hafen zurück (oben).

umgeben. Die Salons besaßen Tische aus Mahagoni und Boiserien sowie Seidentapeten an den Wänden. Diese Einrichtung erinnerte an die exklusiver Londoner Clubs.
Um den veränderten Bedürfnissen der Passagiere zu genügen, wuchsen auch die Ausmaße der Schiffe: Der Rauminhalt der West Indiamen, der Vorläufer der Packet Ships, lag selten über 500 Registertonnen. Doch zu Beginn der 40er-Jahre jenes Jahrhunderts baute man schon Paketschiffe nahe den 1000 Registertonnen. Die neu besiedelten Gebiete veranlassten immer mehr Europäer mit hohen Ansprüchen dazu, den Atlantik zu überqueren.
An der Westküste der Vereinigten Staaten war jedoch ein ganz anderes Rennen im Gange. Der Goldrausch im Wilden Westen verlangte nach neuen, sicheren Routen. Den Pionieren bot sich dabei der Schiffsweg an. Er war zwar deutlich länger, aber weit weg von den Pfeilen der Indianer und somit unvergleichlich sicherer. Die Route von Neuengland nach San Francisco im goldenen Kalifornien trug trotz des Tributs, den das stürmische Kap Hoorn forderte, wesentlich zur Entwicklung sicherer und schnellerer Schiffe bei. Aus dem Baltimoreschoner, den man wegen seiner Schnelligkeit und Wendigkeit schätzte, entstand in Gebieten, wo man nach den Pilot Charts

Grund mathematischer, auf die Hydrodynamik angewandter Modelle ein Befürworter des schmalen Buges. Griffiths behauptete zu Recht, die alte und bisher nie in Frage gestellte Theorie, der Schiffsrumpf müsse vorne wie ein Dorschkopf und hinten wie ein Makrelenschwanz aussehen, erlaube es nicht, wirklich schnelle Schiffe zu bauen. Sie täuschten vielmehr eine solche Schnelligkeit nur vor, weil beim Durchschneiden der Wellen durch den umfangreichen Bug eine kräftige Bugwelle entstünde. Auf Griffiths geht auch die Theorie zurück, dass die Höchstgeschwindigkeit eines Schiffes von dessen Länge abhängt. Schiffe mit sehr schmalem Bug und langem Rumpf waren deutlich schneller als kurze und breite mit gleichem Rauminhalt.
Seine RAINBOW erstaunte noch während des Baus die Betrachter, begeisterte sie dann aber nach den ersten Reisen. Von New York nach Hongkong und zurück, mit

(Monatskarten) bestimmte Routen mit vorherrschenden Winden nutzen konnte, ein Segelschiff mit drei Masten und Rahsegeln. Es besaß aber einen schmalen Bug mit konkaven Rumpflinien. Das war der Klipper. Dieses Wort entstand wahrscheinlich in amerikanischen Werften. Vielleicht geht die Bezeichnung tatsächlich auf das englische Verb »to clip« zurück, das »schneiden« bedeutet, weil das Schiff die Wellen mit seinem schmalen Bug wie ein Messer durchschneidet. Wie dem auch sei, der Klipper besaß alle Eigenschaften, um große Entfernungen in kurzer Zeit zurückzulegen.
Sein Ursprung liegt ohne Zweifel in den Vereinigten Staaten. Der erste große Konstrukteur war John Willis Griffiths von Portsmouth, Virginia. Er arbeitete in der Werft Smith & Dimon von New York. Er war auf

Die Abreise eines Klippers oder eines Packet Ships wurde in der zweiten Hälfte des 19. Jahrhunderts in den Häfen durch Werbezettel und in den Zeitungen durch Anzeigen bekannt gemacht. Sie sind ein Zeichen dafür, dass die Segelschifffahrt dank der zuverlässigen Ausrüstung der Schiffe nun mit regelmäßigen Abfahrtszeiten rechnen konnte. Eine große Rolle bei der Werbung spielte dabei die Zeit, die man für die Überfahrt benötigte. Gerade aufgrund der Zuverlässigkeit der Schiffe war die Zeit nun zu einem Wert an sich geworden (links).

Die RED ROSE in voller Fahrt. Es handelt sich dabei um ein Packet Ship, das Passagiere in die Neue Welt brachte. Dieser Schiffstyp ging aus der Fregatte hervor, hatte aber im eher friedlichen 19. Jahrhundert seine Bewaffnung verloren und transportierte nun vor allem Passagiere in die Neue Welt (S. 98 Mitte).

teurem Tee als Ladung, stellte sie einen Rekord nach dem anderen auf und erreichte dabei oft Spitzengeschwindigkeiten von 14 Knoten. Der Kapitän sagte damals: »Noch jedes Schiff hat unser Heck gesehen. Es wird nie ein Schiff geben, das uns schlagen kann.« Der zweite Teil dieser Behauptung erwies sich schnell als vorlaut, denn seine RAINBOW war gerade erst der Anfang einer Neuentwicklung gewesen.

In der Zwischenzeit hatte die Route New York – San Francisco mindestens dieselbe Bedeutung erlangt wie die Fernostroute. Die Reichtümer Kaliforniens, besonders Gold, zogen Passagiere in Westrichtung an, und auf der Rückreise transportierten die Schiffe Waren. Die Fracht der SEA WITCH, eines weiteren Klippers von Griffiths, der die Strecke in der Rekordzeit von 97 Tagen zurückgelegt hatte, war beim Einkauf 84.626 Dollar wert gewesen, wurde bei der Ankunft aber für 275.000 Dollar verkauft. Die Gewinnmarge entsprach dem Dreifachen der Baukosten des Klippers! Innerhalb kurzer Zeit konnten sich die Werften in Neuengland vor neuen Bestellungen kaum mehr retten. In der Mitte des 19. Jahrhunderts waren nicht weniger als 10.000 Männer mit dem Bau dieser Schiffe beschäftigt. Und Donald McKay war damals einer der bekanntesten und produktivsten Konstrukteure.

Im Jahr 1850 lief in seiner Werft in East Boston,

Die GREAT REPUBLIC sollte das größte und schnellste Schiff sein, das Donald McKay in seiner Werft vom Stapel ließ. Das Glück war ihr aber nicht hold, ganz im Gegenteil: Sie war wie manche Schiffe vom Unglück verfolgt, was die abergläubische Haltung der Seeleute nur verstärkte (S. 98 unten).

Noch einmal die RED ROSE auf hoher See. Wegen des stürmischen Wetters sind die Brahmsegel und ein Vorsegel am Klüverbaum eingeholt. Die Wetterbedingungen übten damals noch einen großen Einfluss auf diese ersten Atlantiküberquerungen aus. Widrige Wind- und Meeresströmungen verhinderten oft, dass die Reeder ihre Versprechungen im Hinblick auf die Ankunftszeiten halten konnten (oben).

Massachusetts, der erste Klipper vom Stapel: die STAG HOUND. Sie war zu jener Zeit das größte Handelsschiff, das jemals gebaut wurde. Mit einer einzigen Reise nach Fernost über Kalifornien hatten die Eigentümer, 2 Kaufleute in Boston, die Baukosten schon wieder eingespielt.
Im Jahr darauf folgte die noch größere FLYING CLOUD: 70 Meter Länge, 12,50 Meter Breite. Noch vor dem Stapellauf verkaufte sie der Auftraggeber für einen viel höheren Betrag weiter, als im Vertrag stand. Bei der Jungfernreise, die auf der gewöhnlichen Route von New York nach San Francisco führte, schlug sie den bisherigen Rekord der SURPRISE um eine ganze Woche! Sie brauchte 89 statt 96 Tage und erreichte dabei Spitzengeschwindigkeiten von 18 Knoten. An einem Tag legte sie 374 Meilen zurück. Kein Segelschiff war bisher so schnell gewesen. Nun begann das Zeitalter der Klipper.
Jeder Ingenieur versuchte nun, weitere Verbesserungen an seinen Plänen anzubringen. Und jeder Werftbesitzer führte modernste Techniken und Maschinen ein. Besonders die Reeder wünschten immer schnellere Schiffe, und ihre Kapitäne opferten dem Rekordfieber alles. Die zweite Hälfte des 19. Jahrhunderts war die Zeit einer unglaublichen Konkurrenz zwischen den Klippern, auf den amerikanischen Routen ebenso wie auf der Teeroute von China nach England oder auf der Wollroute von Australien nach England.
Als Preis winkte nicht nur Ruhm. Es war der Wert der Fracht: Das erste Schiff, das seine Güter ausladen konnte, erzielte dafür höhere Preise. Der Handelsplatz London zahlte für die erste Teeladung bis doppelt so viel wie für die zweite! Natürlich spielte der Ehrgeiz der Kapitäne bei diesem Wettbewerb auch eine entscheidende Rolle.
Im Jahr 1851 fuhren 45 Klipper auf der Route nach Kalifornien. Im darauf folgenden Jahr starteten in einem Abstand von jeweils höchstens 3 Tagen 15 Klipper, und alle mit dem festen Vorsatz, die Rekordzeit der FLYING CLOUD zu unterbieten.

Ein Wald aus Masten und Wanten verdeckt den Horizont des Hafens von New York, und der lange Klüverbaum eines Klippers ragt über den Kai am East River Dock, auf dem sich die Fracht stapelt. Man kann sich nur schwer vorstellen, wie diese Segelschiffe in den Hafen einliefen und wie sie ausliefen (oben).

Handwerklich gefertigte Spanten in improvisiert wirkenden Baugerüsten: Für diese archaischen Einrichtungen posieren mit berechtigtem Stolz die Arbeiter der Werft A.Hall & Sons (Mitte).

Blick in den Rumpf eines im Bau befindlichen Klippers. Unzählige Spanten mit einer Verstärkung an der Kimm bilden einen enormen Raum zur Aufnahme der Fracht (unten).

Zu Ende des 19. Jahrhunderts sah der New Yorker Hafen schon längst nicht mehr wie eine kleine Ankerbucht aus. Zahlreiche Segelschiffe machten an den Kais fest, die über eine gute Infrastruktur zum Beladen und Löschen der Fracht und für den Einstieg der Passagiere verfügten. Neben den majestätischen Klippern ankerten auch die kleineren, aber ebenso effizienten Down Easter (rechte Seite).

Drei Klipper, die WILD PIGEON, die FLYING FISH und die JOHN GILPIN »segelten drei Monate lang an der Obergrenze der überhaupt möglichen Geschwindigkeit 15.000 Meilen weit und praktisch immer in Rufweite voneinander«, wie Matthew Fontaine Maury in seinem aufmerksamen Bericht über das Rennen schrieb. Es gewann die FLYING FISH mit 92 Tagen. Im Abstand von 36 Stunden folgte die JOHN GILPIN. Die WILD PIGEON kam wegen einer Flaute direkt vor der Küste Kaliforniens 6 Tage später in San Francisco an.

Im Jahr 1850 waren in amerikanischen Werften nur 16 Klipper vom Stapel gelaufen. Der eigentliche Erfolg stellte sich in den folgenden Jahren ein. 1852 waren es 61, ein Jahr darauf 125 Klipper. In diesem Jahr entstand auch der größte jemals gebaute Klipper, die GREAT REPUBLIC von McKay. Sie war fast 100 Meter lang. Die Überwindung der magischen Länge von 65 Meter wurde durch den Einsatz metallischer Elemente zur Verbindung verschiedener Rumpfteile und durch moderne Bautechniken möglich. In den Werften standen nun Dampfmaschinen, mit denen man die Verbindungen zwischen 2 Hölzern viel genauer sägen oder bohren konnte. Man fertigte damit auch genauere und größere Bauteile.
Die GREAT REPUBLIC besaß 4 Masten mit einer Segelfläche von insgesamt 13.000 Quadratmeter. Sie konnte fast 6000 Tonnen Fracht aufnehmen. Noch vor der Jungfernfahrt fing sie allerdings Feuer bei einem Brand, der in einem Fabrikgebäude neben dem New Yorker Hafen ausgebrochen war. Man konnte das Schiff retten und einige Jahre darauf fertig stellen, allerdings mit kürzeren Masten und geringerer Tragkraft. McKay baute in den verbleibenden 27 Jahren seiner Karriere weitere 38 Schiffe. Das Ende seiner Tätigkeit fiel auch mit dem Ende der Klipperära zusammen. Der Down Easter, sozusagen der kleinere Bruder des mythischen Klippers, trat nun auf den Plan.

FIRST REGULAR PACKET
FOR
SANTIAGO DE CUBA
GEORG ETOWN AND
BULL REEK, S.C.
MERC ANTS LINE.
APPLY TO Bentley ersleeve & Co.

Nach der Rekordfahrt der CUTTY SARK von Sydney nach London im Jahr 1885 schenkte ein anonymer Bewunderer dem Kapitän diese Wetterfahne in Form eines einfachen Hemdes – im schottischen Gälisch »Cutty Sark« genannt (rechts).

Die CUTTY SARK in voller Fahrt mit allen Segeln. Sie versucht einen anderen Segler zu überholen, um mit der wertvollen Fracht aus Tee als erste in London einzutreffen. In Wirklichkeit war die CUTTY SARK auf dieser Route nie die Schnellste. Ihren Ruf verdankt sie ihrer Langlebigkeit (oben).

Der englische Klipper vor Anker in einer Bucht an der australischen Küste. Dort wollte Kapitän Richard Woodget Wolle für den Londoner Markt laden und anschließend in einer Segelregatta Ruhm ernten (rechts).

Am 13. Dezember 1850 machte am West India-Kai im Hafen von London der amerikanische Klipper ORIENTAL fest. Er führte eine Ladung Tee mit sich, die er erst 97 Tage zuvor in Hongkong aufgenommen hatte. Die East Indiamen waren aber noch auf See! Ein Londoner Journalist schrieb tags darauf in der Zeitung, »diese Tatsache habe im Land zu einer Besorgnis und Erregung geführt wie die Tea Party, die 1773 im Hafen von Boston stattgefunden hat und die den Funken der amerikanischen Revolution entzündete«.

Tatsächlich handelte es sich um eine Revolution. Die Engländer hatten im Jahr zuvor gerade die berühmten »Navigation Acts« (Navigationsakte) widerrufen, die den Verkehr mit den Kolonien des Königreiches zu einem Monopol zugunsten der Schiffe ihrer Majestät gemacht hatten. Um eine wirtschaftliche Isolation zu vermeiden, die langfristig ohne Zweifel dem Land geschadet hätte, öffneten die Engländer ihre Werften nun auch dem technischen Fortschritt. Schluss war es mit den bauchigen Rumpfformen und den niedrigen Masten für die Hochseesegler. Das amerikanische Vorbild warf all die unbeweglichen Theorien über den Haufen, die seit Jahrhunderten auf den Zeichentischen der Konstrukteure gegolten hatten. Nicht einmal ein Jahr danach, im August 1851, schlug der amerikanische Schoner AMERICA bei einer Regatta in britischen Gewässern die gesamte Yachtflotte der Royal Yacht Squadron. Die AMERICA besaß dieselben scharf zugespitzten Formen der Klipper – im Gegensatz zu den englischen Yachten, die noch deutliche Anklänge an das Design des 18. Jahrhunderts zeigten.

Während die ORIENTAL ihre heiß ersehnte Fracht löschte, bat die Admiralität den Kommandanten darum, die Form des Rumpfes untersuchen zu dürfen. Der amerikanische Klipper wurde ins Trockendock geschleppt und von englischen Konstrukteuren begutachtet. So

Die Galionsfigur der CUTTY SARK stellt die zierliche junge Hexe des schottischen Märchens dar, wie sie, nur leicht bekleidet, das Pferd des jungen Mannes am Schwanz zurückzuhalten versucht. Von dieser schottischen Legende stammt der Name des berühmtesten aller Klipper (oben).

Der Klipper Cutty Sark

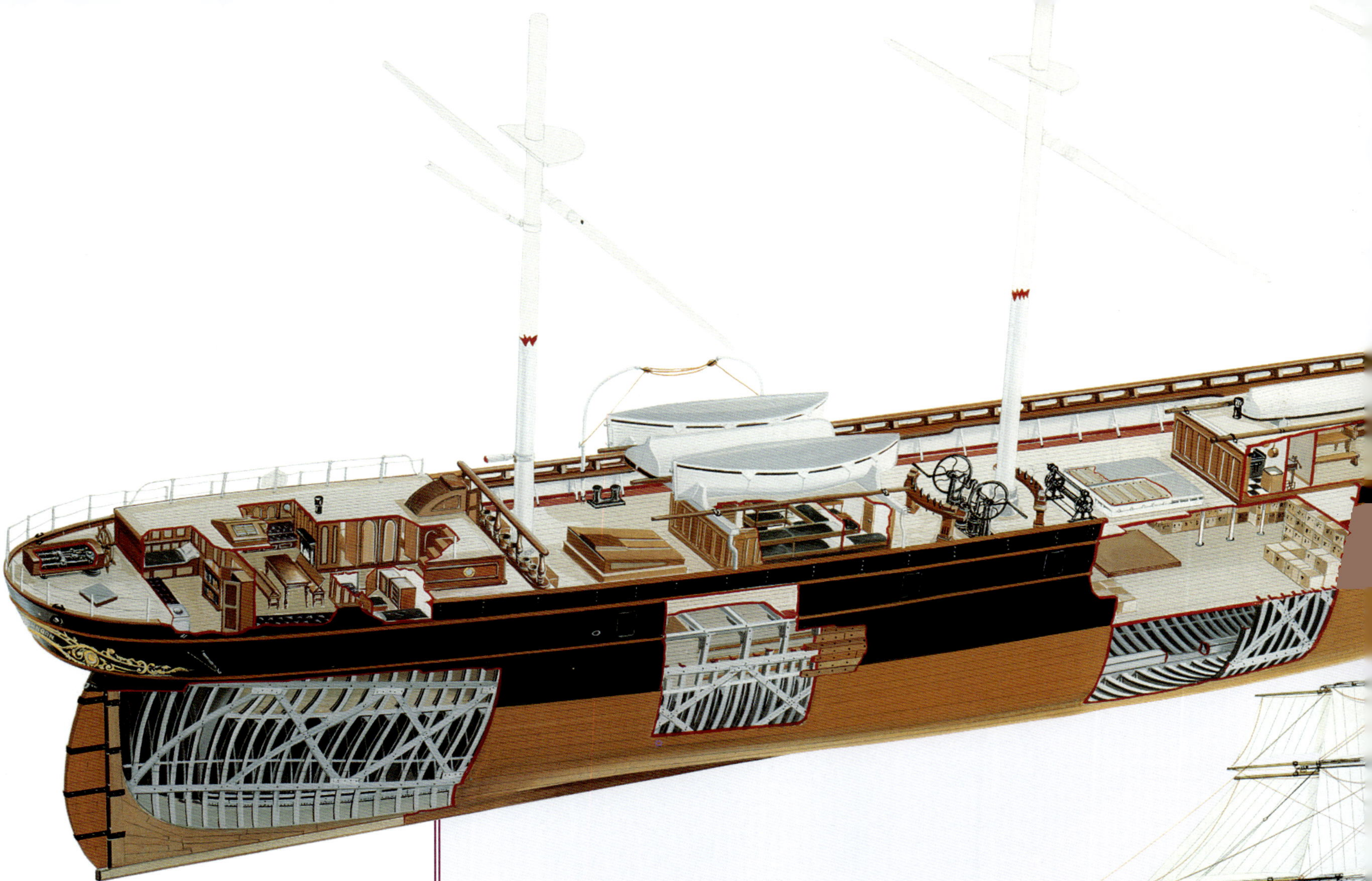

begannen die englischen Werften, diesen neuen Schiffstyp nachzubauen. Sie profitierten dabei von der Werftenkrise, die als Folge des Bürgerkriegs die Vereinigten Staaten heimsuchte. Die Engländer bauten allerdings kleinere Klipper als die Amerikaner. In der Regel übertrafen sie die markante 65-Meter-Länge nicht. Dafür waren sie gleich schnell, allerdings nicht bei der Spitzengeschwindigkeit, die mit der Länge des Rumpfes in einem gesetzmäßigen Zusammenhang steht, sondern bei der Durchschnittsgeschwindigkeit. Sie eigneten sich damit besser für die leichten Winde, die auf ihren üblichen Routen wehten.
Tatsächlich führten die englischen Klipper spektakuläre Wettrennen durch, besonders auf der Teeroute. 1866 waren am berühmten Ankerplatz bei Fuzhou am Fluss Min 16 Klipper versammelt und warteten auf die kostbaren Blätter. Jeder Klipper wollte als Erster bei den Docks in London eintreffen. Unter ihnen befanden sich die TAITSING mit 815 Registertonnen, die ihr erstes Rennen dieser Art machen sollte; die TAEPING mit 767 Registertonnen, die im Jahr zuvor Zweite geworden war; die SERICA mit 700 Tonnen; die FIERY CROSS, die schon viermal ein solches Rennen gewonnen hatte, sowie die ARIEL, die 853 Registertonnen aufwies, eben gerade vom Stapel gelaufen war und als große Favoritin des Rennens galt.
Nach 99 Tagen auf See hatte die ARIEL, die mit 14 Knoten segelte, gerade eine Meile Vorsprung vor der TAEPING. Beide liefen fast gleichzeitig in die Themsemündung ein. Als Erste legte die TAEPING an, weil sie wegen ihres geringeren Tiefgangs nicht das Ende der Flut abwarten musste. Das machte bei dieser hunderttägigen Reise gerade einen Vorsprung von einer Stunde aus! Als drittes Schiff traf einen Tag danach die SERICA ein, und dann kamen alle anderen. Drei Jahre darauf fand in der Werft Scott & Linton im

Der Schnitt durch die CUTTY SARK zeigt die Verbundbauweise, wie sie typisch war für viele englische Schiffbauer: Sie befestigten die Planken, die traditionell aus Holz waren, auf einer tragenden Struktur aus Stahl. Die Verbindung zwischen diesen unterschiedlichen Elementen erfolgte über Nieten. Dadurch erreichte man eine größere Steifigkeit des Rumpfes (oben).

Die beeindruckende Takelung mit einer Segelfläche von fast 3000 Quadratmeter erlaubte jene Geschwindigkeiten, die nahe an 18 Knoten lagen. Noch über Jahrzehnte hinweg konnte damit die CUTTY SARK mit den immer stärker dominierenden Dampfschiffen mithalten. Auf dem Rumpf waren Kupferplatten festgenagelt, die den Schiffsbohrwurm und sonstigen Aufwuchs das Meer bewohnender Lebewesen verhindern sollten. Dadurch wäre das Schiff

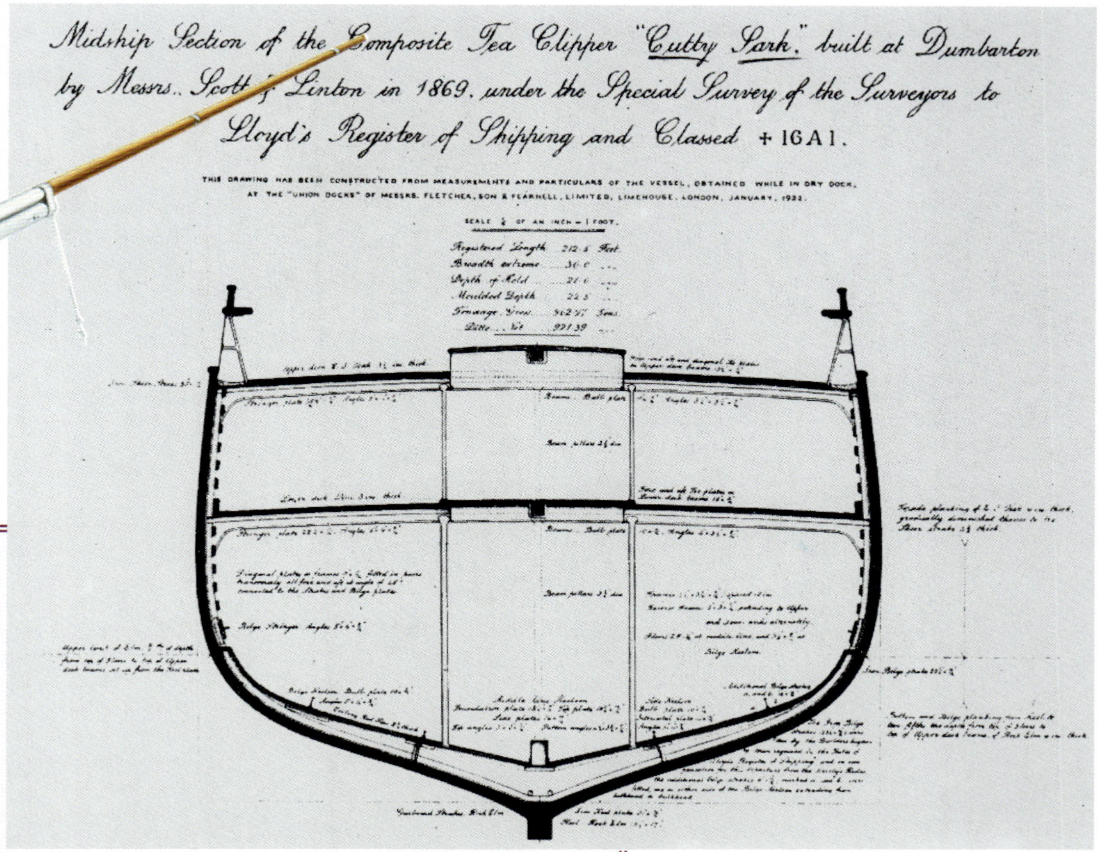

nämlich deutlich langsamer geworden, und ohne diese Beschichtung hätte das Holz auch bald gefault (links).

Hauptspant der CUTTY SARK mit den Maßen für die tragenden Teile und den wichtigsten Planken. Die CUTTY SARK wurde aus 2 Werkstoffen gefertigt, Stahl und Holz. Durch deren Verbund erhielt man einen steiferen Rumpf. Dazu kam, dass Holz damals in England knapp und teuer war. Die Risszeichnung ist ein Originaldokument (1869) der schottischen Werft Scott & Linton, die die CUTTY SARK baute (oben).

Die Mannschaft beim Bergen der Klüver. Das Schiff läuft gerade in den Hafen ein, und die Arbeit der Matrosen wird nicht mehr von Wellengang und kräftigem Wind behindert. Bei solchen Manövern kamen immer wieder Seeleute ums Leben (oben).

Die Fotografien des schottischen Klippers nahm Kapitän Woodget auf. Für dieses Bild entfernte er sich offensichtlich mit einer Schaluppe von seinem eigenen Schiff (unten).

Drei Männer der Besatzung der CUTTY SARK: rechts der Koch. Da die Mannschaft monatelang auf See war, kam dem Schiffskoch eine besondere Bedeutung zu (links).

schottischen Dumbarton der Stapellauf der CUTTY SARK statt.

Eine alte schottische Legende erzählt von einem jungen Mann, der in einer dunklen stürmischen Nacht mit seinem Pferd nach Hause reitet und dabei von Hexen verfolgt wird. Zu Tode erschreckt spornt er sein Pferd an, bis er im Lichtschein eines Blitzes eine junge Hexe sieht, die nur ein einfaches Hemd trägt: auf Schottisch »Cutty Sark«. Er hält sofort an, wendet sich dem Mädchen zu und ruft: »Wonderful, cutty sark!« Da legt sich der Wind, es blitzt nicht mehr, und die Hexen verschwinden. Der junge Mann findet schließlich den Weg nach Hause und trägt das Bild jener »Cutty Sark« in sich. So kam der Klipper zu seinem Namen: Die Geschichte ist schottisch, das Schiff ebenso.

Der Entwurf für die CUTTY SARK geht auf Hercules Linton von der gleichnamigen Werft zurück. Der Reeder hieß John Willis und war in der 2. Hälfte des 19. Jahrhunderts in London einer der bedeutendsten Teeimporteure. Er liebte die Segelschiffe in einer Epoche, in der die schnaubenden Dampfschiffe langsam, aber unaufhaltsam ihre Vorherrschaft durchsetzten.

Die CUTTY SARK lief im November 1869 vom Stapel. Drei Monate danach unternahm sie ihre erste Reise nach China. Dort lud sie Tee und machte sich in einem Rennen gegen die übrigen englischen Klipper auf die Rückreise. Die CUTTY SARK brauchte 110-Tage bis nach London, fünf mehr als die siegreiche THERMOPYLAE. Im Jahr darauf war sie schneller als die ARIEL, musste sich aber wiederum der THERMOPYLAE geschlagen geben. Dies wiederholte sich auch auf der dritten Reise. In der Tat gelang es der CUTTY SARK nie, auf dieser Route einen Rekord aufzustellen oder eine Regatta zu gewinnen. Trotzdem war und ist sie ein sehr gutes, schnelles, vorzüglich konstruiertes Segelschiff, das besonders mit schlechtem Wetter gut zurecht kommt. Und vor allem war ihr ein langes Leben beschieden. Acht Jahre lang fuhr sie mit Tee, dann baute man sie für den Kohletransport auf dem Atlantik um. 5 Jahre blieb sie auf dieser Route eingesetzt. Dann kam ihre Zeit des Ruhmes beim Wettrennen um die australische Wolle. Hier gewann sie und stellte den Rekord auf, der ihr das Überleben ermöglichte. Für die erste Reise von Sydney nach London brauchte sie 1883 die Rekordzeit von 82 Tagen. Im Jahr darauf senkte sie ihn auf 80 Tage. So ging es bis 1885.

In diesem Jahr erreichte die CUTTY SARK nach nur

Die CUTTY SARK nimmt im Hafen von Sydney, Australien, Wolle in großen Ballen auf. Um den Betrieb am Kai nicht zu stören, wurde der Klüverbaum eingezogen (oben).

Vor der Zeit der Klipper hatte kein Segelschiff eine derart große Segelfläche mit so vielen verschiedenen Segeln getragen. Man verlängerte zum Beispiel die Rahen und befestigte daran zusätzliche Leesegel. Der Großmast trug ganz oben noch ein Royalsegel, um den Wind zu nutzen, der in dieser Höhe besonders kräftig blies (links).

73 Tagen London und schlug dabei 8 Klipper, darunter auch die ewige Gegnerin THERMOPYLAE!
In den Meeren um Australien holte sich der englische Klipper den letzten Triumph über den sonst überall siegreichen Dampfantrieb: Sie war mit 17 Knoten schneller als das Dampfschiff BRITANNIA, das ebenfalls nach London fuhr. Mit dem Ende des Jahrhunderts musste das Segelschiff aber seine Waffen strecken und konnte mit den Dampfschiffen nicht mehr mithalten. Die meisten Segelschiffe hatten eine unvergleichlich kurze Lebenserwartung von ca. 10 Jahren. Einige gingen durch Navigationsfehler unter und schlugen bei Sturm oder schlechter Sicht an Klippen leck. Auf anderen brach ein Feuer aus. Und viele wurden mit dem Aufkommen der Dampfschiffe sozusagen degradiert und konnten nur noch auf Kurzstrecken Transporte von Kohle, Getreide oder Holz übernehmen. Die letzten überlebenden Klipper fanden noch Verwendung als schwimmende Pontons oder – das war eine besonders schlimme Schmach – als Kohlelager für die Dampfschiffe. Das alles galt aber nicht für die CUTTY SARK. 1922 kauften die Engländer sie von den Portugiesen zurück und rüsteten sie als Schulschiff um. Erst 1952, im ehrwürdigen Alter von 83 Jahren, fand sie ihren letzten Platz im National Maritime Museum Greenwich in London.

Das Kompasshaus auf dem Oberdeck direkt vor dem Steuerrad (unten).

Die Masten und Wanten der CUTTY SARK werden heute nicht mehr von gesetzten Segeln und von der Bewegung des Schiffes beansprucht. Dennoch hält man sie im besten Zustand, sodass das Schiff ohne Probleme sofort auslaufen könnte (oben).

Die Schiffsglocke der CUTTY SARK trägt neben dem Schiffsnamen auch das Datum des Stapellaufs. Mit der Schiffsglocke signalisierte man das Ende und den Beginn einer neuen Wache. Beim Ankerwerfen zeigte man damit dem Steuermann und dem Kommandanten auch die Länge der Kette an, die die Seeleute am Bug schon ausgegeben haben (links).

Die CUTTY SARK verfügte für einige Manöver an Bord über Winden. Diese Erfindung eines schottischen Kapitäns verringerte erheblich die Zahl der Matrosen, die für ein Segelmanöver notwendig waren (Mitte).

Im Hauptdeck der CUTTY SARK brachte man erst die Teeballen, dann die Wolle unter. Heute beherbergt es eine Sammlung von Galionsfiguren (unten).

CUTTY SARK

Die CONSTITUTION stellt die amerikanische Fregatte in ihrer höchst entwickelten Form dar: schnell nicht so sehr wegen ihrer Takelung als vielmehr wegen der Rumpfform und ebenso stark bewaffnet wie die größeren und langsameren europäischen Linienschiffe. Auf allen Meeren waren diese Fregatten präsent. Die drei Bilder zeigen eine fast fotografische Sequenz vom Gefecht zwischen der CONSTITUTION und der englischen Fregatte GUERRIERE: Die beiden Schiffe nähern sich und manövrieren so, dass sie Seite an Seite gelangen. Kaum befinden sie sich in Reichweite, schießen sie aus allen Kanonen eine Breitseite ab (kleine Abbildungen).

Die letzten Augenblicksaufnahmen im Kampf zwischen der amerikanischen und der englischen Fregatte. Während die englischen Kugeln gegen die berühmten »Ironsides« der CONSTITUTION nichts ausrichten konnten, trafen die amerikanischen Kugeln das Deck der GUERRIERE, sodass die Masten brachen. Dem englischen Schiff blieb nichts anderes übrig, als sich der berühmten Fregatte der ehemaligen Überseekolonie geschlagen zu geben (große Abbildung).

Fregatte: »Ein technischer Ausdruck, der allerdings von anderen Sprachen übernommen wurde, bezeichnet ein elegantes, schnelles Schiff.
Vom 13. bis 15. Jahrhundert verstand man darunter ein Beiboot, kleiner als die Feluke, ohne Deck, mit einem Lateinsegel und Riemen. Es besorgte die Verbindung von und zu größeren Schiffen.
Da später für Seereisen über die Meere nach Ost- und Westindien immer wuchtigere Frachtschiffe gebaut wurden, legte auch die kleine Fregatte zu: Sie erhielt ein Deck, erst zwei, dann schließlich drei Masten, erst 8 Kanonen, dann deren 12, 24, 32, ja bis 60 in zwei Batterien. Sie stand aber immer im Dienst größerer Schiffe und sorgte für die Aufklärung und deren Schutz. Dabei behielt sie immer dieselbe Bezeichnung und auch dieselben eleganten, schnellen, wendigen Formen.«

In der Kriegsmarine ist die Fregatte ein leichtes, wendiges Schiff, das besonders auf Geschwindigkeit gebaut wird. Fregatten führen 20 bis 38 Kanonen mit und gelten als hervorragende Kreuzer.

Die Fregatte Constitution

Im Jahr 1813 erhielten die englischen Fregatten, die auf dem Atlantik patrouillierten, einen dringenden Befehl von ihrer Admiralität: Sie dürften nur in Überzahl einen Kampf mit amerikanischen Fregatten aufnehmen.
Diese Anweisung erschien von Seiten einer Nation, deren Flotte eigentlich die Herrschaft auf allen Meeren ausübte, als ziemlich untypisch. Doch die wenigen Kämpfe mit Segelschiffen der ehemaligen Kolonie rieten zu jener ungewöhnlichen Vorsicht. Besonders die amerikanischen Fregatten hatten sich dabei als eindeutig überlegen erwiesen: Sie waren schneller, leichter zu steuern und widerstanden auch besser den Schlägen der Artillerie. Obwohl man sie der Tradition gemäß aus Holz gebaut hatte, waren sie so robust, dass man sie »Old Ironsides« nannte.
Diesen Spitznamen schuf ein Seemann der amerikanischen Fregatte CONSTITUTION, als er zusehen konnte, wie eine 24-pfündige Kanonenkugel von der harten Bordwand seines Schiffes abprallte und ins Meer fiel. Und die CONSTITUTION blieb für alle Seeleute die »Old Ironsides«, als man sie 15 Jahre nach ihrem letzten Kampf und nach einer Zeit repräsentativer Pflichten zum Abwracken in den Hafen von Boston schleppte. Der Ruhm dieses Schiffes und ihr symbolischer Wert für die junge amerikanische Nation waren so groß, dass unter dem Druck der öffentlichen Meinung bald eine Stiftung für die Restaurierung der Fregatte und ihre Wiederaufnahme in die Marine entstand. Natürlich setzte man die CONSTITUTION nicht mehr im Gefecht ein, sondern sie diente als Flaggschiff im Pazifik, im Mittelmeer und in Afrika. Sie machte Weltreisen und war das Ausbildungsschiff für viele Kadetten. Noch in den 30er-Jahren des darauf folgenden Jahrhunderts war sie an der West- wie auch an der Ostküste ihrer Heimat anzutreffen. Dann zog sie sich in den Hafen von Boston zurück. Dort macht sie jedes Jahr noch eine kleine Spritztour. Seeleute machen ihre Leinen los, und zwei Schlepper ziehen sie vom Kai weg, um sie nach zwei Stunden wieder in umgekehrter Richtung festzumachen. Dieser kurze Augenblick des Ruhms verfolgt als Einziges das Ziel, das Schiff gleichmäßig auf beiden Seiten altern zu lassen. Aber der Gedanke ist anrührend, dass es sich dabei um den kleinen Spaziergang einer alten Herrin der Meere handelt.
Die CONSTITUTION wurde zwischen 1794 und 1797 in der Werft »Hartt's Shipyard« in Boston gebaut.

Mit einer Flaggengala, der Mannschaft auf den Rahen und einer Kanonensalve feierte die CONSTITUTION den Geburtstag von George Washington. Das war am 22. Februar 1837, als sich das amerikanische Kriegsschiff auf einem offiziellen Besuch im englischen Kriegshafen von Malta befand (rechts).

Ein Bild vom Bau der CONSTITUTION: Die Planken der Bordwand waren an einigen Stellen 51 Zentimeter dick und wurden auf Spanten befestigt, die 20 Zentimeter dick waren und in einem Abstand von 40 Zentimeter nebeneinander lagen. Dadurch erklärt sich die außergewöhnliche Robustheit, die dem Schiff die Bezeichnung »Ironside« einbrachte.

Zusammen mit der PRESIDENT und der UNITED STATES, die beide Beinahe-Zwillingsschiffe der CONSTITUTION waren, stellte sie damals das größte Schiff der amerikanischen Kriegsmarine dar. Alle drei waren Fregatten mit 44 Kanonen an Bord. Vom Vorsteven bis zur Heckreling war die CONSTITUTION 62 Meter lang und somit 15 Meter länger als die englischen Fregatten. In der Breite maß sie mindestens 1 Meter mehr. Damit besaß sie eine stabilere Plattform für das Abfeuern der Breitseiten. Auch der Rauminhalt war mit rund 2200 Registertonnen um ein Viertel höher als der der englischen Schiffe derselben Klasse. Ihre Masten ragten 52 Meter über Deck und waren aus Silver Spruce, einer amerikanischen Fichtenart. Vor

Nach langem glorreichem Dienst restaurierte man die CONSTITUTION als Symbol der amerikanischen Herrschaft auf dem Meer. Sie unternahm dann lange Fahrten zu repräsentativen Zwecken. So fuhr sie zu Beginn der 30er-Jahre auch durch den Panamakanal (links).

Die CONSTITUTION vor Anker an einer Mole im Hafen von Washington, Fotografie aus den 30er-Jahren (oben).

allem verfügte die CONSTITUTION wie ihre Schwesterschiffe über eine große Segelfläche von 3970 Quadratmeter. Die Beplankung wie die Spanten waren im Vergleich zu der Länge des Schiffes überdimensioniert. Die Spanten waren 20 Zentimeter dick und standen nur 40 Zentimeter voneinander entfernt. Die Bordwand war doppelt ausgelegt mit einer Gesamtbreite von mindestens 38 und höchstens 51 Zentimeter. Daher stammte der Ruf des Schiffes, es besitze Eisenplanken!
Trotz der massiven Konstruktion war die CONSTITUTION besonders schnell. Sie erreichte bis zu 13,5 Knoten, und dabei spielte die Segelfläche eine ebenso große Rolle wie die Rumpfform.
Ihre Kanonen standen auf 2 Decks. Das Oberdeck ging vom Bug bis zum Heck durch und wies keine Aufbauten auf. Damit wurde die Handhabung der Segel wie der Kanonen bei der Fahrt wie im Gefecht leichter.
Die Besatzung umfasste mit den Offizieren 400 Mann. Die Unterkünfte lagen im Hauptdeck. Die einfachen Matrosen hatten nur Hängematten, die sie während der Schlafenszeit an den Spanten zwischen den Kanonen aufhängten. Nur die Offiziere bekamen richtige, wenn auch winzige Kabinen.
Der Kapitän wohnte in einem größeren, wenn auch immer noch engen Raum, und eine zweite solche Kabine war für den Flottenkommandanten bestimmt, wenn er sich an Bord aufhielt. In der Raumaufteilung unterschied sich die CONSTITUTION somit nicht von europäischen Kriegsschiffen.

Das 20. Jahrhundert: Die Windjammer

Der Dampfantrieb

Wenn der Maschinenantrieb, zu Beginn natürlich der Dampfantrieb, keine überwältigenden Vorteile geboten hätte, würden heute noch die Schiffe über Masten und Segel verfügen und mit dem Wind fahren. In der Tat leisteten die majestätischen, wendigen Segler erheblichen Widerstand gegen die lauten und fauchenden, plumpen und langsamen Dampfschiffe.

Doch am Ende konnten die Segelromantiker dieser Entwicklung nichts mehr entgegensetzen, weil die neuen Dampfschiffe einfach wirtschaftlicher waren als die traditionellen Segelschiffe. So ging die Segelschifffahrt nach über 5000-jähriger universaler Geschichte unter. Aus diesem Grund wird hier die historische Entwicklung der Dampfschifffahrt kurz skizziert.

Die erste Anwendung der Dampfmaschine für den Schiffsantrieb geht auf den Anfang des 18. Jahrhunderts zurück. Es handelt sich um Versuche mit kleinen Schiffen, die mit Schaufelrädern auf Flüssen fuhren. Die Dampfmaschine gab damals aber nur wenig Leistung ab; sie reichte weder für das Gewicht eines größeren Schiffes noch für die Überwindung von Meereswellen aus.

Während des gesamten 18. Jahrhunderts gab es, eingebettet in den aufklärerischen Impuls jener Zeit, viele weitere Versuche von Erfindern und Pionieren. Doch erst zu Beginn des 19. Jahrhunderts bemächtigte sich auch unter dem innovativen Druck der Amerikaner die Dampfkraft der Schifffahrt. Fultons CLERMONT nahm 1807 den regelmäßigen Dienst auf dem Hudson auf. Nur 12 Jahre darauf verließ die SAVANNAH die gleichnamige Kleinstadt in Georgia, um 25 Tage später im englischen Liverpool festzumachen. Während der Überfahrt hatte sie 18 Tage lang auf den Antrieb der beiden großen Schaufelräder vertraut, die von Dampfmaschinen mit Heizkesseln angetrieben wurden, und nur 7 Tage lang zog sie es vor oder wurde dazu gezwungen, zur technischen Vergangenheit zurückzukehren und Segel zu setzen. Das war somit mehr als ein Versuch.

Die Dampfkraft hatte bewiesen, dass sie mit den Segeln mithalten kann. Doch fand fast der gesamte Verkehr auf dem Meer für mindestens ein weiteres halbes Jahrhundert mit Segelschiffen statt, und die SAVANNAH selbst war wie alle Schiffe der darauf folgenden Jahrzehnte im Aussehen immer noch ein Segler: Die Masten trugen die Segel, die zu jener Zeit üblich waren. Das Vertrauen in die Dampfmaschine musste also erst noch wachsen.

Die SAVANNAH war zu jener Zeit ein bescheidenes Schiff mit einer Länge von 36,53 Meter und einer Breite von 7,90 Meter. Die »kleinen« West Indiamen waren damals doppelt so groß. Und man konnte überdies deren gesamten Laderaum für die Fracht nutzen. Diese Tatsache stellte zunächst ein fast unüberwindliches Hindernis für die Einführung der Dampfkraft und somit eine Stütze für die herkömmliche Segelschifffahrt dar. Um hinreichend autonom zu sein bei ihrer Atlantiküberquerung, musste die SAVANNAH 75 Tonnen Kohle und 30 Kubikmeter Holz als Brennstoff für die Heizkessel mitführen.

Trotz der dauernden Weiterentwicklung der Dampfmaschine und trotz des Verschwindens der Schaufelräder zugunsten des Propellers galt es im gesamten 19. Jahrhundert als Nachteil des Dampfschiffes, dass es seine Energiequelle mitführen musste, während der Segler sie mehr oder minder überall gratis draußen vorfand. Das Dampfschiff musste auch als dauernde Fracht die schweren umfangreichen Dampfmaschinen und Heizkessel transportieren. Die Verringerung der Masten bot dafür nur einen ungenügenden Ausgleich. Und es war zu einer Zeit, als es noch wenig Häfen und fast keine Infrastruktur gab, sehr schwierig, überall den benötigten Brennstoff zu bekommen. Kohle war ohnehin schwer zu beschaffen. Das galt vor allem für Routen in Gebiete, die noch weit von jedem Einfluss der technischen Zivilisation entfernt waren.

Noch zu Beginn des 20. Jahrhunderts musste die russische Flotte auf ihrem Weg zur Seeschlacht mit den Japanern bei Tsushima ganz Afrika umrunden. Dabei stellte der Kohlenachschub ein ganz besonderes Problem dar, obwohl im Jahr 1869 der Suezkanal eingeweiht worden war. Doch für die Russen bildete dies eine zu vernachlässigende Einsparung. Tatsächlich waren aber auch politische Gründe für die Routenwahl der Kriegsflotte maßgeblich. Aber für die Handelsschiffe im Verkehr zwischen Europa und Ostindien

4

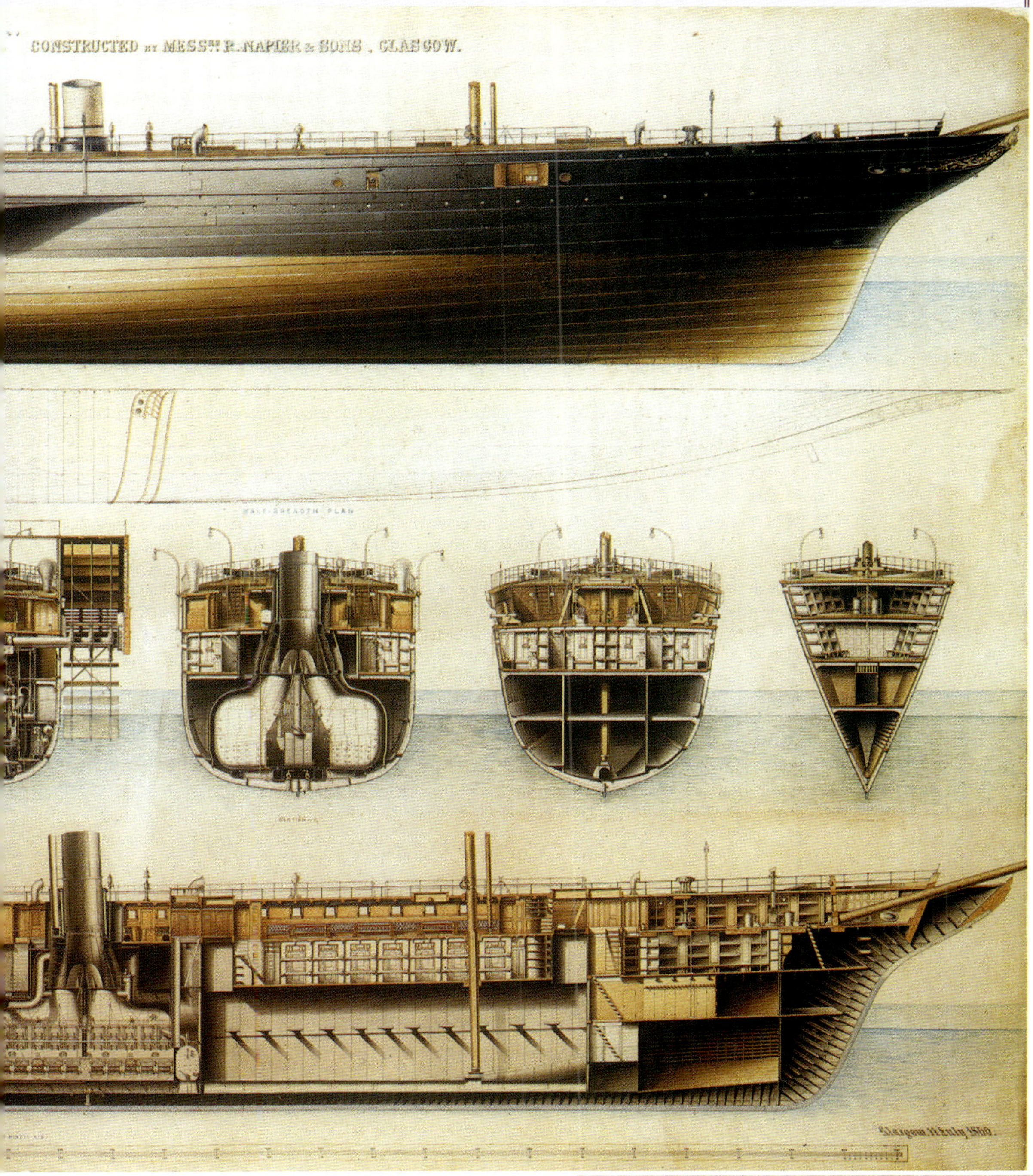

bedeutete dieser Kanal eine große Zeitersparnis. Vor allem war dies ein harter Schlag für diejenigen, die die Teeklipper immer noch für technisch überlegen hielten.

Im Jahr 1890 kamen nur noch 10 Prozent der Schiffe, die in englischen Werften vom Stapel liefen, ohne Dampfantrieb aus. Die meisten trugen nun mächtige Schornsteine in dem bisherigen Wald aus Masten und Wanten. Dem Segelschiff blieben nur wenige Routen vorbehalten, etwa extrem weite Reisen in die entferntesten und isoliertesten Gebiete wie Australien, wo die CUTTY SARK ihren letzten Triumph feierte, oder Chile, von wo man den lebenswichtigen Dünger für die Nahrungsmittelproduktion einer ständig wachsenden Bevölkerung in Europa und Nordamerika bezog. Diese Gegenden waren noch zu abgelegen für die weiterhin begrenzte Energieversorgung des Dampfschiffes. Es gab unterwegs einfach keine Häfen, in denen man Holz oder Kohle hätte bunkern können.

Eine Domäne der Segelschifffahrt blieben auch Küstenstrecken, auf denen Fracht billig transportiert werden musste. Hier konnte man nicht genug Geld verdienen, um sich die entschieden teureren Dampfschiffe zu leisten. Auf diesen Routen schrieb das Segelschiff die letzten Seiten seiner Geschichte.

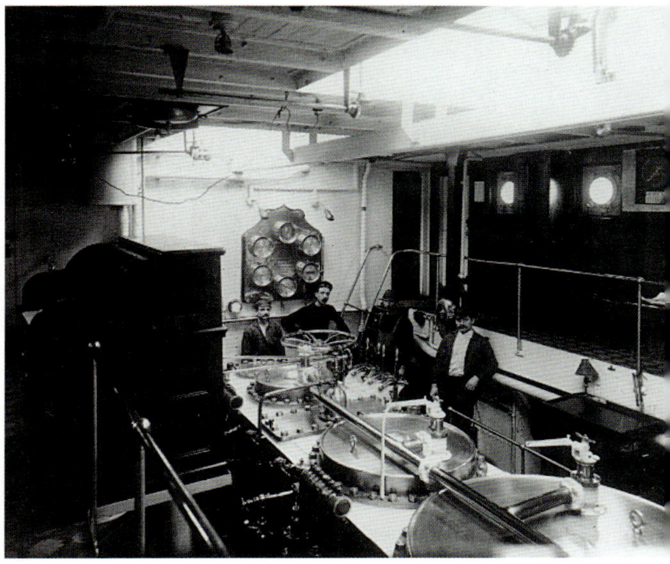

In der zweiten Hälfte des 19. Jahrhunderts musste der bisher unveränderte Rumpf der Segelschiffe mit dem neuen Antriebssystem zurechtkommen. Zwischen den Masten traten nun Schornsteine auf. Erst drehten sich auf den Seiten Schaufelräder, dann am Heck ein Schiffspropeller. Und im Inneren des Rumpfes musste Platz geschaffen werden für die riesigen Heizkessel (oben).

Der Maschinenraum der MANNING von 1904 steckt noch voller Messingbeschläge und Massivholzmöbel. Der Technik fällt es noch schwer, mit dem eleganten Dekor zu brechen, das seit jeher typisch war für das Segelschiff. Maschinist und Heizer sind neue Berufe auf dem Schiff. Sie müssen eher mit Hitze und Heißdampf zurechtkommen als mit Wind und Wellen (Mitte).

Die Eröffnung des Suezkanals bedeutete eine erste Niederlage für das Segelschiff. Auf weiten Strecken war es aber noch lange Zeit dem Dampfschiff überlegen, besonders weil es schwierig war, überall Brennstoff zu bekommen (rechts).

Die Werfteinrichtung mag unverändert erscheinen, doch der Werkstoff, aus dem der Rumpf gefertigt wurde, war absolut neu: Stahlplatten ersetzten nunmehr die Holzplanken (rechts).

Durch den Dampfantrieb konnte im Vergleich zum Segler Personal eingespart werden. Als Reaktion darauf führte man in die neu gebauten Segelschiffe mechanische Hilfe für die Segelmanöver ein (Mitte).

Die Holzknappheit in England stellte einen wichtigen Beweggrund für die Einführung von Stahl als Werkstoff dar. In den Vereinigten Staaten lagen die Dinge aufgrund ihres Waldreichtums ganz anders. Im Bild eine Werft in Port Blakely (unten).

Der beeindruckende Bug der GREAT EASTERN, eines Giganten mit fast 19.000 Registertonnen auf der Londoner Werft im Jahr 1858. Ihre Länge von 200 Meter zeigte deutlich die Möglichkeiten des Stahls (S. 117).

Technische Weiterentwicklung

Beim Bau der CUTTY SARK hatte die Werft einen Werkstoff eingesetzt, der bei einem Verkehrsmittel, das auf dem Wasser schwimmen sollte, zunächst wenig sinnvoll erschien: Stahl.

Bis zu jenem Zeitpunkt war es nur logisch gewesen, bei Schiffskonstruktionen Holz zu verwenden, weil es von alleine schwimmt! Bei der CUTTY SARK bestand die tragende Struktur des Rumpfes jedoch aus Stahl. Daran brachte man Planken an, die in traditioneller Weise aus Holz waren. Heute spricht man dabei von Kompositbauweise.

Stahl zeigt wesentlich bessere mechanische Eigenschaften als Holz. Man kann mit ihm somit wesentlich größere Rümpfe bauen. Damit wurde auch die schon öfter zitierte Grenze von 60 bis 65 Meter Länge hinfällig.

Um diesen Werkstoff aber auf vielen Gebieten einsetzen zu können, waren erst große Fortschritte in der Eisenverhüttung und in der Bearbeitung des Stahls vonnöten. Dabei erwies sich die Verfügbarkeit des Brennstoffs Kohle als entscheidend. In der zweiten Hälfte des 19. Jahrhunderts besaß England große Mengen an Kohle wie an Eisenerzen – und das gerade zu einer Zeit, als wegen des Raubbaus in den vergangenen Jahrhunderten Schwierigkeiten auftraten, genügend geeignetes einheimisches Holz zu bekommen. Und auch die Beschaffung von Hölzern aus den Kolonien war wegen der politischen Lage nicht mehr so einfach. In dieser Situation fand beim Schiffbau ein Wandel statt: Die Werften gaben Werkstoffe und Konstruktionsverfahren auf, die 2 Jahrtausende gültig gewesen waren, und gingen zum Stahl und der entsprechenden Technologie über. Dies geschah eigentlich überall in Europa.

In den Vereinigten Staaten lagen die Dinge anders. Hier gab es noch reichlich Bauholz, aber dafür wenig verfügbare Kohle und Eisenerze. So fuhr man in den amerikanischen Werften bis zum Ende des Jahrhunderts fort, Holzschiffe zu bauen.

Die Ausmaße der Schiffe wuchsen nun an und erreichten Werte, die man noch ein Jahrzehnt zuvor für unmöglich gehalten hätte, etwa die 123 Meter des amerikanischen Siebenmasters THOMAS W. LAWSON.

Auch die übrige Ausrüstung auf den Schiffen entwickelte sich parallel dazu weiter. Masten, Rahen und Spieren profitierten ebenfalls vom neuen Werkstoff. Der Stahl machte es möglich, steifere und gleichzeitig leichtere und längere Masten aus einem einzigen Stück zu bauen. Das Holz ist in dieser Hinsicht dem Stahl eindeutig unterlegen: Einen Holzstab kann man durch eine Kraft, die an der Spitze angreift, sehr leicht zum Brechen bringen. Dies wiederum kann man nur durch einen größeren Durchmesser verhindern, was ein erhöhtes Gewicht zur Folge hat. Solche ganz gerade gewachsenen dicken Stämme sind aber sehr teuer – und besonders beim Bau des Mastes konnte man nicht sparen, denn er stellte sozusagen das Herz des Schiffes dar. Auch die Bearbeitung des Mastholzes war mit großen Kosten verbunden.

Man ersetzte das alte Tauwerk aus Hanf durch Drahtseile. Hanf war elastischer, was den Segeln früher übrigens einen Teil ihrer Effizienz nahm; es kostete mehr und verrottete schneller. Wanten aus Stahlseilen hingegen passten sehr gut zum Stahlmast. Natürlich kam der Stahl auch an anderen Stellen zum Einsatz: Auch die Blöcke waren nun aus dem neuen

Werkstoff. Damit veränderte sich das Schiff nicht nur in technischer Hinsicht. Der Klang des Segelschiffes mit dem Knirschen und Pfeifen, das der Wind im Rigg erzeugte, und dem Stöhnen der hölzernen Strukturen unter Belastung wurde zu einem höllischen Klang, den W.L.A. Derby gut beschrieben hat: »Unter Beanspruchung erzeugen einige Pardunen einen tiefen hallenden Ton, andere ein Summen ähnlich der Telegraphenleitung. Die Fallen lassen einen vibrierenden Ton hören wie die Saiten eines Banjos, während von den Stags ein dauerndes Lamento ertönt. Der Sturm brüllt gegen die Wanten, während schwere Blöcke eine wilde Sarabande gegen die Stahlmasten tanzen.«

Besonders bei den Segelmanövern wurde eine mechanische Hilfe eingeführt, die im Vergleich zum Klipper der ersten Hälfte des 19. Jahrhunderts eine deutliche Verkleinerung der Mannschaft ermöglichte: die Winde. Der Einbau solcher kraftreduzierenden Vorrichtungen zur Handhabung der Segel und Spieren erleichterte nicht nur dem einzelnen Seemann die Arbeit, sondern es waren nun auch weniger Mann notwendig, was das Segelschiff wieder wirtschaftlicher machte und zu seinem weiteren Überleben beitrug. Ein Segelmanöver, zu dem man früher mindestens 10 Seeleute gebraucht hatte, etwa das Brassen einer Rah, konnte man nun mit 2 Mann durchführen. Die Winde hatte übrigens der schottische Kapitän J.C. Jarvis erfunden. Von 1880 an fand man sie auf allen großen Segelschiffen.

Einmal abgesehen von den Werkstoffen und den Ausmaßen unterschied sich das Segelschiff vom Ende des Jahrhunderts kaum vom vorhergehenden Modell. Der Rumpf war vorne zugespitzt wie beim Baltimoreschoner und bei den amerikanischen Klippern. Die Takelung bestand meist aus rahgetakelten Masten und einem Gaffelsegel am Besanmast. Dabei bestand die Tendenz, die Höhe der Masten zugunsten einer größeren Anzahl zu verringern.

Bei einigen Seglern, die um die Jahrhundertwende gebaut wurden, tritt ein neues kennzeichnendes Element auf, ein Aufbau in der Schiffsmitte, der das Oberdeck praktisch in 2 Hälften teilt. Dieser Aufbau war breiter als das Deckshaus des Klippers und erstreckte sich bisweilen bis zur Bordwand. Hier wohnten oft die Offiziere, die damit ihre traditionellen Unterkünfte im Heck aufgaben. In diesem Aufbau in der Schiffsmitte befand sich oft auch das Steuerhaus. Den inselförmigen zentralen Aufbau verband man später über eine erhöhte Laufbrücke mit Poop und Back. Damit wollte man die Seeleute schützen, die sich nach vorne oder nach achtern begeben mussten.

Die Segelschiffe der letzten Generation waren somit aus Stahl, besaßen eine moderne Ausrüstung und zeigten schon Formen, die für die Dampfschiffe typisch werden sollten. Diese Segler übernahmen immer schwierigere Aufgaben mit einer Besatzung, die im Allgemeinen nicht mehr als 30 Mann betrug. Ein früherer Klipper mit dem halben Rauminhalt brauchte doppelt so viele Matrosen. Noch im Jahr 1930 umrundete die GRACE HARWAR das Kap Hoorn mit nur 10 Mann Besatzung.

Im 19. Jahrhundert ging auch die Epoche des bewaffneten Klippers zu Ende. Die Kriegsmarine setzte von jenem Zeitpunkt an nur noch Dampfschiffe ein. Einige Zeit behielten diese zwar, erst aus Misstrauen, dann aus Tradition, Masten und Segel in geringem Umfang bei. Und das Handelsschiff brauchte nun keine Kanonen mehr, um sich und seine Fracht zu schützen.

Das Segelschiff des 20. Jahrhunderts, das sich bis zum Zweiten Weltkrieg halten konnte, diente ausschließlich Handelszwecken und überließ auch sehr schnell den Passagiertransport dem Dampfschiff.

Je größer der Fortschritt der Dampfschifffahrt, umso bescheidener wurde die Fracht der Segelschiffe und umso kleinräumiger wurden auch ihre Routen.

Man kann behaupten, dass die große Epoche der Segelschifffahrt mit den Klippern zu Ende ging, vor allem mit den Wollklippern.

Diese Klipper wurden im Allgemeinen in Schottland am Clyde, vor allem in Leith oder in Aberdeen, gebaut und hatten die Aufgabe, auf der Hinreise Auswanderer nach Australien und auf der Rückreise Wolle oder Getreide nach Europa zu transportieren. Die Wollklipper waren direkte Nachfahren der Segelschiffe, die Tee von China nach England gebracht hatten. Nach der Eröffnung des Suezkanals wurden sie von Dampfschiffen ersetzt. So war ihnen nur ein kurzes Leben mit glorreichen Duellen wie zwischen der CUTTY SARK und der THERMOPYLAE beschieden. Später wurden sie vorwiegend an finnische und italienische Reeder weiterverkauft, wo sie noch mehrere jahrzehntelang in der Trampschifffahrt eingesetzt wurden: Sie waren in allen Häfen der Welt zu Hause und wurden von Mal zu Mal gechartert.

Diese Schiffe standen unter dem Kommando großer Männer, oft italienischer Herkunft, und diese befehligten eine Besatzung, die an Zahl zwar gering, an seemännischem Können jedoch einzigartig war. Oft war ein solches Segelschiff 2 oder 3 Jahre unterwegs und weit weg von Zuhause.

Die YALLAROI war einer der letzten Wollklipper. Sie gelangte 1913 in den Besitz des Genueser Reeders Drago und stand unter dem Kommando von Luigi Gazzolo,

Schiffstypen

Auf dem Bild lädt die AUSTRALIA Holz. Die Vielmastbarken konnten einige Zeit der Dampfschiffkonkurrenz standhalten: Sie waren billig im Bau wie im Betrieb und fuhren somit bis in die 40er-Jahre hinein (rechts).

Um die Jahrhundertwende diente das Segelschiff nur noch dem Handel. Die Kanonen verschwanden ganz, und auch die Fracht verlor an Prestige. Viele Segelschiffe transportierten damals Auswanderer, etwa die VOORSPOED, die auf der Fotografie englische Emigranten an der australischen Küste an Land bringt (oben).

An Bord der LYNTON. Die Segelschiffe waren damals für die großen Reedereien immer weniger interessant. So wurde der Kapitän oft auch Besitzer des Schiffes und verbrachte seine gesamte Existenz an Bord. Dort wohnte auch oft seine ganze Familie (Mitte).

Trotz der Konkurrenz der Dampfschiffe konnte sich das große Segelschiff im 19. Jahrhundert auf einigen Langstreckenrouten und für bestimmte Frachten halten. Sie fuhren zu den entferntesten Häfen in Australien, Chile oder China (rechts).

der ebenfalls aus Genua stammte. Sie verließ den Hafen von Marseille mit einer Fracht Ziegel und fuhr nach Dunedin. Dort sollte sie auf neue Aufträge warten (oder auf einen neuen Charter, den ihr der Reeder verschaffte; oder manchmal besorgte auch der Kapitän an Ort und Stelle solche Aufträge). Jedenfalls fuhr sie von Dunedin nach Newcastle in Australien, um dort Kohle aufzunehmen, die für Antofagasta in Chile bestimmt war. Antofagasta war zu jener Zeit einer der großen Häfen, in Wirklichkeit eine Reede, in der Nitrat verschifft wurde. Man sammelte es in Form von Guano auf den Inseln vor der chilenischen Küste. Dieses Düngemittel stellte eines der wichtigsten Frachtgüter für die Segelschifffahrt zur Jahrhundertwende dar, weil die chilenischen Häfen von Dampfschiffen nicht angelaufen werden konnten. Den letzten Todesstoß versetzte der Segelschifffahrt deswegen der neue synthetisch hergestellte Kunstdünger, der viel billiger war als der teure Guano.

Mit einer Fracht Guano verließ die YALLAROI also Antofagasta, um über das Kap Hoorn nach Genua zurückzukehren. Sie fuhr bei frischem Wind vollgetakelt um das Kap herum und gelangte erst dann in einen furchtbaren Sturm, der das Schiff mit seiner Besatzung in große Gefahr brachte.

Die englischen Schiffbauer hatten immer noch die Absicht, sich der Vorherrschaft des Dampfschiffes zu widersetzen. Sie trachteten danach, mit immer weniger Besatzung auszukommen. So veränderten sie das Design des Klippers grundlegend und schufen eine große Zahl so genannter »Carrier«. Es waren große Segelschiffe mit vollen Formen und einer reduzierten Anzahl von Masten. Sie konnten sehr viel Fracht aufnehmen, blieben aber langsam. Weil sie sowohl in der Anschaffung wie im Betrieb sehr wirtschaftlich waren, konnten sie sich einige Jahrzehnte gegenüber dem Dampfschiff behaupten. Die Eröffnung des Panamakanals bedeutete aber für alle Segelschiffe eine Katastrophe, weil man zu jener Zeit noch glaubte, Dampfschiffe könnten das Kap Hoorn nicht umrunden. Nun konnten auf der Route von der Ost- zur Westküste Nordamerikas plötzlich Dampfschiffe fahren. Am Ende erhielten die Carrier nur noch unbedeutende Aufgaben zugewiesen und wurden schließlich abgewrackt.

Zu jener Zeit fertigten die Engländer ihre Wollklipper und die Carrier mit Stahlrümpfen. Zu ihnen gesellten sich die letzten amerikanischen Segelschiffe, die noch ganz aus Holz bestanden. Das waren die Down Easter. Sie wurden von Werften in Neu Braunschweig und Neuengland gebaut und ausgerüstet. Auch sie waren für die Trampschifffahrt bestimmt. Die Down Easter transportierten vor allem Holz, das sie in den großen Flussmündungen Nordamerikas aufnahmen. Sie fuhren damit südwärts und kehrten mit Getreide, Nitraten oder anderem Schüttgut wieder zurück. Viele Down Easter verbrachten ihre letzten Jahre mit

Küstenschifffahrt im Mittelmeer. Man kannte sie dort unter der italienischen Bezeichnung »Nova Scotia«, denn sie stammten aus der nordamerikanischen Region gleichen Namens.
Eine große Verbreitung an den amerikanischen Küsten waren Drei- und Viermast-Schoner. Sie waren aus dem Baltimoreschoner hervorgegangen.
Der Schoner bildete einen Übergang von den Rahseglern zu den Schiffen mit Gaffelsegeln. Er kam in etlichen Varianten vor, wobei die Typbezeichnung nicht immer eindeutig ist. Dreimast-Toppsegelschoner waren beispielsweise Schiffe, die am Fockmast und Großmast Toppsegel und Bramsegel führten (unter einem Toppsegel sind in diesem Fall Rahsegel zu verstehen!). Sie besaßen oft ein aufholbares Schwert, was ihnen die Fahrt in den seichten Küstengewässern ermöglichte.
Ursprünglich hatte der am weitesten verbreitete Typ 3 Masten. Bald verlängerte man aber den Rumpf, um mehr Fracht aufnehmen zu können. So erschienen ab 1880 Versionen mit 4 Masten. Im darauf folgenden Jahr gab es schon Schiffe mit 5 Masten, kurze Zeit darauf mit 6 Masten. Im Jahr 1902 lief der größte aller Vielmastschoner vom Stapel, die THOMAS W. LAWSON mit 123 Meter Länge über alles und 7 Masten. Ihr Rumpf bestand aus Stahl, denn aus Holz hätte man diese Länge nie erreichen können. Diese Gigantin der Meere hatte aber kein Glück: Nach der Atlantiküberquerung ging sie schon vor der Küste Englands unter. Besonders erfolgreich aber waren die Viermaster. Man baute davon mindestens 460 Stück. Die Fünf- und die Sechsmaster erwiesen sich im Vergleich zu ihrer Länge als zu wenig leistungsfähig.
Die Schoner besaßen das Monopol der Küstenschifffahrt für Nordamerika. Das Dampfschiff konnte hier nicht mithalten. Diese Segelschiffe arbeiteten sehr wirtschaftlich, brauchten nur wenige Mann Besatzung und mussten keinen Ballast aufnehmen, wenn sie ohne Fracht fuhren. Man setzte sie vor allem in der Küstenschifffahrt ein, doch überquerten sie auch gelegentlich und mit Erfolg die Weltmeere: Im Jahr 1876 gelangte die ISLAND CITY in 100 Tagen von New York nach Australien und umfuhr dabei von Ost nach West das Kap Hoorn.
In der Zeit nach dem Ersten Weltkrieg herrschte in Florida eine eifrige Bautätigkeit. Damals schafften viele dieser Segelschiffe Holz und andere Baumaterialien heran. Europäische Reeder bestellten bei amerikanischen Werften 18 große Fünfmaster mit Stahlrümpfen. Sie wurden für die Società Navigazione Italo Americana gebaut und unterschieden sich vom klassischen Typ nur durch die Rahsegel am Fockmast und durch eine weniger elegante Rumpfform: Man wollte nämlich für die Fracht möglichst viel Raum zur Verfügung haben.
Gegen Ende des 19. Jahrhunderts erschien allerdings noch eine Generation von Segelschiffen, die Windjammer. Die Bezeichnung hat nichts mit dem deutschen Wort »Jammer« zu tun, sondern ist auf das englische »to jam« zurückzuführen, das »pressen«

Port Blakely im amerikanischen Staat Washington war zu Beginn des 20. Jahrhunderts einer der großen Häfen für die Verschiffung von Holz. Auf dem Bild erkennt man 3 große Down Easter mit 4 Masten sowie 2 große Schoner, der eine mit 4, der andere mit 5 Masten (S. 120/121).

Die großen Segelschiffe mit Stahlrümpfen befuhren vor allem die Routen um die großen Kaps herum. Wegen der fehlenden Versorgungsmöglichkeiten konnten hier keine Dampfschiffe fahren. So schrieben die Windjammer noch einmal Segelgeschichte wie hier die PARMA *(links).*

Die STAR OF FRANCE *widmete sich vor Alaska vor allem dem Lachsfang (unten).*

bedeutet. Die Matrosen der Dampfschiffe verwendeten den Begriff »Windjammer« damals auch in einem abfälligen Sinn für jene Riesenschiffe, die einen Wald von Masten, Wanten und Segeln trugen und denen sie noch überall auf den Weltmeeren begegnen konnten. Die Windjammer waren große Segelschiffe mit rahgetakelten Masten und Gaffelsegel am Besanmast, Rumpf aus Stahl. Zwischen dem Ende des 19. Jahrhunderts und dem Ersten Weltkrieg ließen die Windjammer die Zeit der Klipper wieder auferstehen. Sie brachten von Australien Kohle und Getreide, von Nord- und Südamerika Holz und vom Südpazifik den unerlässlichen Guano. Ihre Rümpfe waren stets länger als 100 Meter, und der Rauminhalt bewegte sich zwischen 2000 und 3000 Registertonnen. Die Windjammer waren so schnell wie die nur halb so großen Klipper, konnten aber die dreifache Frachtmenge aufnehmen. Wie die Klipper lieferten sie sich auf den Meeren ein Wettrennen. Sie fuhren meist unter vollen Segeln und waren sich ihres Riggs sicher. Noch 1934 nahm sozusagen in einem letzten Aufbäumen der Segelschiffe die in Deutschland gebaute und in Finnland neu ausgerüstete HERZOGIN CECILIE am letzten großen Segelrennen teil, wobei es um den Transport australischen Getreides ging. Auf dem Weg vom irischen Belfast nach Port Lincoln, Australien, traf sie auf ein englisches Dampfschiff, das nach Rio de Janeiro wollte. Vollgetakelt mit rund 4200 Quadratmeter Segelfläche aus Baumwolltuch überholte sie bei einem Wind von 35 bis 40 Knoten ihre Gegnerin. Sie erreichte dabei über 18 Knoten Fahrt und wiederholte damit das, was der CUTTY SARK 50 Jahre zuvor gelungen war. Den größten Teil dieser Segler bauten übrigens Werften in England, Frankreich und Deutschland. Dort glaubten die Reeder noch an die Überlegenheit des Segels, und dort existierte auch noch eine fest verwurzelte Tradition in der Führung solcher Schiffe. Während des Ersten Weltkrieges wurden sehr viele Windjammer von deutschen Unterseebooten versenkt. Noch schlimmer waren die Verluste an der Südspitze Südamerikas. Zwischen 1900 und 1914 gingen bei Kap Hoorn 54 Windjammer unter. Auch nach dem Krieg forderte diese Passage weiterhin ihre Opfer. Die PEIHO sank dort 1923, und 1929 verlor dort die PINNAS ihre Masten und wurde von der Besatzung aufgegeben.

Königinnen zur See

Am Ende des Ersten Weltkrieges waren Segelschiffe mit Holzrümpfen praktisch verschwunden. Die meisten unter ihnen hatte man schon zum Ende des Jahrhunderts abgewrackt. Einige waren während des Krieges untergegangen, und die wenigen überlebenden lagen verlassen in Häfen oder fuhren vielleicht noch auf unbedeutenden Routen.
Es überlebten hingegen rund 540 Segelschiffe mit Stahlrümpfen, überwiegend Europäer, auch einige Nordamerikaner. Im Laufe weniger Jahre wurden auch diese zur Abwrackung bestimmt. Die Handelsflotten aller Nationen hatten sich für die Dampfschifffahrt entschieden. Nur ganz vereinzelte Reeder hatten das Geld und die Lust für einen Neuanfang mit der Segelschifffahrt.
Es überlebten allerdings auch einige Windjammer, die deutschen Reedern gehörten. Sie wurden im Zug der Reparationszahlungen unter die alliierten Mächte aufgeteilt. Zu den ersten Reedern, die sich davon erholten, gehörte Erich F. Laeisz. Er kaufte nach und nach die Reste seiner Flotte zurück, unter ihnen die berühmte PAMIR, dann die PASSAT, die PINNAS, die PEIHO, die PEKING, die PARMA und die PELLWORM. 1926 ließ er sogar die PADUA mit 4 Masten und einem Aufbau auf der Decksmitte bauen – ein prächtiger typischer Windjammer. Er war das letzte große Segelschiff, das vom Stapel lief. Die Schiffe von Laeisz befuhren die Routen nach Chile und Australien. Sie transportierten Guano und Getreide und bildeten auch Seeleute für die Handelsmarine aus. Der Ausbruch des Zweiten Weltkrieges kam für Laeisz völlig überraschend.
Ein weiterer deutscher Reeder, F. A. Vinnen, baute sogar mehrere neue Schiffe, doch in Wirklichkeit

Die PADUA, ein typischer Windjammer der Flotte von Laeisz: vier Masten, der hinterste mit Schratsegeln, ein großer, schwarz bemalter Stahlrumpf mit einem Aufbau in der Mitte, der das Ruderhaus beherbergte. Die PADUA lief 1926 vom Stapel und war somit der letzte Großsegler, der gebaut wurde (oben).

Einer der großen Reeder in der Zeit zwischen den beiden Weltkriegen war der Deutsche Erich F. Laeisz. Er versuchte, sich der allgemeinen Entwicklung entgegenzustemmen. Alle Schiffe seiner Flotte trugen einen Namen, der mit dem Buchstaben »P« begann (oben).

Ein weiteres Schiff aus der Flotte von Laeisz, die PAMIR. In der Nachkriegszeit, im Jahre 1949, fuhr sie zweimal nach Australien, um Getreide zu holen (rechts).

Nachdem die PAMIR *erst für Laeisz gefahren war, gehörte sie schließlich dem letzten Reeder von Großseglern, dem finnischen Kapitän Gustav Erikson. Er rüstete 17 Windjammer aus, die er alle aus zweiter Hand gekauft hatte. Um seine Schiffe wirtschaftlich betreiben zu können, heuerte er vor allem abenteuerwillige junge Leute an (links).*

Die große PADUA *unter leichtem Wind. Auf den Rahen des Fockmastes, des Großmastes und des Kreuzmastes stehen Seeleute, die gerade Segel setzen, um die leichte Brise besser zu nutzen. In solchen Situationen waren die Großsegler den Dampfschiffen hoffnungslos unterlegen (unten).*

Die Alaska Packers Association mit Sitz im kalifornischen Almeda rüstete noch in der Nachkriegszeit ungefähr 15 große Schiffe für den Lachsfang in den kalten Gewässern Alaskas aus. Die Segler brauchten 4 bis 6 Wochen, um von San Francisco aus das Fischereigebiet zu erreichen. Dort hielten sie sich bis vier Monate lang auf.
Nachdem fast alle Flotten auch das letzte Segelschiff ausgemustert hatten, kaufte 1924 ein finnischer Reeder, Kapitän Gustaf Erikson aus Mariehamn, einen Windjammer nach dem anderen auf, insgesamt 17. Er besetzte sie mit wenigen Seeleuten, die von ihrem Fach etwas verstanden, sowie mit vielen jungen Leuten, die vom Abenteuer Segelschifffahrt angezogen wurden. Weitere schwedische und deutsche Reeder taten es ihm nach und fuhren mit Seglern nach Australien, um dort Getreide zu holen. Während Dampf- und Motorschiffe jeden Typs nun auf allen Weltmeeren fuhren, ließ diese Handvoll Windjammer die alte Segelromanik noch einmal wieder aufleben. In der Regel gelangten sie ohne Fracht, aber mit Ballast, an die Küsten des Pazifiks. Dort nahmen sie Holz und Nitrate für Australien auf und kehrten dann mit einer Ladung Getreide um das Kap Hoorn wieder nach Europa zurück. Dank der geringen Unterhaltskosten für das Schiff und der niedrigen Löhne für die Mann-

waren es Motorsegler: die MAGDALENE VINNEN sowie 5 kleinere Schiffe, nämlich SUZANNE, ADOLF, CARL, CHRISTEL und WERNER VINNEN. Sie alle besaßen 5 Masten. Die ADOLF VINNEN ging bei ihrer ersten Reise beim Kap Lizard verloren. Die übrigen Schiffe fuhren noch in der Nachkriegszeit, allerdings nicht als Handelsschiffe.
Die Franzosen hingegen, vor allem die Flotte des Reeders A.D. Bordes, die bis 1915 den Deutschen den Primat bei den Großseglern streitig gemacht hatten, erholten sich nach dem Ende des Krieges nicht mehr. Fast alle ihre Schiffe waren untergegangen, und nur einige ihrer Segler unternahmen noch ein paar Reisen nach Australien, um Getreide zu laden.
Die Vereinigten Staaten und Italien gründeten eine gemeinsame Reederei, die SNIA, von der schon die Rede war. Sie legte 18 Viermaster auf Kiel, die für die Charterfahrt gedacht waren. Es waren aber keine guten Schiffe. Unter Segeln wie mit Motoren fuhren sie langsam und wurden bald wieder abgewrackt.
Im Jahr 1919 erholte sich für eine kurze Zeit der Guanotransport von Südamerika. Die Compania Administradora del Guano di Lima, Perú, rüstete 3 Schiffe aus, die sie als Kriegsentschädigung von den Deutschen erhalten hatte. Es waren die DRUMCLIFF, die in OMEGA umgetauft wurde; die MAIPO sowie die in den Niederlanden gebaute TELLUS. Sie fuhren 40 Jahre lang auf den Pazifikrouten mit einer Fracht, die sonst nur wenige andere Schiffe akzeptierten. Unter ihnen waren auch die englischen Schiffe DOVENBY und KILMALLIE, die finnischen Schiffe KILLORAN und PONAPE, die italienischen Segler REGINA ELENA und ANTONIO PADRE.

schaft machte das Unternehmen durchaus wirtschaftlichen Sinn. Eriksons Flotte fuhr bis zum Ausbruch des Zweiten Weltkrieges. Nach dem Friedensschluss konnte er nicht mehr unter den Protagonisten der Segelschifffahrt sein: Nachdem sich seine Flotte aufgelöst hatte, starb er 1947. Nur die PAMIR und die PASSAT machten noch 2 Reisen nach Australien, um dort Getreide zu laden.
Damit war die kommerzielle Segelschifffahrt definitiv an ihrem Ende angelangt.

Die Werft der Hall Brothers in Port Blakely. Das Bild stammt aus dem Jahr 1902. Der erste Rumpf links, an dem gerade gearbeitet wird, ist der der CAROLINE. Rechts im Bild erkennt man die Ausläufer der großen Nadelholzwälder. Sie reichten bis zur Werft und bildeten ein lebendiges Lager an Bauholz (unten).

Die CAROLINE hat das Holz im warmen Kalifornien abgeladen, das sie längs der Westküste vom Puget Sound bis hierher transportierte (rechts).

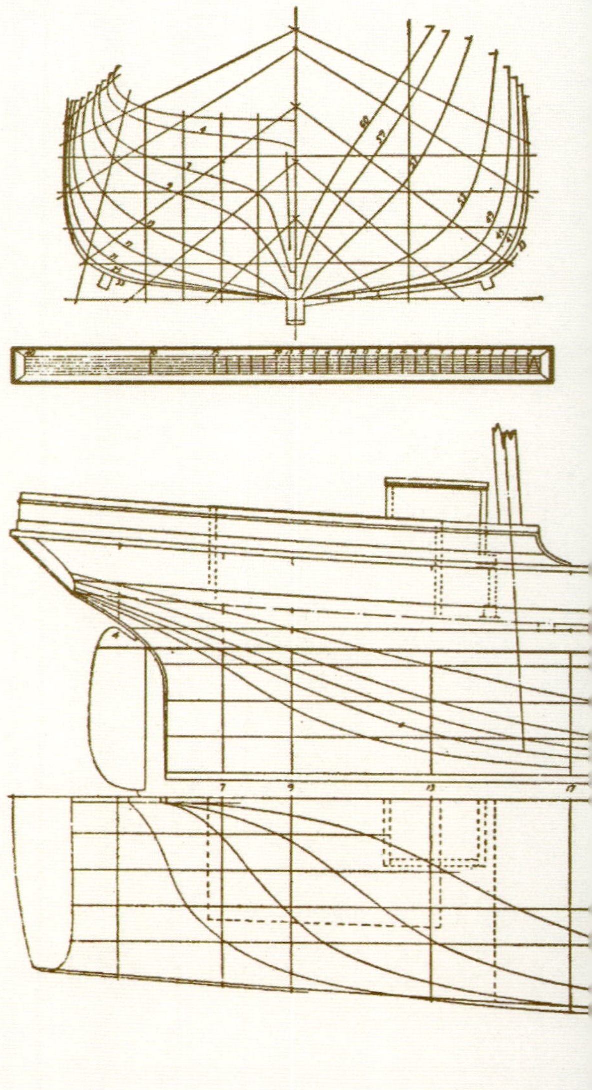

Segelriss und Linienriss des Viermastschoners CAROLINE: Das Schiff war so konzipiert, dass es nur wenige Mann Besatzung für die Segelmanöver brauchte und daher mit dem Dampfschiff konkurrieren konnte. Die Rumpfform ist die eines typisch amerikanischen Schoners mit geringem Tiefgang. Dieses Modell fand allerdings keine weite Verbreitung mehr, weil die kommerzielle Segelschifffahrt ohnehin an ihrem Ende angelangt war (rechts).

Der Viermastschoner CAROLINE

Im Jahr 1902 wurde von der Werft der Brüder Hall in Port Blakely im Staat Washington der Schoner CAROLINE auf Kiel gelegt. Bauherr war der Reeder Joseph Knowland. Die CAROLINE sollte ein typischer Schoner mit 4 Masten werden, ein gut gelungenes Exemplar jenes Schiffstyps. Segelmanöver sollten ohne großen Aufwand mit reduzierter und damit billiger Mannschaft bewerkstelligt werden. Die Konstruktion sollte möglichst standardisiert sein und von billigen Werkstoffen ausgehen, nämlich vom reichlich vorhandenen lokalen Holz, damit auch die Investitionskosten niedrig lagen. Wie schon einmal gesagt, hatte sich die Werft auf den Bau mit 5, 6 oder sogar 7 Masten spezialisiert. Doch diese Schiffe erwiesen sich im täglichen Betrieb als zu groß, während die Dreimastschoner im Hinblick auf die Ladekapazität zu klein ausfielen. Die Viermastschoner wie die CAROLINE erschienen als der ideale Kompromiss. Die Werft war direkt in Port Blakely am Puget Sound beheimatet, einem der besten Naturhäfen der Welt. An diesem Sound liegen Bergketten mit unendlichen Nadelholzwäldern. Sie lieferten bestes Bauholz für Schiffe. So entstanden dort nicht nur Werften, sondern auch zahlreiche Sägereien und Anlegestellen. Und natürlich entwickelte sich auch ein intensiver Frachtverkehr: Schiffe transportierten das Bauholz in das reiche, blühende Kalifornien. Und dafür waren Segler wie die CAROLINE das ideale Transportmittel.

Die nun folgenden Informationen stammen aus dem Buch »The History of American Sailing Ship« von Howard I. Chapelle. Wer hier von Breiten, Durchmessern und Längen liest, kann eine Vorstellung davon gewinnen, wie schwierig die Arbeit als Schiffszimmermann war. Lange Zeit war sie nämlich fast nicht mechanisiert. Und das waren die Maße der CAROLINE: Über Deck maß das Schiff 50,5 Meter. Die Breite betrug 11,6 Meter, der Tiefgang 3,35 Meter. Der Rumpf und die Längs- und Querverbände sowie Deck, Aufbauten und Masten bestanden aus einer einzigen Holzart, eines nordamerikanischen Nadelholzes (Yellow Pine). Nur der Ruderschaft sollte in Eiche sein.

Der Spantenabstand betrug 80 Zentimeter. Die Spanten waren im Querschnitt 30x40 Zentimeter

Segelriss eines Viermast-Schoners

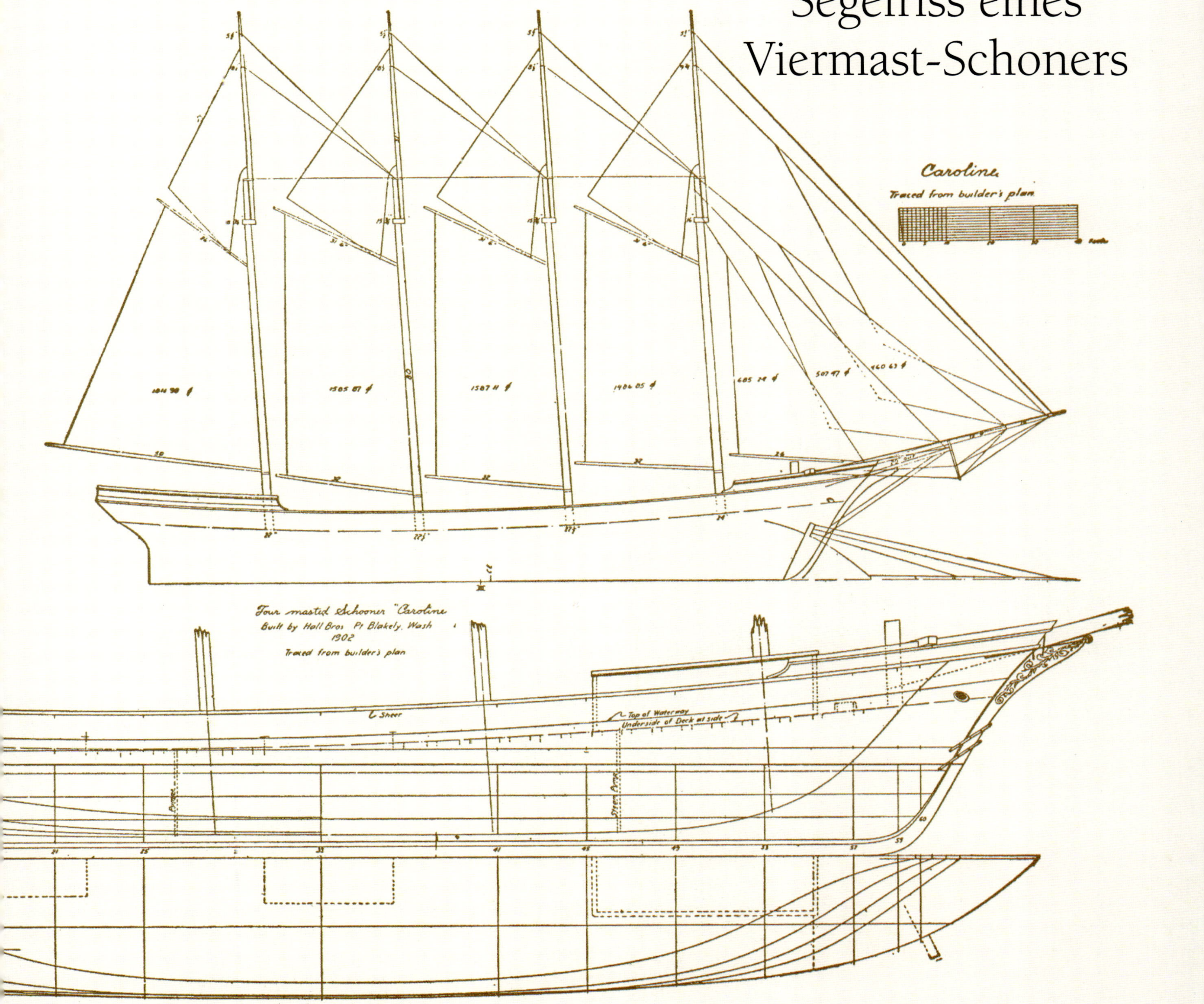

groß. In der Längsrichtung wurden sie von einem Kielschwein mit den Maßen 40x110 Zentimeter und 2 Stringern auf jeder Seite versteift, die im Querschnitt 40x50 Zentimeter bzw. 30x40 Zentimeter maßen. Die Planken waren am Rumpf 10 bis18 Zentimeter und auf Deck 7,5 bis 10 Zentimeter dick. Auf der Innenseite des Rumpfes lag eine Innenbeplankung mit wechselnder Dicke zwischen 10 und 25 Zentimeter. Die Längs- und Querverbände und die inneren Planken waren untereinander mit Eisenschrauben verbunden. Vier durchgehende Bolzen aus Eisen stellten eine Verbindung zwischen jedem Plankengang und dem Spant her. Die äußeren Planken und der Kiel waren über verzinkte Eisennieten und über Zapfen aus Robinienholz verbunden.

An sonstiger Ausrüstung gab es die Mechanik des Steuerrades, eine mit Handhebeln betriebene Pumpe für Notfälle und eine Winde für das Gaffelsegel.
Die Wanten bestanden aus Drahttauwerk, während man sonst für die Segelbedienung Manilahanf nahm. Drei Stahltanks wurden mit insgesamt 6500 Liter Ballastwasser gefüllt, und 3 Fässer zu je 500 Liter nahmen das Trinkwasser auf. Die Unterkünfte wurden vollständig geliefert mit Möbeln, Küche, Bädern, Lampen. Der Bodenbelag war aus Linoleum, und zur Ausstattung zählten auch Vorhänge, Betttücher und Tischwäsche. Auf dem Deck befanden sich 2 Beiboote; das eine war 15, das andere 19 Fuß lang. Schließlich folgte in den Spezifikationen mit ausdrücklichem Bezug auf die U.S. Inspection Laws die Liste der Sicherheitsmaßnahmen, die natürlich gemessen am heutigen Standard sehr dürftig ausfielen.
Und zum Schluss noch der Preis: 37.500 Dollar, 3000 Dollar zahlbar beim Vertragsabschluss, 5000 nach dem Zusammenbau von Kiel und Spanten, 8000 Dollar nach der Montage der inneren Planken, 9000 Dollar nach der Fertigstellung der äußeren Beplankung und 12.500 Dollar nach Fertigstellung des ganzen Schiffes. Die CAROLINE erlebte wie im Vertrag vorgesehen ihren Stapellauf im Juni 1902.

Fünfmast-Vollschiff

Die PREUSSEN *war das einzige Fünfmast-Vollschiff, das jemals gebaut wurde. Sie lief 1902 bei Tecklenborg vom Stapel, hatte eine Länge von über 130 Meter und eine Segelfläche von fast 5600 Quadratmeter. Mit voller Takelung erreichte sie eine Geschwindigkeit von 17 Knoten (unten).*

Der deutsche Reeder Laeisz bestellte im Jahr 1900 in der Werft Tecklenborg ein Schiff, das das größte jemals gebaute Segelschiff und das wichtigste seiner Flotte werden sollte. Sie war damals, was die Zahl der Segelschiffe anging, die Erste auf der Welt. Zwei Jahre darauf wurde die PREUSSEN vom Stapel gelassen.

Sie sollte die Vorläuferin einer neuen Generation von Windjammern werden. Nur die Geschichte verhinderte, dass es auch so kam wie vorgesehen.

Das Schiff hatte eine Rumpflänge von 133,20 Meter, eine Breite von 16,34 Meter und eine Seitenhöhe von 9,92 Meter. Es konnte in seinen Laderäumen

Das Heckruder der PREUSSEN *wurde nur verwendet, wenn das Hauptruder im zentralen Decksaufbau nicht funktionierte (rechts).*

Die Arbeit an den Segeln auf den Rahen, deren Masten fast 70 Meter über das Wasser ragten, erforderte große Geschicklichkeit. Die Männer standen auf dem Fußpferd und versuchten, das Gleichgewicht zu wahren: eine Hand für sich und eine Hand für das Schiff (links).

In einer Zeit, in der das Segelschiff einen Teil seiner Faszination schon eingebüßt hatte, erhielt die PREUSSEN den Ehrentitel »Königin der Meere« (Mitte).

Segelreparatur an Bord des großen Windjammers der Flotte Laeisz. Die Segel mussten dauernd instand gehalten werden, stellten sie doch den Motor des Schiffes dar. Die Arbeit mit den Segeln übte eine deutlich größere Faszination aus als der spätere Umgang mit der Maschine (rechts).

5081 BRT Fracht aufnehmen Es besaß 5 Masten, von denen der höchste 57,75 Meter über Deck maß. Mit ihrem Rigg konnte die PREUSSEN 5560 Quadratmeter Segel setzen.
Die Dampfschiffe jener Zeit erreichten Reisegeschwindigkeiten von rund 8 Knoten Das war die Durchschnittsgeschwindigkeit der PREUSSEN bei mäßigem Wind. Wenn der Wind auffrischte, kam sie ohne Schwierigkeiten auf Spitzengeschwindigkeiten von 17 Knoten. 1903 legte sie im Südatlantik innerhalb von 24 Stunden 368 Meilen zurück, was einer Durchschnittsgeschwindigkeit von 15,3 Knoten entspricht. Bei der schnellsten Überquerung brauchte die PREUSSEN 57 Tage vom Ärmelkanal bis nach Iquique. Der größte aller Windjammer von Laeisz war in der Tat ein Konzentrat modernster Technologie.
Zu Brassen wurden Spills von Jarvis installiert.
2 Heizkessel produzierten den Dampf, der benötigt wurde, um Bilgepumpen, die Rudermaschine und 4 Winden für die Fallen zu bedienen. Alle Wanten waren aus Stahl. Aus Stahl bestanden auch die 1168 Blöcke im laufenden Gut.

Die PREUSSEN besaß den typischen inselförmigen zentralen Aufbau mit dem Steuerhaus und den Räumen für den Kapitän und die Offiziere. Er war mit Poop und Back über einen zentralen Gang verbunden, der oberhalb des Oberdecks verlief.
Die Planken bestanden aus untereinander vernieteten Stahlplatten. Die Verbindung mit den tragenden Spanten besorgten Nieten, die beim Einsetzen erhitzt wurden.
Die PREUSSEN wies 5 wasserdichte Schotten und einen ebenfalls in Schotten gegliederten doppelten Stahlboden auf, sodass das Schiff nicht untergehen konnte. Man hatte die PREUSSEN vor allem so gebaut, dass man chilenische Nitratsäcke darin verstauen konnte.
Obwohl der Rumpf der PREUSSEN darauf ausgerichtet war, möglichst viel Fracht aufzunehmen, und dadurch im Schnitt besonders voll aussah, erschien sie auf dem Wasser elegant, was der PREUSSEN die Bezeichnung »Königin der Meere« eintrug. Das Überwasserschiff war der Sitte des Hauses Laeisz zufolge schwarz gestrichen.
Die PREUSSEN hätte mit ihren technischen Spezifikationen dem Reeder den erwarteten Gewinn durchaus einspielen können, obwohl es schon damals viele gab, die behaupteten, dass die Segelschifffahrt im Vergleich zur Dampfschifffahrt nicht mehr wirtschaftlich sei. Und ausgerechnet ein Dampfschiff sollte sie aus dem Wettbewerb werfen.
Acht Jahre nach dem Stapellauf, in einer Nebelnacht im November 1910, fuhr die PREUSSEN unter vollen Segeln und einer Ladung Klaviere auf dem Ärmelkanal und wollte nach Chile. Ein bescheidener englischer Dampfer unterschätzte die Geschwindigkeit des Seglers, schnitt ihm den Weg ab, ohne ihm die geschuldete Vorfahrt zu lassen, und es kam zur unvermeidlichen Kollision. Die Schäden am deutschen Windjammer waren nicht allzu groß, reichten aber aus, um im Sturm, der vom offenen Meer her wehte, kaum mehr steuerbar zu sein. So endete der größte und modernste Windjammer an den Klippen von Dover.

5

...und sie segeln noch

Das norwegische Vollschiff CHRISTIAN RADICH (links).

Ein Blick in die Segel des portugiesischen Schulschiffes SAGRES II (rechte Seite).

Die Kathedralen unter Segeln

Es ist sehr schwierig – und wahrscheinlich ganz und gar unmöglich –, den genauen Zeitpunkt festzulegen, an dem die Segelschifffahrt entstanden war. Ebenso schwer fällt es zu sagen, wann genau ihr Ende begann. Tatsächlich besorgen den nicht wenigen Entwicklungsländern heute noch Segelschiffe einen großen Teil des Warentransports.

Für den Westen allerdings gilt, dass die Segelschifffahrt nur noch zum Sport und Vergnügen existiert, sozusagen als Memento an vergangene glorreiche Zeiten. Und wenn es schon nicht möglich ist, ein Ereignis festzuhalten, das das Ende der Segelschifffahrt bedeutete, so steht doch fest, dass man nach dem Zweiten Weltkrieg ein Schiff am Horizont nicht mehr an seinen weißen Segeln, sondern an seiner Rauchfahne erkannte. In der Handelsmarine waren eine Reihe von Gründen dafür verantwortlich, dass die letzten Segelschiffe in der zweiten Hälfte des 20. Jahrhunderts verschwanden. Einige dieser Gründe sind technischer Natur, die meisten haben jedoch mit Wirtschaftlichkeit zu tun.

Zunächst war da einmal die Maschine. Noch zu Beginn des Jahrhunderts war sie unzuverlässig und auch unhandlich, weil die Verbrennung außerhalb des Motors stattfand. Man brauchte dazu Heizkessel und viel Brennstoff, vor allem Kohle und Holz. Die Leistung war gering, und man musste immer wieder Brennstoff bunkern. Dann brachte jedoch der Dieselmotor mit seiner inneren Verbrennung unbestreitbare Vorteile, denen das Segel kaum etwas entgegenzusetzen hatte. Rudolf Diesel entwickelte 1897 den nach ihm benannten Motor. 1912 wurde er erstmals in ein Schiff gebaut, die deutsche SEELANDIA. Damit begann eine neue Ära der Schifffahrt. Der Dieselmotor erreichte schon in den Anfängen einen Wirkungsgrad von 35 Prozent – im Vergleich zu den 15 Prozent der Dampfmaschine. Vor allem brauchte der Dieselmotor einen Treibstoff, der bei gleicher Leistung nicht zu viel Platz beanspruchte und der leicht aufzunehmen war. Man konnte ihn zum Beispiel ohne Probleme von einem Versorgungsschiff übernehmen. Und vor allem konnte man von nun an auf die vielen Heizer an Bord verzichten.

Gleichzeitig gab es auf den Weltmeeren immer mehr Schifffahrtsrouten und damit auch immer mehr Häfen mit Infrastrukturen. Das machte einen der großen Vorteile des Segelantriebs schließlich zunichte: die unbegrenzte Reichweite und Autonomie. Die Eröffnung verschiedener Kanäle tat ein Übriges. Der Suezkanal hatte bereits im 19. Jahrhundert den Schiffen die Umfahrung Afrikas erspart. Mit dem Panamakanal musste man nun nicht mehr Kap Hoorn umfahren, den Albtraum und Ruhm von Generationen von Seeleuten. Ein weiteres technisches Element begünstigte den neuen Schiffstyp: die Stahlkonstruktion.

Die Einführung dieses neuen Werkstoffs beim Bau der tragenden Struktur der Rümpfe hatte es schon erlaubt, die Länge von 60 Meter zu überschreiten. Wenn man den Stahl nun auch noch als Bordwand einsetzte, so konnte man Schiffe in beliebiger Länge bauen, besonders nachdem Schweißnähte, die im Zweiten Weltkrieg aufgekommen waren, die teureren, schwereren und weniger festen Nieten ersetzt hatten. Die Ausmaße eines Schiffs waren seit je her das Element, das über die Wirtschaftlichkeit bestimmte. Beim Segelschiff musste mit zunehmender Länge des Rumpfes auch immer die Mannschaft vergrößert werden. Innerhalb gewisser Grenzen galt diese Regel jedoch nicht für Motorschiffe.

Dieses Faktorenbündel stellte für das alte Antriebssystem schließlich eine unüberwindbare Hürde dar. Nur 2 große Segelschiffe, 2 übrig gebliebene Windjammer aus vergangener Zeit, versuchten verzweifelt, sich dem Schicksal und der Entwicklung nach dem Zweiten Weltkrieg entgegenzustemmen.

PAMIR und PASSAT waren schließlich die letzten Überlebenden einer glorreichen Vergangenheit. Hier warten sie am Ankerplatz auf neue Fracht (Mitte).

Die PAMIR im Hafen Montevideo in Uruguay im Februar 1957. Das war das letzte Jahr im Leben dieses berühmten Schiffes, das 1905 für den deutschen Reeder Laeisz vom Stapel gelaufen war. Am 22. September 1957 ging sie im Südatlantik unter (oben).

Die PAMIR auf der Fahrt von San Francisco nach Auckland, Neuseeland, im Mai 1942. In der Zeit nach dem Zweiten Weltkrieg unternahm sie zusammen mit der PASSAT als Schulschiff noch einige Fahrten (S. 131).

Die PAMIR lief im November 1948 unter dem Kommando vom Kapitän Bjorkfeldt von Antwerpen her kommend im neuseeländischen Auckland ein, um Getreide aufzunehmen. Dies sollte ihre letzte Fahrt sein. Die PASSAT folgte ihr auf derselben Route und stand unter dem Kommando von Kapitän Hagerstrand, der in seiner Laufbahn 36-mal das Kap Hoorn umrundet hatte.

Beide Schiffe stammten aus der großen Flotte von Laeisz. Der finnische Reeder Erikson hatte sie in der Zeit zwischen den beiden Kriegen übernommen und wiederhergestellt. Beim Ausbruch des Zweiten Weltkrieges befanden sie sich gerade in Neuseeland. Nach dem Krieg wurden sie Eriksons Erben ausgehändigt und machten 1948 und 1949 noch 2 Fahrten, wobei sie wiederum Getreide transportierten. Dann sollten sie nach Belgien zum Abwracken gebracht werden. Eine Gruppe deutscher Reeder rettete sie, baute Hilfsmotoren ein und stattete sie als Schulschiffe aus. Auf dem Meer fanden schließlich beide ihr unvermeidliches Ende. Die PAMIR ging 1957 im Südatlantik unter, wobei nur 5 Kadetten gerettet wurden. Die PASSAT machte noch mehrere Atlantiküberquerungen. Im selben Jahr lichtete sie die Anker und wollte zurück nach Europa. Noch in Südamerika wurde sie von der Besatzung aufgegeben. Schließlich kehrte sie abgetakelt zurück und liegt jetzt in Travemünde.

Noch 1967 umrundete ein Segelschiff das Kap Hoorn. Es war die REGINA PACIS, ein Holzschoner, den Reeder aus Santiago de Chile gekauft hatten. Das wiederhergestellte Schiff musste unter maltesischer Flagge fahren, weil es kein anderes Schiffsregister aufnehmen wollte. Die REGINA PACIS fuhr die Pazifikküste Chiles hinunter, segelte von Ost nach West um das Kap Hoorn und gelangte so nach New York. Damit wiederholte sie die rund 100 Reisen, die sie schon auf dieser Route mit Fracht durchgeführt hatte. Die Nachkriegsreisen der beiden deutschen Windjammer und der REGINA PACIS wurden übrigens zum Thema erheblicher literarischer Aktivität. Diese erhielt das Interesse der Segelschifffahrt am Leben.

Letztes Aufbäumen

Abgesehen von unbestreitbaren technischen Gründen führten schließlich unterschiedliche wirtschaftliche Faktoren zum Niedergang der Segelschifffahrt. Obwohl der Treibstoffpreis in den 70er-Jahren des 20. Jahrhunderts wieder die Hoffnungen der Segelschiffanhänger weckte. Doch so unvermutet sie genährt wurden, so schnell schwanden sie auch wieder dahin. Man hatte in jener Zeit plötzlich bemerkt, dass die Erdölreserven gar nicht unendlich waren, wie man geglaubt hatte, sondern – allerdings mehr aus politischen denn aus realen Gründen – zur Neige gingen. Die gesamte westliche Welt und damit die Lokomotive der Weltwirtschaft musste damals mit der Ölkrise zurechtkommen. So entdeckte man in einer eher impulsiven Aufwallung als nach langem Nachdenken Antriebsformen der Vergangenheit wieder.

Und unter dem Schlagwort des Energiesparens versuchte man wieder zur Segelschifffahrt zurückzukehren.

Tatsächlich verfügte man zu jener Zeit durch technische Weiterentwicklungen über einige Innovationen auf dem Gebiet der Werkstoffe wie der allgemeinen Ausrüstung. Diese gestatteten eine Verbesserung des Segelantriebs und gleichzeitig einen sparsameren Betrieb mit noch weniger Mannschaft.

Leichte Legierungen auf der Grundlage von Aluminium und Verbundwerkstoffe, etwa glasfaserverstärkte Kunststoffe, machten den Bau von leichteren Rümpfen möglich. Auch die Segelausrüstung, die für Regatten und Kreuzfahrten weiterentwickelt worden war, erlaubte einfachere Manöver im Vergleich zu früher.

Als besonders interessant erschien es, die beiden Antriebsformen miteinander zu koppeln: Die Schiffe sollten wie zu Zeiten von Matthew Fontaine Maury ihre Routen nach vorherrschenden Windrichtungen wählen. Doch innerhalb kurzer Zeit erschöpfte sich dieser letzte pathetische Versuch. Die arabischen Länder öffneten wieder ihre Erdölhähne, und in den Maschinenräumen der Schiffe röhrten immer stärkere Motoren.

Die Treffen großer Segelschiffe sind heute sehr attraktive Veranstaltungen. Daran nehmen Schulschiffe, private Großsegler und Repliken berühmter historischer Schiffe teil (oben).

Die STAR OF INDIA, ein großer Rahsegler, vor der Küste von San Diego in Kalifornien (rechts).

Großsegler verlassen bei einer Transatlantikregatta den Hafen der französischen Stadt Saint-Malo. Es nehmen daran Segler aller Bautypen teil, angefangen von majestätischen Segelschiffen mit Rahsegeln bis zu den kleinen Kuttern (Vordergrund), die früher im Ärmelkanal dem Fischfang nachgingen (S. 133).

Segelschiffe heute

Jahrhundertelang stellte die Segelschifffahrt einen wesentlichen Aspekt der menschlichen Kultur dar. Sie transportierte Menschen und Waren über die Meere. Entdeckungsreisen unternahm man hauptsächlich mit Segelschiffen. Wenn man in die Ferne reisen wollte, musste man fast immer ein Meer überqueren. Die Schifffahrt war somit eine Notwendigkeit. Es erscheint deswegen nur logisch, dass die Segelschifffahrt sich nicht plötzlich im Nichts auflösen und einfach verschwinden konnte. Tatsächlich haben sich von jener Welt mehr als nur Spuren gehalten: Einige Segelschiffe fahren immer noch, und im zweiten Teil dieses Buches wird davon die Rede sein. Andere Segler bilden einen integrierenden Teil von Marinemuseen oder stellen selbst ein solches Museum dar. Alle Länder mit einer Tradition auf diesem Gebiet besitzen solche Museen. Besonders die Länder Nordeuropas und Nordamerikas sind noch reich an solchen Kostbarkeiten. In Travemünde liegt, wie schon gesagt, noch die PASSAT, in Oslo die FRAM, in Göteborg die VIKING. Im finnischen Mariehamn, wo einst Eriksons Flotte ihren Heimathafen hatte, ankert die POMMERN. In der ebenfalls finnischen Stadt Turku kann man die SUOMEN JOUTSEN und die SIGYN sehen. In Stockholm liegt die AF CHAPMAN, ursprünglich mit dem Namen DUNBOYNE. Sie wurde in eine Jugendherberge umgewandelt. Als berühmtestes aller Segelschiffe zeugt die glorreiche CUTTY SARK, perfekt restauriert und funktionsfähig, im Londoner Vorort Greenwich, wo sich das National Maritime Museum befindet, von der Ära der Klipper.

Auf der anderen Seite des Atlantiks ankert die STAR OF INDIA, die einst der Alaska Packers Association gehörte, in San Diego. Die BALCLUTHA, früher STAR OF ALASKA derselben Firma, stellt heute ein bedeutendes Ausstellungsstück der Pier 43 – Fisherman's Wharf in San Francisco dar. Weitere amerikanische Segler befinden sich z. B. noch im Besitz des Mystic Seaport Museum in der Nähe von New London, Connecticut. Um die Segeltradition und um die Erhaltung von Zeugnissen aus jener Zeit kümmern sich auch private Gesellschaften. Um die Mitgliedschaft in der Association Internationale des Capitaines au Long Cours Cap Horniers, die 1936 gegründet wurde, können sich all jene Seeleute bewerben, die das be-

rühmte Kap Hoorn mit einem Segelschiff umrundet haben. Dieses Kap liegt an der Südspitze Südamerikas. Es handelt sich um einen düster aussehenden Fels, der 400 Meter über der See liegt. Eine kleine Insel, die letzte Fortsetzung des Festlandes, das dauernd von wütenden Winden südlich des 50. Breitengrades gepeitscht wird. Hier treffen Wind und Wellen auf ihrem Weg von West nach Ost auf keine bremsenden Hindernisse und erreichen sehr oft die Geschwindigkeit und Kraft von Orkanen.

Es ist verhältnismäßig einfach für ein Segelschiff, das Kap in Windrichtung zu überwinden. Doch die Fahrt vom Atlantik zum Pazifik – diesen Weg mussten alle Schiffe von New York nach San Francisco oder von Europa zu den peruanischen oder chilenischen Guanohäfen nehmen – war äußerst schwierig. Ein Segelschiff konnte Wochen brauchen, um das Kap in dieser Gegenrichtung zu überwinden, wobei fast immer Segel verloren gingen, Masten brachen und Männer ums Leben kamen. Und nicht selten ging das ganze Schiff unter. In den ersten 15 Jahren des 20. Jahrhunderts verschwanden 53 Windjammer bei Kap Hoorn. Die letzten Opfer waren 2 Schiffe der Erikson-Flotte: Die PEIHO erlitt am 23. März 1923 auf der Höhe der Le Maire-Straße Schiffbruch. Die PINNAS hatte 25 Meilen südlich von Diego Ramirez einen Wassereinbruch und verlor am 26. April die Masten.

Im südchilenischen Port Stanley liegen heute noch mehrere rostige Rümpfe von Windjammern – melancholische Zeugen jener tragischen Ereignisse.

Nach dem Zweiten Weltkrieg sind fast überall Gesellschaften entstanden, die sich die Verbreitung von Segelkenntnissen zur Aufgabe gemacht haben. Unter den vielen ragt die International Sail Training Association (I.S.T.A.) mit insgesamt 16 nationalen Verbänden hervor. Sie wurde 1956 in England gegründet und organisiert auf der ganzen Welt Seglertreffen mit Schulschiffen, privaten Seglern und Repliken historischer Modelle. Sie alle müssen mit Segeln ausgerüstet sein, haben einen Motor, und alle sind »Tall Ships«, wie die Engländer Schiffe mit hohen Masten nennen.

Die I.S.T.A. nimmt auf diese Schiffe junge Crewmitglieder aus allen Nationen an Bord, die über eine Segelausbildung verfügen.

Jedes Jahr hält die I.S.T.A. Treffen und Regatten zwischen den Häfen verschiedener Länder ab. Immer wieder werden auch »Tall Ships Races« organisiert. Im Jahr 2000 versammelten sich große Segelschiffe in der italienischen Stadt Genua und gleichzeitig im englischen Southampton und fuhren in einer Regatta nach Cadiz in Spanien. Dort vereinigten sich die beiden Flotten und überquerten den Atlantik mit Ziel Bermudas. Dann machten sie immer auf Regattakurs Halt in Boston, USA, und Halifax, Kanada. Schließlich kehrten sie nach Europa zurück, genauer gesagt nach Amsterdam in den Niederlanden.

Die Segelschifffahrt überlebt also bis auf den heutigen Tag, wenn auch in anderer Form als früher.

Der Transport von Waren und Passagieren spielt keine Rolle mehr. Die Kanonen wurden tödlichen grauen Motorschiffen überlassen. Heute fahren Segelschiffe über die Meere, um die Praxis des Segelns nicht in Vergessenheit geraten zu lassen und um überorganisierten Kreuzfahrten noch einen Hauch von Abenteuer zu verleihen.

In unserer Zeit besteht die Segelschifffahrt aus Schulschiffen, aus Seglern, die Kreuzfahrten unternehmen, und aus Repliken historischer Modelle.

Die PALINURO*, das Schulschiff der italienischen Kriegsmarine, in voller Fahrt. Das Gegenlicht lässt die Segel besonders deutlich hervortreten. Es handelt sich um eine Barkentine. Der Fockmast trägt Rahsegel, der Großmast und der Besanmast sind mit Gaffelsegeln ausgerüstet.*

Zwischen dem Fockmast und dem Großmast sind Stagsegel gespannt (oben).

Die Viermastbark KAIWO MARU *in voller Takelung. Vom Bug zum Heck stehen Fockmast, Großmast, Kreuzmast und Besanmast (S. 135 links).*

Ein Seemann bei der Arbeit auf einem Mast der PALINURO*. Früher einmal stiegen die Matrosen ohne Sicherheitsgurte nach oben und waren dem Schlagen der Segel und dem Rollen des Schiffes voll ausgesetzt. Heute werden strenge Sicherheitsvorkehrungen getroffen (S. 135 rechts).*

Nach dem Verschwinden des letzten Transportseglers blieb die Praxis des Umgangs mit großen Segelschiffen eine Angelegenheit der Kriegsmarine. Jede Nation mit einer gewissen seemännischen Tradition besaß oder besitzt mindestens ein Segelschiff, auf dem die Kadetten, angehende Unteroffiziere und Offiziere, ausgebildet wurden und auch repräsentative Aufgaben wahrnahmen. Ein Schulschiff, das in fremden Häfen festmachte, galt als Botschafter seines Landes und wurde als solcher natürlich ganz besonders gepflegt, nicht nur was die Substanz, sondern auch das Auftreten anbelangt.

Heute fahren zwar viele Segelschiffe auf den Ozeanen, die sich nicht der Ausbildung junger Menschen widmen, doch spielen die Schulschiffe weiterhin eine zentrale Rolle beim Überleben der Segelschifffahrt. Der pädagogische Wert einer Fahrt auf einem Segler mag zunächst zweifelhaft erscheinen: Heute besteht die Handels- wie die Kriegsmarine ausschließlich aus Motorschiffen. Viele Aspekte der Segelschifffahrt haben mit der heutigen seemännischen Praxis nichts zu tun. Außer Zweifel steht aber der allgemeinbildende Wert der Segelpraxis. Mit einem Segelschiff zu fahren bedeutet einen direkten Kontakt mit dem Meer. Das Fortkommen hängt von der Fähigkeit ab, sich selbst und das Schiff den Gegebenheiten der Natur anzupassen. Das wiederum bedeutet ein Bewusstsein der eigenen Grenzen und der Grenzen des Schiffes – eine Form des Respekts.

Der Seemann entwickelte daraus ein gewisses Verhaltensrepertoire, das auch auf dem Festland von großem Wert und auf dem Meer unersetzlich ist. Aus diesen und anderen Gründen halten es viele Länder weiterhin für unverzichtbar, die akademische Ausbildung ihrer Seeoffiziere durch Fahrten auf einem großen Segelschiff zu vervollständigen.

Die heutige Praxis findet allerdings unter ganz anderen Voraussetzungen als früher statt. Man steigt für Segelmanöver zwar immer noch die Masten hoch, doch steht die Sicherheit der Person eindeutig an erster Stelle. Früher war die Arbeit auf einer Spiere, das Stehen auf einem möglicherweise vereisten Fußpferd, eine Hand für das Schiff und die andere Hand für sich selbst, wie ein alter seemännischer Ausdruck fordert, eine lebensgefährliche Angelegenheit. Heute ist sie z. T. immer noch ein raues, anstrengendes und mit großem Adrenalinausstoß verbundenes Manöver. Aber seit 1993 wird jedes Jahr eine internationale Konferenz, das Sail Training Safety Forum, über die Sicherheit an Bord großer Segelschiffe abgehalten. Zu den Hauptthemen gehört die Verhütung von Unfällen bei jenen Besatzungsmitgliedern, die in die Masten und auf die Rahen steigen müssen. Obwohl heute ganz andere Bedingungen herrschen als zur Zeit der historischen Segelschifffahrt, starben 1998 doch noch 2 Seeleute bei solchen Segelmanövern. Die Teilnehmer dieser Konferenz sprechen ebenso über die Wacheinteilung, die Wetterdienste und über neue Lösungen für technische Probleme an den Rümpfen und der sonstigen Ausrüstung. Das Leben an Bord hat kaum mehr etwas gemeinsam mit den Sitten und Gebräuchen des 19. Jahrhunderts. Die körperliche

Die Schulschiffe

Züchtigung ist verschwunden, geblieben ist aber der sofortige Gehorsam gegenüber Befehlen. Dieser Gehorsam ist noch lebenswichtig für das Schiff und die ganze Mannschaft, wie jeder weiß, der nur schon ein bisschen Segelpraxis auf einer kleinen Yacht mitbekommen hat.

Auch wenn man vielleicht noch in Hängematten schläft, so herrschen doch in den Unterkünften tadellose hygienische Bedingungen. Da braucht man als Vergleich noch nicht einmal die Bedingungen auf einem Klipper

oder einer Fregatte der vergangenen Jahrhunderte heranzuziehen. Damals waren die Räume und das Deck ewig feucht, stickig, voller Mäuse und Krankheitskeime. Heute erlauben Kleidung und Hygiene an Bord jedem Seemann ein Leben, wie es damals nicht einmal die Offiziere führen konnten.
Skorbut ist verschwunden. Heute ist die Sorge um den Gesundheitszustand der Seeleute und ihre Krankheiten keinesfalls mehr zu vergleichen mit der Tätigkeit des Doktors Scudamore, wie sie Bjorn Larsson in seinem Buch »Die wahre Geschichte des Piraten Long John Silver« beschrieben hat: »Von Scudamore lernte ich das Wenige, was man über die ärztliche Kunst wissen muss, und das ist, mit Verlaub, keine große Kunst, mindestens was das Innere des Körpers anbelangt. Wunden und andere Verletzungen waren hingegen die Spezialität der Ärzte von Scudamores Schlag, und was Arme und Beine anbelangt, so konnten sie diese mit verbundenen Augen amputieren. Mit der Nadel, der Säge und dem glühenden Eisen waren sie so geschickt wie wir Seeleute mit Tauen, Trossen und Bootshaken. Aber der ganze Rest? Blutegel, Aderlässe, kalte und

warme Umschläge, Kampfertropfen in Aquavit oder reiner Aquavit, Medikamente, die den Stuhlgang beschleunigen oder ihn bremsen, etwas Komplizierteres gab es nicht. Aber nützte das auch was?«
Die Schulschiffe sind keine Erfindung unserer Zeit. Es gab sie für die Ausbildung der Seeleute in der Handels- und Kriegsmarine schon immer. Früher allerdings wurden die Kadetten in die Besatzung großer Schiffe aufgenommen, die ihre normalen Aufgaben weitererfüllten, mögen sie nun kommerziellen oder militärischen Zwecken gedient haben.
Diese Praxis wurde zur Zeit der allerletzten Segelschiffe auf die Spitze getrieben. Man versuchte dabei nämlich, die Betriebskosten zu senken, indem man die Zahl der ausgebildeten Seeleute an Bord verringerte. Auf allen Schiffen von Erikson beispielsweise gab es einen Kapitän, einen zweiten Offizier, den Bootsmann und den Segelmacher. Alle übrigen waren ganz junge unerfahrene Leute, die vom Abenteuer oder von der Aussicht auf eine seemännische Karriere angezogen wurden. Der Ausbildungsgang war in allen Zweigen der Marine immer ungefähr derselbe, ohne allerdings den beschriebenen Extremfall je zu erreichen.
Noch in der Zeit zwischen den beiden Weltkriegen übernahmen viele Schiffe beide Aufgaben: Sie waren Frachtsegler und dienten gleichzeitig als Schulschiffe. Dies galt auch für die KØBENHAVN aus dem Jahr 1921, den letzten Fünfmaster, der in einer europäischen Werft vom Stapel lief. An Bord waren 5 Offiziere, 10 Seeleute und 45 Auszubildende. Ihr Schicksal war tragisch: Am 14. Dezember 1928 verließ sie den Plata in Richtung Australien, um dort Getreide zu laden, und verschwand ohne jede Nachricht mit der gesamten Besatzung im Südozean.
Für Schweden fuhren die BEATRICE, die PEDERSEN und die ABRAHAM RYDBERG. Finnland besaß die FAVELL und die FENNIA, die ein Opfer des Kap Hoorn wurde und die heute mit verrostetem Deck in Port Stanley ruht.
Belgien hatte die L'AVENIR und die MERCATOR, Italien die PATRIA.
Alle diese Segelschiffe fuhren mit ihren Kadetten nach Australien und luden dort Getreide.
Die heutigen Schulschiffe dienen überwiegend der militärischen Ausbildung. Zu den bekanntesten und am meisten bewunderten zählen die italienischen Schiffe AMERIGO VESPUCCI und die PALINURO. Die Erstgenannte bildet Offiziersanwärter aus, die zweite Unteroffiziersanwärter.
Zweimal im Jahr gehen sie auf Fahrt. Die Schiffe laufen dabei in die wichtigsten Häfen Europas ein, im Mittelmeer ebenso wie in den Meeren des Nordens. Die beiden Schiffe nehmen auch immer an den internationalen Treffen der I.S.T.A. teil und zeigen sich dabei von ihrer besten Seite.

Die ALEXANDER VON HUMBOLDT tritt einem fest verwurzelten seemännischen Aberglauben entgegen. Ihm zufolge bringt die Farbe Grün an Bord Unglück. Die Sonne scheint hier aber schön, an Wind mangelt es nicht, und die Überfahrt beginnt unter einem guten Stern (S. 136).

Die GLORIA ist ein kolumbianisches Schulschiff. Fock- und Großsegel sind noch nicht gesetzt, weil nahezu kein Wind weht (links).

Das japanische Schulschiff NIPPON MARU gehört zu den Letzten, die in den Kreis der Großsegler aufgenommen wurden. Japan verfügte in der Vergangenheit über keine große Segelschifftradition. Das Land schottete sich lange Zeit ab, und die Dschunke mit ihrer eigenartigen Ausstattung reichte für die Küstenschifffahrt vollends aus (unten links).

Die Seeleute der GLORIA stehen in Reih und Glied auf den Rahen. Es handelt sich dabei um eine Form des Grußes. Man zeigt damit die Vertrautheit im Umgang mit den Rahsegeln (oben).

Im Aussehen und im Rigg wurde die BELEM wieder in den Originalzustand zurückversetzt. Der Deckssalon mittschiffs und die geschmückten Relingsstützen am Heck stammen aus ihren Tagen als Yacht (S. 138 unten rechts, links).

Belem

Die BELEM lief 1896 in der Werft A. Dubigeon im französischen Nantes vom Stapel. Diese Werft war für ihre großen Cape-Horners bekannt. Doch die BELEM gehörte nicht zu dieser Kategorie, sondern war eine viel kleinere Bark für den transatlantischen Handel mit der Karibik und der Ostküste Südamerikas.

Die ersten Besitzer waren Denis Crovan & Co in Nantes. Eine typische Reise der BELEM in jenen Tagen sah so aus: Sie lud Kohle in Cardiff und brachte sie zu Häfen am Rio de la Plata. Dann transportierte sie lebende Maultiere von Montevideo zum brasilianischen Hafen Belem. Dort nahm sie Kakaobohnen für den französischen Schokoladefabrikanten Menier auf. Diese Reisen verliefen keineswegs ohne jeden Zwischenfall. Einmal brach ein Feuer auf der BELEM aus, einmal hatte sie eine Kollision mit einem Dampfschiff. Sie machte südamerikanische Revolutionen durch und wurde mehrmals wegen des Verdachts auf Gelbfieber unter Quarantäne gestellt.

1907 wurde die BELEM an die Firma Demanges Frères verkauft. In dieser Reederei besorgte sie vor allem den Lebensmittelnachschub für das Gefängnis im französischen Guyana, in dem auch Papillon einsaß. Zehn solcher Fahrten unternahm sie, bis sie weiterverkauft wurde. Weiterhin befuhr sie Strecken auf dem Atlantik. Nach 32 Überquerungen musterte man sie 1914, noch vor dem Ausbruch des Ersten Weltkrieges, aus der Handelsmarine aus und verkaufte sie an den Herzog von Westminster, der sie zu einer privaten Yacht umbauen wollte.

Die BELEM verbrachte die Kriegsjahre in der Werft Camper & Nicholsons in Gosport, England. Dort erhielt sie 2 Motoren, behielt aber ihre Takelung als Bark bei. Von 1919 bis 1921 fuhr sie im Mittelmeer.

Die BELEM ist das größte Segelschiff und der einzige Rahsegler unter französischer Flagge. Sie wurde vor einem Jahrhundert als Frachtsegler gebaut (oben).

Selbst in den Tagen, als sie Maultiere, Rohrzucker und Kakaobohnen transportierte, nannte man die Belem oft »die Yacht aus Nantes«, weil sie so elegant aussah (S. 138 rechts).

Weltweit werden nur 4 vollgetakelte Handelsschiffe mit Eisen- oder Stahlrümpfen aus dem 19. Jahrhundert in hochseetüchtigem Zustand gehalten. Unter diesen ist die BELEM am aktivsten (oben).

SCHIFF	BELEM		
STAPELLAUF	*1896*	BREITE	*8,80 m*
ENTWURF	*A. Dubigeon, Nantes, Frankreich*	TIEFGANG	*3,50 m*
		RAUMINHALT	*562 BRT*
KONSTRUKTION	*A. Dubigeon, Nantes, Frankreich*	VERDRÄNGUNG	*611 ts TM*
		SEGELFLÄCHE	*1200 Quadratmeter*
EIGENTÜMER	*Fondation BELEM Paris*	MASCHINEN	*2 Fiat Iveco Diesel zu je 300 PS*
FLAGGE	*Frankreich*	VERWENDUNG	*Segeltraining und Repräsentation*
TAKELUNG	*Bark*		
BAUWEISE	*Stahl*	MANNSCHAFT	*16 Crewmitglieder und 48 Trainees*
LÜA	*58,00 m*		
RUMPFLÄNGE	*51,00 m*		

Schwindelfrei muss sein, wer auf einem großen Segelschiff auf die Masten klettert. Die meisten Kursteilnehmer überwinden aber zu ihrer eigenen Überraschung oft die anfängliche Angst (links).

Nach der SØRLANDET und der STATSRAAD LEHMKUHL aus Norwegen war die BELEM das dritte Segelschiff, das öffentliche Segelkurse auf einem großen Rahsegler anbot.

Der kurze Klüverbaum gehörte zum ursprünglichen Rigg der BELEM. Die Segel sind heute aus Terylen, das viel dauerhafter ist als die ursprünglichen Leinen- oder Baumwollsegel (oben).

Im Heck visiert ein Trainee mit dem Kompass eine Landmarke, eine Boje oder ein anderes Schiff an (S. 140 unten).

Im Jahr 1921 kaufte sie Lord A.E. Guinness, dem die berühmte Brauerei gehörte. Er änderte ihren Namen in FANTOME II um und segelte mit ihr rund um die Welt, auch in die Arktis und nach Kanada. Guinness starb 1939, und seine Bark wurde bei Cowes auf der Insel Wight aufgelegt.

Im Jahr 1951 fand sie einen neuen Besitzer in Gestalt des italienischen Grafen Vittorio Cini. Er schenkte sie der »Giorgio Cini« in Venedig, einer Schule für die Waisen von Seeleuten.

Zwischendurch zur Barkentine umgebaut, umbenannt in GIORGIO CINI, wurde sie 1979 wieder in BELEM umgetauft und von Franzosen wieder in Brest als Bark getakelt. Nur knapp entkam die BELEM einer Existenz als staatlichem Museumsschiff. Als solches wurde sie nämlich von 1982 bis 1985 in Paris zur Schau gestellt. Gleichzeitig waren allerdings Bestrebungen im Gange, sie wieder als Segelschiff zu restaurieren. 1985 führte man die entsprechenden Arbeiten in Le Havre und Caen zu Ende. Noch in jenem Jahr unternahm die BELEM ihre ersten Segelversuche.

Im Jahr 1986 segelte sie nach New York zum 100-jährigen Jubiläum der Freiheitsstatue. Seither veranstaltet sie von März bis Oktober drei- bis zehntägige öffentliche Segelkurse an der französischen Westküste und der Mittelmeerküste.

Als die Handelsschiffe immer größer wurden, ersetzte man zur leichteren Handhabung das einfache Marssegel in der Mitte der 1850er-Jahre durch das Ober- und das Untermarssegel. Als die Schiffe weiter wuchsen, verwendete man von den 1870er-Jahren an auf Großseglern auch doppelte Bramsegel wie hier bei der SEDOV *(rechts).*

Blick in den Fockmast. Der pelzige Überzug am Vorstag, der so genannte Tausendfüßler, soll das Schamfilen und damit das Scheuern des Focksegels am Vorstag verhindern (unten links).

Von unten bis oben heißen die Rahsegel am Großmast Großsegel, Untermarssegel, Obermarssegel, Unterbramsegel, Oberbramsegel und Royalsegel (unten rechts).

Die SEDOV ist das größte Schulschiff aller Zeiten und war der größte Rahsegler ihrer Zeit, bis sie im Jahr 2000 von der ROYAL CLIPPER überholt wurde.
Die SEDOV wurde von der Germania Werft in Kiel für die Reederei F. A.Vinnen in Bremen gebaut. Ursprünglich hieß sie MAGDALENE VINNEN und sollte Guano von Chile nach Europa über das Kap Hoorn transportieren. Sie war der zweitletzte Rahsegler, der für den Kap Hoorn-Handel und somit für chilenische Nitrate und australisches Getreide bestimmt war. Diese Route war damals das letzte Rückzugsgebiet der Handelssegler. Von Anfang an war die MAGDALENE

Sedov

VINNEN mit einem Dieselmotor ausgerüstet, der sie weniger abhängig vom Wind machte. Sie wies auch Unterkünfte für 60 Kadetten auf. Diese arbeiteten ohne Lohn. In Wirklichkeit war sie somit ein Schulschiff, das auch Fracht transportierte.
1936 wurde das Schiff an den Norddeutschen Lloyd in Bremerhaven verkauft und in KOMMODORE JOHNSEN umgetauft. Um bis zu 100 Kadetten aufnehmen zu können, baute man ein Spardeck zwischen der Poop und dem Liverpoolhaus ein. Dieser inselartige Aufbau mittschiffs erstreckte sich bis zu den Rumpfseiten. Daraufhin befuhr sie die letzte Route, auf der noch keine Dampfschiffe verkehrten, die Getreideroute nach Südaustralien.
Im Mai 1945 erhielt die Sowjetunion das Schiff als Kriegsentschädigung. Am 11. Januar 1946 wurde sie unter dem Namen SEDOV offiziell in die sowjetische Ostseeflotte aufgenommen. Georgij J. Sedov (1877–1917) war ein russischer Polarforscher. 1952 übernahm die SEDOV die Aufgabe als Ausbildungsschiff. Von 1957 bis 1958 segelte sie im Rahmen des Internationalen Geophysikalischen Jahres unter der Schirmherrschaft der sowjetischen Akademie der Wissenschaften. Sie führte Forschungen im Atlantik und Mittelmeer durch. Von 1962 bis 1965 war sie mit

Die Rahen des Untermarssegels und des Unterbramsegels stehen in festgelegter Höhe. Wenn die Obermarssegel und die Oberbramsegel nicht gesetzt werden, senkt man ihre Rahen bis auf die Höhe der Rahen der jeweils unteren Segel ab, wie man auf diesem Bild erkennen kann (oben).

Ein großes Bronzemedaillon an der fliegenden Brücke vor dem Besanmast erinnert an die 100. Wiederkehr des Geburtstages des russischen Polarforschers Georgij J. Sedov (1877–1917) (rechts).

der KRUZENSHTERN unterwegs. Auf den beiden Schiffen lernten Kadetten die hydrografische und ozeanografische Forschungsarbeit kennen.
Im Jahr 1965 gelangten beide Barken in den Besitz des sowjetischen Fischereiministeriums, das sie für die Ausbildung der künftigen Offiziere und Matrosen der Fischereiflotte einsetzte. Der registrierte Heimathafen der SEDOV wurde nun Riga. Von 1972 bis 1975 wurde sie aufgelegt, weil eine Überholung nun überfällig geworden war. Diese geschah von 1975 bis 1981 in Kronstadt. Dazu gehörten auch der Ersatz ihres alten 500-PS-Motors durch einen 1180 PS starken neuen Motor. Man rüstete sie auch mit modernsten Navigationsinstrumenten aus. Die Unterkünfte wurden so umgebaut, dass nun 164 Kadetten Platz fanden. 1981 stellte man sie wieder in Dienst. 1983 lief sie zum ersten Mal, seitdem sie in sowjetischem Besitz war, ihren ursprünglichen Heimathafen Bremerhaven an. Die Russen luden viele ihrer früheren Offiziere und Besatzungsmitglieder an Bord ein, darunter auch einen ihrer früheren Kommandanten, den damals 81 Jahre alten Kapitän Gottfried Clausen. Er war damals der letzte der deutschen Albatrosse, also jener Kapitäne, die auf einer Reise um Kap Hoorn einen Rahsegler befehligt hatten.
Die SEDOV nahm 1986 erstmals an einem Tall Ships Race teil und tat dies seither noch oft. Sie war auch 1992 bei der Kolumbus-Regatta dabei. Seit 1989 nimmt sie zusätzlich zu ihren eigenen Kadetten auch westliche Trainees auf, die auf der Suche nach einem Seeabenteuer sind.
Im Juli 2000 nahm die SEDOV eine Einladung zu einem internationalen Treffen der Großsegler in Brest an und wurde in jenem Hafen beschlagnahmt. Eine schweizerische Import-/Export-Firma, die behauptete, die russische Regierung schulde ihr Hunderte von Millionen Dollar, hatte sie durch einen Gerichtsbeschluss an die Kette legen lassen. In Frankreich und Russland machten diese Nachrichten Furore und führten fast zu einem diplomatischen Zwischenfall. Ein Gericht in Brest entschied schließlich, dass das Schiff nicht Staatsbesitz sei, sondern einer autonomen Institution gehöre, die man für Staatsschulden nicht verantwortlich machen könne.

Das doppelt ausgeführte Steuerrad, das mit 2 bis 4 Mann besetzt ist, ist kein Luxus auf einem Segelschiff von der Größe der SEDOV. Die Schiffsglocke mit den delfinförmigen Haltern wurde nach einem Vorbild aus dem 17. Jahrhundert gestaltet (links).

Verzierung an der Oberseite eines Pollers auf der SEDOV (unten).

Die SEDOV segelt am Wind. Für ein Segelschiff konnte sie damals große Mengen an Nitraten oder Getreide als Schüttgut oder in Säcken aufnehmen. Im Vergleich zu modernen Schüttgutfrachtern allerdings ist sie winzig und verlangt eine dreimal so große Besatzung (unten).

Die Marssegel werden als Erste gesetzt und beim Einlaufen in einen Hafen oder bei der Annährung an einen Ankerplatz als Letzte geborgen. Auch bei schwerem Wetter stehen sie als Letzte am Mast. Die waagerechten Taue zwischen den Wanten und dem Mast sind Fußpferde. Auf ihnen stehen die Seeleute, während sie am Kreuzstengestagsegel arbeiten (S. 145).

SCHIFF	SEDOV		
STAPELLAUF	1921	RUMPFLÄNGE	109,00 m
ENTWURF	–	BREITE	14,60 m
KONSTRUKTION	Friedrich Krupp Germania-Werft, Kiel, Deutschland	RAUMTIEFE	8,10 m
		RAUMINHALT	3476 BRT
		VERDRÄNGUNG	5300 Tonnen
EIGENTÜMER	Staatsfischerei-akademie Murmansk	SEGELFLÄCHE	4192 Quadratmeter
		MASCHINEN	VEB SKL Magdeburg mit 1180 PS
FLAGGE	Russland	VERWENDUNG	Schulschiff, Gästemitfahrgelegenheit
TAKELUNG	Viermastbark		
TYP	Cape-Horner	MANNSCHAFT	64 Crewmitglieder und 180 Kadetten oder Trainees
BAUWEISE	Stahl		
LÜA	117,50 m		

Der letzte Cape-Horner und das letzte voll getakelte Frachtschiff, das gebaut wurde, der Schwanengesang des Zeitalters der kommerziellen Schifffahrt! Das ist die KRUZENSHTERN, das letzte Schiff einer Familie, die noch zu Lebzeiten zu einer Legende geworden war. Solche Schiffe werden nie wieder gebaut werden.

Die KRUZENSHTERN wurde in der Werft von J.C. Tecklenborg in Wesermünde gebaut und erlebte am 24. Juni 1926 unter dem Namen PADUA ihren Stapellauf. Sie war das letzte Schiff der berühmten Flotte des Hamburger Reeders Ferdinand Laeisz. Seine Schiffe hießen auch P-Liner, weil alle ihre Namen mit einem P begannen. Die PADUA besaß keine Motoren und war ein klassischer Cape-Horner mit Ausnahme der zusätzlichen Unterkünfte im so genannten Liverpoolhaus mittschiffs. Dort fanden 40 Kadetten oder Auszubildende Unterkunft.

Die KRUZENSHTERN ist der letzte Cape-Horner, der gebaut wurde, und auch das letzte Mitglied ihrer Familie. Das elegante Schiff zeigt die ganze Schönheit der Großsegler (oben).

Auf diesem Luftbild erscheinen die Segel sehr viel breiter, als sie in Wirklichkeit sind. Es wurde mit einem Weitwinkelobjektiv aufgenommen. Man kann sich vorstellen, welche Kraft der Wind auf eine derart große Segelfläche ausübt (rechts).

Von Deck aus kann man die Höhe von Masten mit ihren Rahsegeln nicht abschätzen: Sie sehen alle gleich hoch aus. Wenn man allerdings zur Royalrah der KRUZENSHTERN aufsteigt, ist man dem Wind doch sehr viel stärker ausgesetzt als auf der Royalrah einer kleinen Brigg (unten).

Kruzenshtern

Ihre Jungfernfahrt begann sie am 26. August 1926. Sie holte im chilenischen Taltal Guano und löschte ihn am 11. April 1927 in Delfzijl, Niederlande. Am 16. Dezember begann sie von Hamburg ihre 2. Reise und fuhr nach Talcahuano. Auf diese Weise umfuhr sie zwischen dem 26. August 1926 und dem 28. Februar 1932 achtmal das Kap Hoorn.

Der Nitrathandel war aus mehreren Gründen zu jener Zeit an seinem Ende angelangt. Man legte die PADUA für den Rest des Jahres 1932 und den größten Teil des Jahres 1933 auf. Am 31. Oktober wurde sie dank einer staatlichen Subvention wieder in Dienst gestellt und segelte nach Wallaroo, Südaustralien. Dort sollte sie Getreide für England laden. Auch die nächste Reise führte sie nach Australien. Auf der 11. und der 14. Reise besuchte sie wieder Chile. Die 15. Reise war die letzte der PADUA als Frachtschiff.

Die KRUZENSHTERN ist mit altertümlichen Stockankern ausgerüstet, die nicht in der Klüse Platz finden. Der Stockanker mit dem Stock, der rechtwinklig zum Schaft steht, hängt in Höhe der Reling (S. 147).

КРУЗЕНШТЕРН

Sie fuhr dabei nach Chile und Australien. Am 14. Oktober 1938 verließ sie Bremerhaven, machte in Corral und Valparaiso Halt, wo sie Nitrate für Port Lincoln an Bord nahm. Nach dem Löschen lud sie Weizen für Glasgow, Schottland, und kam dort am 8. Juli 1939 an. Während des Krieges lag die PADUA auf einer Werft in Flensburg. Im Januar 1946 schleppte man sie von Hamburg nach Swinemünde und übergab sie der sowjetischen Marine als Kriegsentschädigung. Diese taufte sie um und benannte sie nach dem Entdecker Adam Johann Ritter von Krusenstern (1770–1846), der als erster Russe die Welt umsegelt hatte. Er entstammte einem alten ostpreußischen Adelsgeschlecht. Der heutige Name des Schiffes ergibt sich durch die Schreibweise mit kyrillischen Buchstaben und die daran anschließende Transliteration nach englischem Muster.

Die KRUZENSHTERN gehörte offiziell der Ostseeflotte an, lag aber bis 1959 im Hafen. Von 1959 bis 1961 wurde sie überholt und erhielt auch ihren ersten Hilfsmotor. Von 1961 bis 1965 schulte sie Kadetten und führte gleichzeitig hydrografische und ozeanografische Forschungen im Atlantik, bei den Westindischen Inseln und im Mittelmeer durch. Zu der Zeit war ihr Rumpf weiß gestrichen.

1965 gelangte sie in den Besitz des russischen Fischereiministeriums; ihr Heimathafen war nun Riga. Auf der KRUZENSHTERN wurden Offiziere und Matrosen der Fischfangflotte ausgebildet. Von 1968 bis 1972 erhielt sie neue Maschinen, und die Poop wurde so erweitert, dass sie mit dem Liverpoolhaus in der Schiffsmitte verschmolz. Damals erhielt der Rumpf den schwarzen

SCHIFF	**KRUZENSHTERN**		
STAPELLAUF	*1926*	LÜA	*114,50 m*
ENTWURF	*J.C. Tecklenborg*	RUMPFLÄNGE	*95,00 m*
KONSTRUKTION	*J.C. Tecklenborg, Wesermünde, Deutschland*	BREITE	*14,00 m*
		RAUMTIEFE	*7,80 m*
		RAUMINHALT	*3545 BRT; 1162 NRT.*
EIGENTÜMER	*Akademie der Fischereiflotte Kaliningrad, Russland*	SEGELFLÄCHE	*3400 Quadratmeter*
		MASCHINEN	*2 Russky zu je 800 PS*
		VERWENDUNG	*Schulschiff, Gästemitfahrgelegenheit*
FLAGGE	*Russland*		
TAKELUNG	*Viermastbark*	MANNSCHAFT	*68 Crewmitglieder, 110 Kadetten, 50 zahlende Trainees*
TYP	*Cape-Horner*		
BAUWEISE	*Stahl*		

Obwohl auf der KRUZENSHTERN *Kadetten mitfuhren, war sie wie ein herkömmlicher Cape-Horner getakelt. Die Breite ihrer Rahen erkennt man auf diesem Bild besonders gut. Ausgesprochene Schulschiffe tragen entsprechend kürzere Rahen (S. 148).*

Größe und Eleganz der KRUZENSHTERN *werden auf diesem Luftbild besonders deutlich. Trotz der verlängerten Poop und der Brücke zwischen dem Groß- und dem Kreuzmast ist ihre Vergangenheit als Handelsschiff immer noch deutlich zu spüren (links).*

Auf der Schiffsglocke sind der heutige und der frühere ursprüngliche Name verzeichnet (oben).

Die KRUZENSHTERN *über die Toppen geflaggt bei einem Treffen von Großseglern. Achtern von ihr liegt die* SEDOV *(links).*

Die KRUZENSHTERN *hat keine Galionsfigur, sondern zeigt einen reich beschnitzten Vordersteven (oben).*

Anstrich mit den aufgemalten Geschützpforten.

Im Jahr 1974 nahm die KRUZENSHTERN zusammen mit der TOWARISCHTSCH als erstes sowjetisches Schiff an einem Tall Ships Race teil. Sie war auch bei der Transatlantikregatta zur 200-Jahr-Feier der amerikanischen Unabhängigkeit 1976 dabei. Seither ist sie ein regelmäßiger Gast bei Tall Ship Races und ähnlichen Ereignissen im Westen, darunter auch an der Kolumbus-Regatta und den Tall Ships 2000.

Um 1980 änderte man ihren Heimathafen. Er war nun Tallinn in Estland. Kurz vor der Unabhängigkeit dieses Landes im April 1991 ließen die Russen als neuen Heimathafen Kaliningrad eintragen. Als Eignerin der prächtigen Viermastbark wurde die Marineakademie dieser Stadt bestimmt. Seit 1990 dient die Kruzenshtern als Schulschiff für die Fischereiflotte. Sie nimmt aber auch abenteuerlustige zahlende Gäste auf.

Das Segel wird am Jackstag festgemacht, das an der Rah befestigt ist und parallel zu ihr verläuft (rechte Seite).

Die KRUZENSHTERN in voller Fahrt vor dem Wind. Das moderne Sicherheitsnetz ist heute eine obligatorische Einrichtung bei allen Groß-seglern. Man beachte die Ankerkette und den Stock des Ankers, der an der Steuerbordseite des Bugs über die Bordwand ragt (oben links).

Dieser Raum dient als Museum an Bord. In einer Glasvitrine sind die Trophäen ausgestellt. An den Schotten sind die Wappen oder Embleme besuchter Häfen oder Kriegsschiffe zusammen mit Tauwerk und anderen Handarbeiten der Seeleute aufgehängt (unten links).

Kadetten an einem Spill. Man hievt damit die Ankerkette hoch oder hisst die Rah eines Mars- oder Bramsegels. Die Spaken passen in die Löcher des Spills und werden entfernt, wenn man sie nicht braucht (oben rechts).

Kadetten holen ein Untermarssegel ein. Das Segel wurde bereits mithilfe von Geien und Gordings von Deck aus geborgen. Nun geht es darum, das Segel zu einem engen Bündel über der Rah zusammenzulegen, wie dies schon für das Obermarssegel geschehen ist (Mitte).

Die Offiziersmesse mit Gemälden russischer Offiziere aus der Zeit der Zaren an der Wand (rechts).

Wie es der allgemeinen Sitte entspricht, sind auf der Schiffsglocke der Name des Schiffes, das Baujahr und der Heimathafen angegeben. Die SØRLANDET liegt hier im Hafen. Der Glockensteert zum Betätigen der Glocke wurde gelascht. Damit will man verhindern, dass Besucher dauernd die Schiffsglocke läuten und die Crew damit völlig verrückt machen (unten).

Mit Geitauen und Gordings werden die unteren Ecken sowie der Bauch des Segels aufgeholt. Die äußeren ziehen z. T. die Seitenlieks des Segels nach innen (S. 153).

Sørlandet

Die SØRLANDET wurde 1927 als Schulschiff für die Sørlandets Seilende Skoleskibs Institution von Kristiansand, der Hauptstadt der norwegischen Provinz Sørlandet (»Südland«), gebaut. Das Geld dazu hatte der Reeder A.O.T. Skjelbred testamentarisch vermacht, allerdings mit der Auflage, dass es sich um ein richtiges Segelschiff ohne Hilfsmotoren handeln müsse. Die SØRLANDET war das erste Schiff, das von der Werft Høivolds Mek. Verksted in Kristiansand gebaut wurde. Sie bewährte sich besonders gut.

Bis zum Zweiten Weltkrieg segelte die SØRLANDET meist im Nordatlantik und vertrat ihr Land 1933 bei der Weltausstellung in Chicago. Als die Deutschen Norwegen besetzten, beschlagnahmten sie das Schiff und überführten es nach Kirkenes, wo es als Militärgefängnis diente. Dort sank es am Liegeplatz durch einen Treffer an der Wasserlinie während eines russischen Bombenangriffs. Die Deutschen bargen die SØRLANDET wieder und schleppten sie nach Kristiansand, wo man sie als Unterkunft für U-Boot-Besatzungen verwendete.

Nach dem Krieg wurde sie wieder in Stand gesetzt und tat normalen Dienst bis 1947. 1956 nahm sie am ersten Tall Ships Race teil. Bei einer Überholung von 1959 bis 1960 erhielt sie erstmals einen Hilfsmotor. Sie war damals das Letzte aller vollgetakelten Schulschiffe gewesen, das noch ohne Motor ausgekommen war. Die SØRLANDET nahm an allen Tall Ships Races von 1960 bis 1968 teil. In jener Zeit wurden diese allerdings nur in geraden Jahren ausgetragen.

1974 kaufte sie der norwegische Reeder Jan Staubo. Er hatte für sie keinen besonderen Verwendungszweck, sondern wollte nur verhindern, dass sie ins Ausland verkauft würde. Im Jahr 1977 gelangte das Schiff mit der Hilfe von Kristian Skjelbred-Knudsen, dem Enkel des ursprünglichen Stifters, als Geschenk in den Besitz der Stadt Kristiansand, die eigens für diesen Segler eine Stiftung gründete, die Stiftelsen Fullriggeren Sørlandet.

Die Kristiansander entschieden, das Schiff solle weiter segeln und Abenteuerlustige ausbilden. Die Indienststellung finanzierte teilweise die Gemeinde, teilweise beteiligten sich private Geschäftsleute, und viele Einheimische stifteten ihre Freizeit und halfen mit. Man legte ein neues Deck, baute eine neue Maschine ein, stellte neue Segel her und überholte das gesamte Rigg. Die Hängematten in den Unterkünften ersetzte man durch Kojen.

Die SØRLANDET war das erste große Vollschiff, das all jenen einen Platz anbot, die einmal davon träumten,

Die SØRLANDET hat ein sehr elegantes und traditionelles Aussehen. Sie besaß ursprünglich keine Hilfsmaschine. Erst 1960 erhielt sie den ersten Motor. 1980 bot sie als erstes großes Vollschiff dem allgemeinen Publikum Abenteuersegelkurse an (oben).

In diesem Speisesaal unter der Poop nimmt u. a. der Kapitän die Mahlzeiten ein. Hier werden auch VIPs empfangen, wenn sich das Schiff im Hafen befindet (oben).

Der Stockanker wird auf der Back der SØRLANDET verstaut. Dieser Anker dient allerdings nur als Ersatz. Der Buganker ruht in der Klüse, wie man auf der gegenüberliegenden Seite erkennen kann (links).

SØRLANDET

Deutlich erkennt man hier die unterschiedlich angebrassten Rahen: Die unteren Rahen sind dabei etwas mehr angebrasst als die oberen. Dadurch wird das Royalsegel als Erstes back schlagen, wenn der Steuermann zu hart am Wind segelt (unten).

Die SØRLANDET verfügt über keine Galionsfigur. Dafür hat sie ein paar elegante Verzierungen, die mit dem Deckssprung, dem nach oben strebenden Profil des Hauptdecks, in schöner Harmonie stehen (oben).

Dieser mehr oder minder starke seitliche Winddruck dämpft das Rollen, während sich dieses bei genau achterlichem Wind unangenehm bemerkbar machen kann (unten).

zur Besatzung eines Großseglers zu gehören. Aufgenommen wurden Frauen und Männer jeder Staatsangehörigkeit im Alter von über 14 bis 16 Jahren. Erfahrung brauchte man nicht vorzuweisen. Ihr Debüt als Abenteuerschulschiff gab die SØRLANDET während des Tall Ships Race 1980 in der Ostsee. Sie trat dabei in ihrer Klasse gegen Schulschiffe mit Kadetten an, die schon über eine mehrmonatige Erfahrung an Bord verfügten. Die SØRLANDET hielt sich dabei tapfer und beendete das Rennen im Mittelfeld. Später blieb die SØRLANDET den Tall Ships Races fern, weil ihre Verwalter es nicht gerne sahen, dass eine Whiskymarke als Sponsorin einer Veranstaltung mit Jugendlichen auftrat. An anderen Treffen nahm sie aber teil. 1981 segelte sie nach Kanada, 1986 zweimal nach New York. 1991 kam sie im Rahmen einer professionellen Trainingsfahrt für Kapitäne nach Island. Von 1995 bis 1996 war sie in Westindien unterwegs. Sie nahm 1998 und 1999 an den Großseglertreffen in Rouen und 2000 in Brest teil. In den meisten Jahren bestehen ihre Kurse, die allen offen stehen, aus 12 Tage langen Fahrten von und nach Kristiansand. Man kann die SØRLANDET auch chartern, und manchmal fährt sie auch mit Kadetten der Kriegsmarine und mit möglichen Kandidaten für seemännische Berufe oder mit arbeitslosen jungen Menschen.

Der Magnetkompass mit schützender Kompasshaube (unten).

Hier fährt die SØRLANDET unter Motor. Man beachte, wie sauber die Segel aufgetucht sind. Daran erkennt man, wie professionell eine Besatzung arbeitet (rechts).

SCHIFF	SØRLANDET		
STAPELLAUF	1927	LÜA	65,00 m
ENTWURF	Høivolds Mek. Verksted, Kristiansand, Norwegen	RUMPFLÄNGE	56,80 m
		BREITE	9,60 m
KONSTRUKTION	Høivolds Mek. Verksted, Kristiansand, Norwegen	RAUMTIEFE	4,80 m
		RAUMINHALT	568 BRT
EIGENTÜMER	Stiftelsen Fullriggeren Sørlandet, Kristiansand	SEGELFLÄCHE	1000 Quadratmeter
		MASCHINE	564-PS-Deutz-Diesel
FLAGGE	Norwegen	VERWENDUNG	Abenteuersegeltraining, Charterschiff
TAKELUNG	Vollschiff		
TYP	»Abenteuerschulschiff«	BESATZUNG	12 Crewmitglieder, etwa 85 Teilnehmer
BAUWEISE	Stahl		

Auf der CHRISTIAN RADICH *wird wie auf anderen skandinavischen und deutschen Großseglern die Tradition in ununterbrochener Folge von Generation zu Generation weitergegeben (rechts).*

Sicherheitsnetze unter dem Klüverbaum waren zur Zeit der Handelssegler unbekannt. Erst deutlich nach dem Zweiten Weltkrieg wurden sie obligatorisch für Schulschiffe eingeführt (unten links).

Das Steuerrad der CHRISTIAN RADICH *befindet sich auf dem Poopdeck direkt vor dem Besanmast (unten rechts).*

Die CHRISTIAN RADICH *1937 in der Werft. Der Stapellauf ist nahe, weil der Anker fertig gestellt ist und festliche Flaggen und Wimpel wehen (obere Abbildung).*

Mit solchen Maschinentelegrafen übermittelt man Befehle von der Brücke zum Maschinenraum. Die Glocke läutet jedes Mal, wenn der wachhabende Offizier oder Ingenieur die Einstellung verändert (untere Abbildung).

Christian Radich

Die CHRISTIAN RADICH wurde 1937 in Sandefjord gebaut und sollte ein früheres Schulschiff der Handelsmarine ersetzen, die Brigg STATSRAAD ERICHSEN. Auf ihrer zweiten Reise im Jahr 1939 besuchte sie zusammen mit der DANMARK die Stadt New York, wo die Weltausstellung stattfand. Der Krieg in Europa brach aus. Die DANMARK blieb in den Vereinigten Staaten, während die CHRISTIAN RADICH nach Norwegen zurücksegelte, wo sie von der Armee requiriert und zur Marinestation Horten in der Nähe von Oslo gebracht wurde. Im April 1940 fiel sie der deutschen Marine in die Hände und diente als Lagerschiff für die Unterseeboote. Am Ende des Krieges befand sie sich im Hafen von Flensburg, halb gesunken und ohne Masten. Man schleppte sie zur Reparatur zurück nach Sandefjord, wo sie gebaut worden war, und im Jahr 1947 nahm sie ihren normalen Dienst wieder auf.

Im Jahr 1956 nahm sie am ersten Tall Ships Race teil und segelte dann auf einer sechsmonatigen Reise zu den Westindischen Inseln und nach Amerika für Filmaufnahmen des international hoch gelobten Breitleinwandstreifens »Windjammer«, eines romantisierenden Dokumentarfilms. In den frühen 70er-Jahren war die CHRISTIAN RADICH auch in der britischen TV-Reihe »The Onedin Line« zu sehen.

Die CHRISTIAN RADICH nimmt häufig an Tall Ships Races teil und heimst dort nicht selten Preise und Ehrungen ein. 1976 fuhr sie zur 200-Jahr-Feier der Unabhängigkeit der USA am transatlantischen Tall Ships Race mit und besuchte darauf das Gebiet der Großen Seen. Dabei legte sie den gesamten Weg bis nach Duluth am Lake Superior – 183 Meter über dem Meeresspiegel – unter Segeln zurück. Von 1978 bis 1980 fuhr sie auf einer langen Reise zu den Westindischen Inseln und an die West- sowie Ostküste der USA. Nach ihrer Rückkehr nach Norwegen wurde sie längere Zeit in Stand gesetzt. Dabei ersetzte man die Hängematten der Kadetten durch Kojen. 1983 nahm sie ihren Dienst wieder auf und war im darauf folgenden Jahr wieder bei einem transatlantischen Tall Ships Race in Quebec vertreten. 1986 war sie wieder in New York zur Feier des hundertjährigen Jubiläums der Freiheitsstatue. Damals gehörten zum normalen Programm des Schiffes von August bis zum Juni des darauf folgenden Jahres

SCHIFF	CHRISTIAN RADICH
STAPELLAUF	*1937*
ENTWURF	*Capt. Christian Blom*
KONSTRUKTION	*Framnæs Mek. Verksted A/S, Sandefjord, Norwegen*
EIGENTÜMER	*Handelsflotte, Ostlandets Skoleskib, Oslo, Norwegen*
FLAGGE	*Norwegen*
TAKELUNG	*Vollschiff*
TYP	*Schulschiff*
BAUWEISE	*Stahl*
LÜA	*72,50 m*
RUMPFLÄNGE	*62,50 m*
BREITE	*9,70 m*
TIEFGANG	*4,50 m*
RAUMINHALT	*696 BRT*
SEGELFLÄCHE	*1234 Quadratmeter*
MASCHINE	*General Motors-Diesel, 450 PS*
VERWENDUNG	*Schulschiff*
MANNSCHAFT	*14 Crewmitglieder, ca. 100 Kadetten*

Fahrten für junge Männer und Frauen, die eine seemännische Karriere einschlagen wollten. Dazwischen lagen Teilnahmen an Tall Ships Races, Besuche in fremden Häfen und gelegentliche Filmaufnahmen.

Da die norwegische Handelsflotte immer weniger Offiziere und Seeleute brauchte, gab es auch immer weniger staatliche Gelder für die CHRISTIAN RADICH. Beim Versuch, selbst zu ihrem Unterhalt beizutragen, führte sie im Winter von 1987 bis 1988 einige einwöchige Kreuzfahrten für gewöhnliche Passagiere durch. In den Wintern 1988 bis 1989 und 1989 bis 1990 war sie auf einer dreimonatigen Kreuzfahrt im Mittelmeer, bei der 70 norwegische Schüler und ihre Lehrer für regelmäßigen Schulunterricht mit an Bord waren.

1992 nahm das Schiff an der großen transatlantischen Kolumbus-Regatta Cadiz – Bermuda – USA – Liverpool teil.

Später in den 90er-Jahren unternahm sie weitere Kreuzfahrten in der Karibik, bei den Azoren und im Mittelmeer. Die 16- bis 18-jährigen Schüler an Bord erhielten normalen Schulunterricht und wurden gleichzeitig in Navigation und Seemannskunst ausgebildet. Seit 1996 macht die CHRISTIAN RADICH Sommerexkursionen und Trainingskreuzfahrten. Jedermann im Alter von über 12 Jahren kann daran teilnehmen, wobei Kinder im Alter von 12 bis 16 Jahren von einem Erwachsenen begleitet werden müssen. So ist die CHRISTIAN RADICH kein Schulschiff für Kadetten mehr und liegt mit 2 früheren norwegischen Schulschiffen, der SØRLANDET und der STATSRAAD LEHMKUHL in Konkurrenz.

Die CHRISTIAN RADICH nahm 2001 am Cutty Sark Tall Ships Race in der Nordsee teil.

Die CHRISTIAN RADICH ist ein schnelles Schiff und scheint 2 Wettbewerbsteilnehmer hinter sich gelassen zu haben (oben).

Das beschnitzte runde Schild zeigt den Namen des Schiffes (Mitte links).

Vollschiffe setzen selten ein Segel an der untersten Rah des Kreuzmastes. Bei der CHRISTIAN RADICH hat es eine dreieckige Form (Mitte rechts).

Die Glocke wird während einer Wache alle halbe Stunde geschlagen. Die Schläge erfolgen dabei paarweise. Fünf Glasen, das heißt zweieinhalb Stunden nach Beginn einer Wache, hört sich so an: ding-ding, ding-ding, ding (unten).

Die CHRISTIAN RADICH beim Start zu einem Tall Ships Race. Es weht kein starker Wind (S. 159).

Mit dem schwarzen Rumpf und ganz ohne Aufbauten könnte man dieses Vollschiff mit einem kleinen Frachtsegler aus der Zeit zwischen 1860 und 1880 verwechseln (linke Seite).

Stapellauf der GEORG STAGE am 22. September 1934. Segelschiffe werden nur sehr selten mit Masten vom Stapel gelassen. Man baut diese mit dem gesamten Rigg erst später ein (rechts).

Die Kadettenklasse von 1907 mit ihren Offizieren und der Besatzung auf der ersten GEORG STAGE. Die Kadetten waren sehr jung, nur zwischen 14 und 17 Jahre alt. Mit 80 Kadetten war das Zwischendeck wohl sehr überfüllt. Bis 1980 hatte auch die heutige GEORG STAGE 80 Kadetten an Bord (Mitte).

Der Segelriss der alten und der heutigen GEORG STAGE. Der Segelriss der heutigen GEORG STAGE zeigt, dass das Schiff größer ist und über ein moderneres Rigg mit Ober- und Untermarssegel und längeren Rahen verfügt. Auf Leesegel wurde verzichtet (unten).

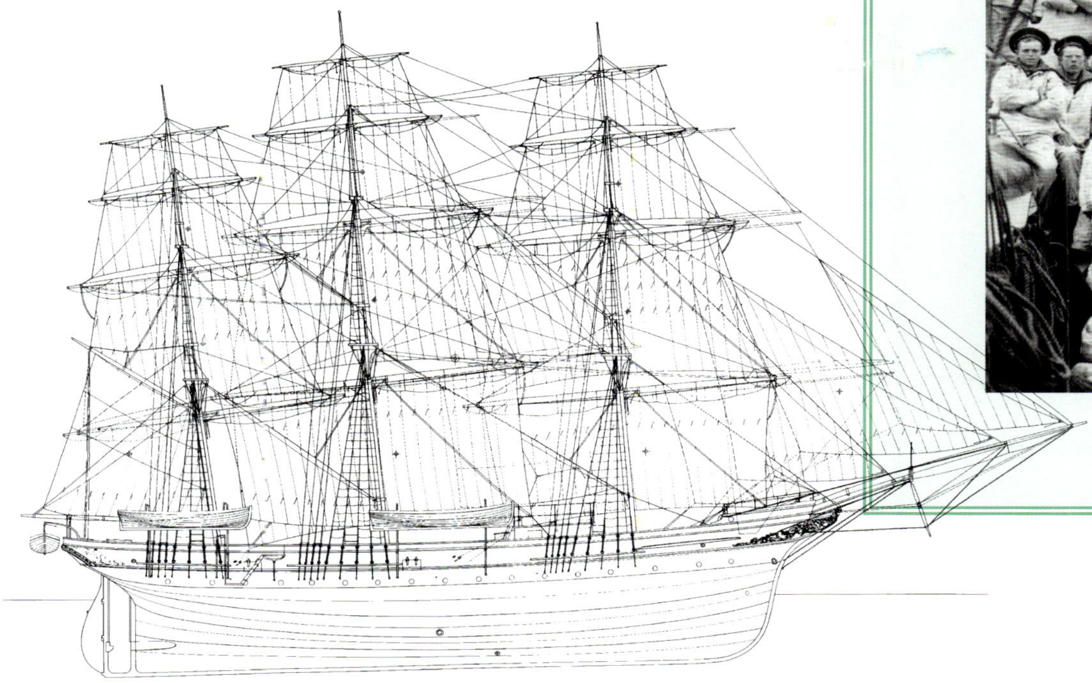

Georg Stage

»The littlelest of the biggest«, pflegte Kapitän B. Barner Jespersen von seiner GEORG STAGE zu sagen, wenn er sein Schiff mit anderen Vollschiffen aus Stahl verglich. Er war sich aber auch dessen bewusst, dass die GEORG STAGE zu den schönsten und elegantesten Segelschiffen des 20. Jahrhunderts gehörte. Tatsächlich ähnelte sie in Größe und Erscheinung stark vielen frühen Frachtschiffen mit Stahlrümpfen, die für den Atlantikhandel gebaut wurden.

Und doch ist die GEORG STAGE mit 41,00 Meter Rumpflänge gar nicht die kleinste, denn ihre Vorläuferin mit demselben Namen und Rigg war noch kleiner. Diese erste GEORG STAGE hatte einen 36,00 Meter langen Rumpf und wurde für die Stiftelsen Georg Stages Minde von der Kopenhagener Werft Burmeister & Wain gebaut.

Die Bagienrah am Kreuzmast ist eine »trockene« Rah, weil daran fast nie ein Segel befestigt wird. Hier wurde jedoch auf der Luvseite der Rah ein Segel hochgezogen. Es reicht nicht bis zum anderen Ende der Rah, weil ihm hier das Gaffelsegel den Wind wegnimmt (rechts).

Ein Blick aus der Vogelperspektive. Das Hochsteigen zur Mastspitze unterscheidet die Seeleute auf Rahseglern von den Yachtseglern. Für diese kommt der schlimmste Augenblick, wenn sie für irgendwelche Reparaturen hochklettern müssen, ohne dass ihr Mast dafür richtig gebaut ist (oben).

Die Galionsfigur stellt Georg Stage dar und ist aus vergoldetem Holz. Der Vater dieses Mannes, der mit 22 Jahren starb, hinterließ testamentarisch das Geld zum Bau des Schiffes und richtete auch eine Stiftung ein, die dieses und das Vorgängerschiff betreute (rechte Seite).

Die genannte Stiftung wurde vom dänischen Reeder Carl Frederik Stage finanziert. Das Schiff hieß nach seinem Sohn Georg, der im Alter von 22 Jahren gestorben war. Die GEORG STAGE diente als Schulschiff für junge Dänen, die Seeleute werden wollten. Mit 80 Kadetten unternahm sie jedes Jahr sechsmonatige Sommerfahrten in der Nord- und Ostsee. Im Jahr 1905 rammte sie ein britischer Dampfer. Sie sank, wobei 22 Kadetten ums Leben kamen. Doch später hob man sie, restaurierte sie und stellte sie wieder in Dienst. 1934 wurde dieses kleinere Schiff verkauft und im darauf folgenden Jahr durch die heutige GEORG STAGE ersetzt. Ihr neuer Besitzer, der bekannte australische Segelbuchautor Alan Villiers, benannte sie in JOSEPH CONRAD um, ließ sie unter britischer Flagge registrieren und segelte mit ihr über 2 Jahre lang um die Welt. An seinem privaten Segeltraining nahmen junge Männer aus vielen verschiedenen Ländern teil. Am Ende dieser Reise, 1936, verkaufte er das Schiff an den Amerikaner George Huntington Hartford. Dieser ließ es unter der Flagge seiner Heimat registrieren und nutzte es 3 Jahre lang als Privatyacht. Dann überließ er das Schiff der U.S. Maritime Commission, die es von 1939 bis 1945 als Schulschiff verwendete. Im Jahr 1947 wurde sie durch einen Beschluss des Kongresses Eigentum des Mystic Seaport Museum in Connecticut, wo sie heute noch liegt. Sie dient dort als Ausstellungsraum und Veranstaltungsort für die Ausbildungsprogramme des Museums.

Die zweite GEORG STAGE führt seit 1936 die Tätigkeit ihrer Vorläuferin fort. Am Ende jedes Ausbildungsjahres wird sie abgetakelt und für den Winter in Kopenhagen aufgelegt. Zu Beginn der neuen Saison takelt man sie wieder auf und stattet sie mit Segeln aus.

Die GEORG STAGE bietet Platz für 63 Kadetten. Sie haben im Orlopdeck ihre Unterkunft und schlafen stets noch in Hängematten. Im Gegensatz zu den Schulschiffen, die eine nicht professionelle Ausbildung bieten und deren Fahrten oft nur 2 Wochen oder sogar weniger dauern, geht es auf der GEORG STAGE etwas ruhiger zu, doch die Ausbildung geht viel mehr in die Tiefe. Im ersten Monat stehen Training an der Mole, Drill und theoretische Kenntnisse im Programm. Erst dann setzt man tagsüber Segel, ankert aber nachts.

Schließlich macht sich die GEORG STAGE auf zu längeren Fahrten in der Nord- und Ostsee. Manchmal geht sie auch auf längere Reisen, besonders wenn sie an den Cutty Sark Tall Ships Races teilnimmt, bei denen sie ziemlich regelmäßig in Erscheinung tritt. 1992 segelte sie nach Amerika. 1989 und 1995 besuchte sie ihre ältere Schwester im Mystic Seaport Museum. Am Ende jeder Saison kehrt sie nach Kopenhagen zurück und wird von ihren Schülern für die Winterruhe abgetakelt.

Die GEORG STAGE ist eine Fundgrube seemännischen Wissens, das seit den frühen Tagen der Handelsschifffahrt von Meister zu Meister weitergereicht wird. Und manche dieser Meister sind frühere Kadetten.

Die Kurse dauern heute 5 Monate. Seit 1981 werden auch junge Frauen aufgenommen. Auch einige Offiziere sind Frauen. Die Kadetten sind zwischen 17 und 21 Jahre alt, und in der Regel sind ein Drittel davon Frauen.

SCHIFF	GEORG STAGE		
STAPELLAUF	*1934*	BAUWEISE	*Stahl*
ENTWURF	*Å. Larsen*	RUMPFLÄNGE	*41,00 m*
KONSTRUKTION	*Frederikshavn's Vaerft & Flydedok A/S, Frederikshavn, Dänemark*	BREITE	*8,40 m*
		TIEFGANG	*3,80 m*
		RAUMINHALT	*298 BRT*
EIGENTÜMER	*Handelsflotte, Georg-Stage-Stiftung, Kopenhagen*	VERDRÄNGUNG	*455 Tonnen unbeladen, 506 Tonnen beladen*
		SEGELFLÄCHE	*860 Quadratmeter*
FLAGGE	*Dänemark*	MASCHINE	*B&W-Alpha-Dieselmotor mit 122 PS*
RIGG	*Vollschiff*		
TYP	*Schulschiff nach dem Vorbild von Handelsschiffen aus der Zeit um 1870*	VERWENDUNG	*Schulschiff*
		BESATZUNG	*12 Crewmitglieder, 80 Kadetten*

In den 1920er-Jahren besaß Dänemark zwei große Schulschiffe für die Handelsmarine, die VIKING und die KØBENHAVN. Beide waren als Kombination von Schulschiff und Frachtschiff konstruiert.
Die Viermastbark VIKING tat seit 1907 Dienst. Die prachtvolle KØBENHAVN, eine Fünfmastbark, war einer der größten jemals gebauten Rahsegler mit 3901 Registertonnen und einer Rumpflänge von 112,5 Meter. Sie wurde 1921 in Schottland für die Dänisch-Ostasiatische Reederei, Kopenhagen, gebaut. Die Bark verließ Buenos Aires am 14. Dezember 1928. Eine Woche später hatte sie noch Funkkontakt zu einigen Dampfschiffen. Das war das letzte Lebenszeichen, das man von ihr und ihrer Besatzung hörte, die aus 15 Offizieren und Seeleuten sowie 45 Kadetten bestand... Der Untergang der KØBENHAVN war eine der großen Segelkatastrophen des

Danmark

Der Stapellauf der DANMARK 1932 bedeutete, dass die Dänen weiterhin auf die Ausbildungsmöglichkeiten eines Rahseglers vertrauten – trotz des dramatischen Verlustes des Viermast-Schulschiffes KØBENHAVN im Jahr 1928, bei dem die gesamte Mannschaft und alle Kadetten ums Leben kamen (oben).

Segeln »am Wind«. Das Schiff ist dabei, die Royalsegel zu setzen, oder hat sie gerade geborgen (links).

Handelsschiffe und eingetragene Yachten müssen auf dem Heck ihren Namen und ihren Heimathafen tragen (unten).

Die DANMARK war eines der aktivsten Schulschiffe, weil sie bis 1999 10 Monate im Jahr unterwegs war. Heute organisiert sie pro Jahr nur einen Ausbildungskurs (rechts).

Jahrhunderts. Im Anschluss an diese Tragödie wurde die VIKING im Juli 1929 an den Reeder Gustav Erikson von den Åland-Inseln (Finnland) verkauft. Er besaß damals die letzte große Handelsflotte von Cape-Hornern. Die VIKING existiert heute u.a. als Restaurant in Göteborg.
So kam es, dass Dänemark 1930 kein Schulschiff mehr besaß. Trotz der Tragödie der KØBENHAVN galten solche Windjammer weiterhin als die besten Ausbildungsstätten überhaupt für künftige Seeleute und Offiziere. So beschloss der dänische Staat, ein neues Schiff mit dem Namen »Danmark« zu bauen. Es erlebte am 19. November 1932 seinen Stapellauf und nahm im darauf folgenden Juni seinen Dienst auf. Sechs Jahre lang unternahm die DANMARK Ausbildungsfahrten. Beim Ausbruch des Krieges war sie gerade in New York. Es wurde ihr befohlen, nicht nach Europa zurückzukehren. Man legte sie in Jacksonville, Florida, auf. Als die USA gegen Ende 1941 in den Krieg eintraten, stellten die Dänen ihr Schiff der amerikanischen Küstenwache zur Verfügung. Diese nutzte die DANMARK als Schulschiff. Bis zum Kriegsende hatten 5000 Kadetten auf ihr das Handwerk gelernt. Dann gab man sie Dänemark zurück. Doch die Küstenwache hatte erkannt, wie wertvoll ein solches Training auf einem Segelschiff war, und übernahm die deutsche Bark HORST WESSEL, die sie als Kriegsentschädigung erhalten hatte. Unter dem neuen Namen EAGLE steht sie seither in Dienst.

Während des Zweiten Weltkrieges nutzte die amerikanische Küstenwache die DANMARK als Schulschiff und war begeistert von den Ausbildungsmöglichkeiten. Als sie das Schiff ihren dänischen Besitzern zurückgab, übernahm sie die ursprünglich deutsche Bark EAGLE als Ausbildungsschiff (rechts).

Die Galionsfigur der DANMARK ist ein vergoldeter Neptun mit einer Krone aus Algen und einem Seestern (unten).

SCHIFF	DANMARK
STAPELLAUF	*1932*
ENTWURF	*Åge Larsen, Dänemark*
KONSTRUKTION	*Nakskov Skibs, Nakskov, Dänemark*
EIGENTÜMER	*Handelsflotte, Ministerium für Handel, Seefahrt und Industrie, Kopenhagen*
FLAGGE	*Dänemark*
TAKELUNG	*Vollschiff*
TYP	*Schulschiff*
BAUWEISE	*Stahl; Teakdeck*
LÜA	*77,00 m*
RUMPFLÄNGE	*64,00 m*
BREITE	*10,00 m*
TIEFGANG	*4,20 m*
RAUMINHALT	*790 BRT*
VERDRÄNGUNG	*150 Tonnen Deadweight*
SEGELFLÄCHE	*1636 Quadratmeter*
MASCHINEN	*Frichs 486 PS*
VERWENDUNG	*Schulschiff*
MANNSCHAFT	*19 Crewmitglieder, 80 Kadetten*

Von 1946 bis 1990 absolvierte die DANMARK je zwei fünfmonatige Trainingskurse, einen für künftige Offiziere, einen für Seeleute und Bootsmänner. Die erste Fahrt begann im Januar in La Spezia, Italien, und führte bis zu den Kanarischen Inseln, gelegentlich sogar bis in die Karibik und an die Ostküste Nordamerikas. Die Reise endete immer in Kopenhagen. Dort wurde das Schiff 2 Monate lang überholt und startete im August zu seiner zweiten Reise. Diese führte zu verschiedenen Häfen in Europa und auf den Kanaren. Kurz vor Weihnachten endete die Fahrt in La Spezia. In jenen Jahren besaß die DANMARK 2 Kapitäne und 2 vollständige Besatzungen, eine für jede Reise. Die dauernde Besatzung beträgt 19 Mann; dazu kommen 80 Kadetten, seit 1983 sind darunter auch Frauen.

Wenn immer es geht, nimmt die DANMARK an den Tall Ships Races und anderen Segeltreffen in Europa und den USA teil.

In den frühen 1990er-Jahren wurde sie mehrere Jahre lang gründlich überholt und machte pro Jahr nur eine Fahrt, auf der sie angehenden Seeleuten eine Grundausbildung ermöglichte. Heute ist die DANMARK einer der letzten großen Rahsegler der Handelsmarine, der ausschließlich der Ausbildung dient. Im Jahr 2001 war sie vom 7. August bis zum 16. November unterwegs und machte in mehreren dänischen Häfen, auf den Kanarischen Inseln, in Algeciras, auf den Azoren und in Portsmouth fest.

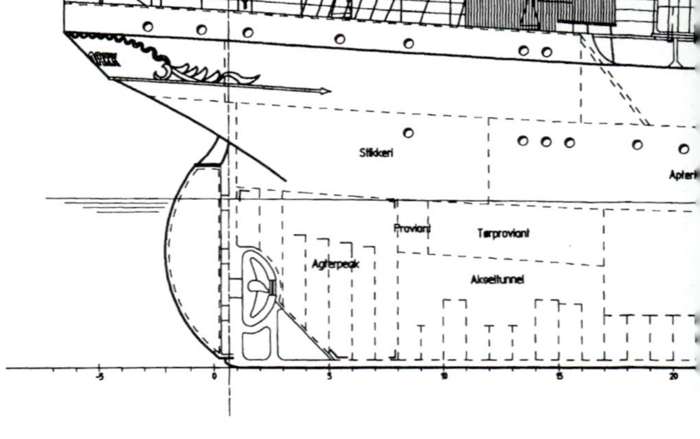

Das Steuerrad der DANMARK ist doppelt ausgelegt und erlaubt es, dass bei viel Wind 2 bis 4 Kadetten zur selben Zeit am Steuerrad stehen (rechts).

Die DANMARK ist eine genietete Stahlkonstruktion. Sie verfügt über viele wasserdichte Schotten, die den gesamten Rumpf unterteilen (rechte Seite unten).

Kapitäne leben ihr Leben oft mit zwei Frauen – mit ihrem Schiff und ihrer Angetrauten, die oft an Land bleibt. Da gibt es manchmal schon ein paar Eifersüchteleien (rechte Seite).

Elever
Elever
Aptering / Messe
Aptering / Hospital
Kabelrum
Forpeak
Sejlkøje
Agterste henstuvning
Mellemste henstuvning
Forreste henstuvning
Tank nr. 4

Die TOWARISCHTSCH wurde ursprünglich als deutsches Schulschiff GORCH FOCK gebaut. Sie war die erste dieses Namens und ersetzte die Bark NIOBE, die am 26. Juli 1932 durch eine Gewitterbö gekentert und gesunken war, wobei 69 Männer ums Leben kamen. Die GORCH FOCK war das Erste einer Reihe von 6 Schulschiffen, die die Werft Blohm & Voss in Hamburg zwischen 1933 und 1958 entwarf und baute. Die TOWARISCHTSCH wurde nach den Spezifikationen von Lloyds gebaut, erlebte den Stapellauf am 3. Mai 1933 und nahm am 27. Juni den Dienst auf. Ursprünglich trug sie ein Gaffelsegel am Besanmast. Später wurde es durch ein Unter- und Oberbesan ersetzt, die ihr bis auf den heutigen Tag geblieben sind.
Bis zum Ausbruch des Krieges unternahm die GORCH FOCK I Kurzfahrten in der Nord- und Ostsee sowie eine lange Fahrt meist in den Atlantik. Während des Krieges diente sie vor allem als Schulschiff in heimischen deutschen Gewässern. 1942 erhielt sie einen kräftigeren 220-PS-MAN-Motor, um ihre

Towarischtsch

Das Schiff läuft unter Motor, und die Kadetten müssen auf die Masten steigen, um die Zeisinge der Segel zu lösen, damit man sie setzen kann. Die Ersten steigen am höchsten auf die Masten und am weitesten hinaus an die Enden der Rahen (links).

Das Gebiet um das doppelt ausgeführte Steuerrad der TOWARISCHTSCH ist von einer hölzernem Reling umgeben. Schon bei alten hölzernen Kriegsschiffen sprach man in diesem Zusammenhang von Cockpit. Dieser Ausdruck hat sich bei der Yacht erhalten (unten).

Wenn man nahe an einem Kai oder an anderen Schiffen vorbeifährt oder wenn man eine Schleuse passiert, werden die Rahen in einem spitzen Winkel zur Längsrichtung des Schiffes angeordnet, um zu verhindern, dass man Laternenpfähle, Kräne, Schuppen oder das Rigg anderer Schiffe beschädigt (oben).

Die TOWARISCHTSCH unter vollen Segeln. Die ganz leichte Brise füllt kaum die Segel und kräuselt nur die Oberfläche des Meeres (oben).

Manövrierfähigkeit in verminten Gewässern zu erhöhen. Am 1. Mai 1945 versenkte ihre Besatzung sie bei Stralsund, um zu verhindern, dass sie der Sowjetunion in die Hände fiel.
1948 machten die Russen sie jedoch wieder flott und ließen sie in Wismar und Rostock reparieren. Sie tauften sie in TOWARISCHTSCH um, was so viel wie Genosse oder Kamerad bedeutet. Die Reparaturarbeiten gingen 1951 zu Ende, und die Bark wurde der Seemannsschule »Leytenant Schmid« im ukrainischen Cherson zugewiesen, die Kadetten für die sowjetische Handels- und Kriegsmarine ausbildete.
Bis 1957 unternahm die TOWARISCHTSCH alle ihre Fahrten ausschließlich im Schwarzen Meer. Von 1957 bis 1958 machte sie eine lange Reise in den Indischen und Atlantischen Ozean. Ihre Maschinen von 1942 ersetzte man bei einer Überholung, die von 1967 bis 1968 dauerte, durch einen 550-PS-Škoda-Diesel. Dabei vergrößerte man auch ihre Segelfläche um 6 %. Im Jahr 1974 war die TOWARISCHTSCH zusammen mit der KRUZENSHTERN das erste sowjetische Schiff, das an einem Tall Ships Race teilnahm. Beide Barken traten auch beim Transatlantikrennen von 1976 an. Danach blieb die TOWARISCHTSCH wieder auf das Schwarze Meer beschränkt, weil sie nicht mehr für ausreichend hochseetüchtig galt.
Nach einer Überholung 1989 erschien die TOWARISCHTSCH wieder im Westen und trat ab 1990 bei verschiedenen Treffen von Großseglern auf. Durch die Perestroika und die wirtschaftliche Implosion der UdSSR bot die Marineakademie in Cherson gegen harte Währung auch Ausbildungsplätze für westliche, besonders für deutsche Trainees an. Als sich die Ukraine 1992 von der früheren Sowjetunion löste, wurde die TOWARISCHTSCH ein ukrainisches Schiff. 1992 nahm sie an der Kolumbus-Regatta nach Amerika teil. Im darauf folgenden Jahr sandte eine Jugendorganisation in Newcastle, England, einige Teenager auf die TOWARISCHTSCH. Nach dieser

SCHIFF	**TOWARISCHTSCH**
STAPELLAUF	*1933*
ENTWURF	*Blohm & Voss, Hamburg*
KONSTRUKTION	*Blohm & Voss, Hamburg*
EIGENTÜMER	*Handelsflotte*
FLAGGE	*Ukraine*
TAKELUNG	*Bark*
TYP	*Schulschiff*
BAUWEISE	*Stahl*
LÜA	*82,10 m*
RUMPFLÄNGE	*73,70 m*
BREITE	*12,00 m*
TIEFGANG	*5,20 m*
RAUMINHALT	*1392 BRT, 230 NRT*
SEGELFLÄCHE	*1750 Quadratmeter*
MASCHINEN	*Škoda-Diesel, 550 PS*
VERWENDUNG	*Schulschiff*
BESATZUNG	*51 Personen Stammbesatzung, 134 Kadetten*

Die TOWARISCHTSCH mit Steuerbordhalsen nahe der Startlinie bei einem Tall Ships Race. Sie setzt gerade das Großroyalsegel.

Das vollgetakelte Schiff im Hintergrund ist die CHRISTIAN RADICH (unten).

positiven Erfahrung entschloss sich die Organisation, die Überholung zu unterstützen, die notwendig war, damit das Schiff weitersegeln konnte. So gelangte sie im Mai 1995 nach Newcastle ins Trockendock.

Dort kam dann die ganze Horrorstory zutage, und die Kosten für die notwendigen Reparaturen beliefen sich nun auf 2 Millionen Pfund. Das war weit mehr, als die ukrainischen Besitzer und die westlichen Sponsoren aufbringen konnten. Die Bark durfte nicht mehr auslaufen, weil die britischen Schifffahrtsbehörden sie nicht mehr für seetüchtig einstuften. In der Folge wurde sie nach North Shields geschleppt, um dort die weitere Entwicklung abzuwarten. Dort lag sie bis zum Mai 1997. Dann schleppte man sie nach Middlesborough, um sie in einem noch zu gründenden National Tall Ships Centre zu reparieren. Doch daraus wurde nichts, und schließlich drohte dem Schiff auch noch die Beschlagnahme wegen unbezahlter Schulden.

Die deutsche Gesellschaft Tall Ships Friends schlug vor, das Schiff zu einem freien Liegeplatz in Wilhelmshaven zu schleppen und in Deutschland zu reparieren, wobei man allerdings noch das nötige Geld dazu auftreiben musste. Dies geschah im September 1999. Die Reparaturen und die Modernisierung umfassen auch den Neubau von Unterkünften und einen neuen Motor, damit die TOWARISCHTSCH wieder als ukrainisches Schulschiff und als Trainingsschiff für Kursteilnehmer aus aller Welt dienen kann.

Die TOWARISCHTSCH in freier Fahrt vor einem ganzen Feld von Großseglern. Das Radar auf dem Fockmast oberhalb der Fockrah ist von einem Käfig aus Reifen umgeben, der verhindern soll, dass sich Leinen in der rotierenden Antenne verfangen (links).

Die hölzernen Latten an den Wanten, die auf Englisch auch »Lord Nelsons« heißen, sind bequemer zum Aufentern als Webeleinen, erzeugen aber mehr Luftwiderstand. Die TOWARISCHTSCH besaß sie nicht immer (rechte Seite).

Die EAGLE, das Schulschiff der amerikanischen Küstenwache, erlebte am 30. Juni 1936 ihren Stapellauf. Damals hieß sie HORST WESSEL und gehörte der deutschen Reichsmarine. Sie war eines von 6 nahezu identischen Schiffen, die die Hamburger Werft Blohm & Voss zwischen 1933 und 1958 entworfen und gebaut hatte.
Das erste Schiff dieser Reihe war die GORCH FOCK I, die heute noch unter dem Namen TOWARISCHTSCH existiert. Die HORST WESSEL, die den Namen einer Nazigröße trägt, wurde nach demselben Plan erbaut, fiel aber bei gleicher Breite um etwas über 7 Meter länger aus. Das dritte Schiff, die ALBERT LEO SCHLAGETER, wurde 1937 zu Wasser gelassen. Sie ist ein Schwesterschiff der HORST WESSEL und heißt heute SAGRES II. Diese 3 Schiffe wurden von Anfang an für die deutsche Reichsmarine gebaut.

Eagle

Die MIRCEA war das vierte, aber kleinere Schwesterschiff der GORCH FOCK. Die Deutschen bauten sie von 1938 bis 1939 für die rumänische Marine. Das fünfte Schiff, die HERBERT NORKUS, sollte in der deutschen Reichsmarine Dienst tun, doch die Bauarbeiten wurden 1939 mit dem Ausbruch des Zweiten Weltkrieges eingestellt. 1947 beluden die alliierten Besatzungsmächte ihren Rumpf mit überzähliger Munition, schleppten sie hinaus auf das Meer und sprengten sie in die Luft.
Die 3 Segelschiffe der deutschen Reichsmarine wurden als Kriegsentschädigung unter den Siegermächten verteilt.
In den ersten Kriegsjahren baute man die HORST WESSEL in ein Frachtschiff um, das Männer und Versorgungsgüter in die Ostsee transportieren sollte.
Sie erhielt eine leichte Bewaffnung und soll damit drei sowjetische Flugzeuge abgeschossen haben.
Am Ende des Krieges erhielt die amerikanische Küstenwache die HORST WESSEL im Austausch mit der DANMARK und taufte sie in EAGLE um. Eine Besatzung der Küstenwache überführte das Schiff 1946 mithilfe der ursprünglich deutschen Besatzung von Bremerhaven zu ihrem neuen Heimathafen New London in Connecticut.
Die ursprüngliche Galionsfigur der EAGLE war ein Adler im Stil des Dritten Reiches. Man ersetzte ihn durch die Skulptur eines Weißkopfseeadlers, des Wappenvogels der Vereinigten Staaten. An die Stelle des ursprünglichen Ober- und Unterbesans trat ein einteiliger. Doch seit 1990 ist die EAGLE wieder mit einem zweiteiligen Besan geriggt.

Hier wurden die Segel mithilfe von Geitauen und Gordings unter die Rah geholt. Jetzt müssen sie noch aufgetucht werden (oben).

Dieses Steuerrad am Heck ist typisch für mittelgroße Frachtschiffe mit einem Rumpf aus Eisen oder Stahl. Höchstens 2 Mann waren zur Bedienung notwendig. Der Mechanismus des Steuerrades befindet sich im anschließenden lang gezogenen Kasten (unten).

Der Anstellwinkel der Rahen nimmt am Mast von unten nach oben ab. Die oberen Segel killen dabei als Erste, wenn das Schiff zu hoch an den Wind geht. Dadurch wird der Rudergänger gewarnt, bevor die unteren größeren Segel back schlagen (oben).

Schiffswappen des U.S. Coast Guard Cutters EAGLE *(unten links).*

Das ist Teamwork. Die Männer auf einer Seite (links) müssen jeweils nur die Brassen fieren (unten rechts).

SCHIFF	**EAGLE**
STAPELLAUF	*1936*
ENTWURF	*Blohm & Voss, Hamburg*
KONSTRUKTION	*Blohm & Voss, Hamburg*
EIGENTÜMER	*Department of Transportation, U.S. Coast Guard, Washington, D.C.*
FLAGGE	*USA*
TAKELUNG	*Bark*
BAUWEISE	*Stahl*
LÜA	*89,70 m*
RUMPFLÄNGE	*80,70 m*
BREITE	*11,90 m*
FREIBORD	*2,70 m*
VERDRÄNGUNG	*1634/1816 ts*
SEGELFLÄCHE	*2064 Quadratmeter*
MASCHINE	*MAN-8-Zyl.-Viertakt-Dieselmotor, 750 PS*
VERWENDUNG	*Schulschiff für die Küstenwache und für Offizierskadetten*
MANNSCHAFT	*5 Offiziere, 30 Mannschaften, etwa 150 Kadetten*

Hier fährt die EAGLE nur mit Motorkraft. Es sind nur die Schratsegel der Bark gesetzt. Kein Rahsegler kann allein mit diesen Segeln vorwärtskommen. Das Foto wurde vor 1990 aufgenommen. Damals hatte man den einfachen durch einen zweiteiligen Besan ersetzt, der auf der vorhergehenden Seite zu sehen ist (unten).

Die Galionsfigur der EAGLE ist ein Adler, genauer gesagt der Weißkopfseeadler aus dem Wappen der USA. Dieser vergoldete Adler ersetzte eine frühere Figur im Stil des Nationalsozialismus. Sie schmückte das Schiff, als es noch »Horst Wessel« hieß (rechts).

Herkömmliche Kompasshauben aus Messing machen den Kadetten viel Arbeit, weil sie sie immer wieder polieren müssen. Die beiden Eisenkugeln verringern in großem Maße den Einfluss des Stahlrumpfes auf die Nadel des Magnetkompasses (S. 175 oben).

Das mechanische Steuerrad reicht aus für die EAGLE. Das dreifach ausgeführte Rad zwischen dem Kreuzmast und dem Kartenhaus funktioniert hydraulisch und ist typisch für ein Schulschiff. Damit können bis zu 6 Kadetten gleichzeitig Ruder gehen (S. 175 unten).

Der Krängungsmesser aus Messing unter dem Kartenhaus vor dem Kompass. Der senkrechte Pfeil ist beweglich aufgehängt und bleibt somit immer in der Senkrechten, wenn das Schiff krängt. Den Winkel kann man auf der Skala ablesen (S. 175 Mitte).

Auf der EAGLE lernen Kadetten und Offiziersanwärter der Küstenwache ihr Metier. Die Kadetten gehen 2- oder 3-mal während ihrer vierjährigen Ausbildung auf Fahrt. Die meisten Offiziersanwärter segeln während ihres siebzehnwöchigen Ausbildungskurses nur 2 Wochen lang. Im typischen Fall tun auf der Bark 75 ausgebildete Seeleute und 140 bis 150 Kadetten oder Offiziersanwärter Dienst. Die professionelle Crew setzt sich aus einem Kern von 5 Offizieren und 29 festen Seeleuten zusammen, zu denen noch Reservisten stoßen. Seit den 80er-Jahren sind auch weibliche Kadetten zugelassen, und ihre Zahl liegt in der Regel bei rund 20.

Das Schiff ist normalerweise 15 bis 17 Wochen im Jahr unterwegs. Es unternimmt 2 lange Fahrten, gefolgt von einer zweiwöchigen kurzen Reise. In der Regel fährt es die Ostküste Amerikas entlang, ist aber auch häufig im Ausland anzutreffen, vor allem in Europa. Gelegentlich nimmt es an Tall Ships Races teil. 1989 fuhr die EAGLE erstmals in die Sowjetunion und machte im damaligen Leningrad fest. Sie war z. B. das Flaggschiff der OpSail 2000. An ihrem 60. Geburtstag im Jahr 1996 besuchte sie die Werft Blohm & Voss in Hamburg.

Eine der Pflichten der Küstenwache ist die Sicherheit der USA ganz allgemein und die Überwachung des Schiffsverkehrs. Doch viele Jahre lang mussten eigens für die EAGLE zahlreiche Ausnahmen von den Bestimmungen für diese Schifffahrt gemacht werden.

Diese unerquickliche Situation änderte man bei einer größeren Überholung von 1981 bis 1982. Damals modernisierte man das Schiff und stattete es mit zusätzlichen wasserdichten Schotten aus. Gleichzeitig wurde eine neue Maschine installiert. Das frühere Kadettendeck mit den Hängematten wurde in kleinere Schlafsäle mit Kojen unterteilt. Die EAGLE ist heute sehr gut in Schuss, sodass man erwarten kann, dass sie noch viele Jahrzehnte weitersegelt.

Sagres II

Die SAGRES ist die Dritte der 6 Barken der Gorch Fock-Klasse und damit ein größeres Schwesterschiff ihrer unmittelbaren Vorgängerin, der EAGLE bzw. der Ex-HORST-WESSEL.

Wie ihre Vorgängerin wurde auch die SAGRES ursprünglich für die deutsche Reichsmarine gebaut und trug den Namen einer Parteigröße der Nazis, von Albert Leo Schlageter. Die Kiellegung erfolgte im Juni 1937 in der Werft Blohm & Voss in Hamburg, wo auch alle anderen Schwesterschiffe gebaut wurden. Der Stapellauf fand am 30. Oktober statt, und am 1. Februar 1938 wurde sie in Dienst gestellt.

Die ALBERT LEO SCHLAGETER hatte eine Besatzung von 298 Mann und Kadetten und machte vor dem Ausbruch des Krieges eine lange und eine kurze Reise nach Südamerika. Zu Kriegsbeginn wurde sie in ein stationäres Hauptquartier für die Marineausbildung umgewandelt. 1944 segelte sie wieder, und am 14. November jenes Jahres fuhr sie, während sie Truppen transportierte, vor Sassnitz auf eine russische Mine auf, wobei der Maschinenraum große Schäden erlitt. Man schleppte sie nach Flensburg und dann nach Kiel, wo sie 1945 den Amerikanern in die Hände fiel.

Mit der Übernahme der HORST WESSEL durch die Küstenwache hatte Amerika keine Verwendung mehr für ein zweites Schulschiff und übergab die Bark der brasilianischen Marine. Diese taufte sie nach einer Bucht um, an der Rio de Janeiro liegt, Guanabara.

Die Brasilianer nutzten die GUANABARA zusammen mit der ALMIRANTE SALDANHA als Marine-Schulschiff.

Die Portugiesen hatten seit 1924 eine Schulbark, die nach dem Hafen im südlichen Teil ihres Landes SAGRES hieß. Dort hatte Heinrich der Seefahrer (1394–1460) die erste europäische Schule für Navigation eröffnet. Jene SAGRES war die frühere RICKMER RICKMERS. Sie war schon 1896 in Bremerhaven gebaut worden und alterte nun sichtlich. So kam es, dass die Portugiesen im Oktober 1961 die GUANABARA von ihrer früheren Kolonie kauften und ihrer Neuerwerbung den Namen SAGRES gaben.

Die ALMIRANTE SALDANHA segelte weiter bis 1964. Danach wurde sie in ein Motorschiff für die ozeanografische Forschung umgewandelt. Im Jahr 2000 gab die brasilianische Marine das brandneue Schiff CISNE BRANCO in Auftrag.

Die SAGRES hat wie die meisten Schulschiffe 3 verschiedene Beiboote an Bord. Mit den beiden großen motorisierten Booten mittschiffs transportiert man Besatzungsmitglieder und Gäste zwischen Küsten und dem verankerten Schiff hin und her. Die kleineren Beiboote sind dazu da, um das Pullen mit Riemen zu lernen. Die in Kanistern verpackten Rettungsinseln, die sich selbsttätig aufblasen, werden hoffentlich nie gebraucht (S. 176 oben).

Das in altertümlichem Portugiesisch gehaltene Motto auf dem Steuerrad im Heck bedeutet: »Ehre das Vaterland, das auf dich schaut.« (S. 176 unten).

Das Bild vermittelt eine Vorstellung von der Größe und Kraft der Rahsegler. Die roten lusitanischen Kreuze sind das Kennzeichen der SAGRES. Sie schmückten auch die Segel der portugiesischen Koggen, Karavellen und Karracken aus der Zeit der Entdeckungsreisen (links).

Das dreifach ausgeführte Steuerrad ist das Gleiche wie auf der EAGLE der amerikanischen Küstenwache, dem Schwesterschiff der SAGRES. Die Säule rechts vom Kompasshaus ist der Maschinentelegraf. Man übermittelt damit dem Ingenieur Informationen über die gewünschte Motorleistung (links).

Auf dieser Weitwinkelaufnahme segelt die SAGRES mit langsamer Fahrt. Der Anker befindet sich direkt unter der Wasserlinie. Daran kann man erkennen, dass der Segler kurz davor ist, den Anker fallen zu lassen oder ihn gerade gelichtet hat (oben).

An den vergoldeten Zierleisten am Bug der SAGRES erkennt man auch das Wappen des Heimathafens. Solche Zierleisten sind heute noch ein häufiger Schmuck von Großseglern (rechts).

So sieht ein Albatros die vollgetakelte SAGRES. Sie segelt mit raumem Wind, der für Rahsegler am besten ist. Die Segel am Fockmast heißen von unten nach oben: Focksegel, Vor-Untermarssegel, Vor-Obermarssegel, Vor-Unterbramsegel, Vor-Oberbramsegel und Vor-Royal (Mitte).

Um eine Verwechslung zu vermeiden, werden die alte und die neue SAGRES oft SAGRES I und SAGRES II genannt.

Beide SAGRES aus dem 20. Jahrhundert sind leicht von anderen Segelschiffen zu unterscheiden, weil sie auf ihren Segeln das rote lusitanische Kreuz tragen, das auch die Segel der portugiesischen Karavellen und Karracken aus der Zeit der Entdecker schmückte. Die beiden SAGRES kann man auf Fotografien dadurch unterscheiden, dass die ältere ein Besansegel aufweist, die spätere Ober- und Unterbesan.

Die SAGRES segelt hier mit Steuerbordhalsen. Von innen nach außen heißen die Vorsegel Vor-Stengestagsegel, Binnenklüver, Klüver und Außenklüver (unten).

Ein Ausguck am Bug beobachtet immer das Wasser. Mit der Bugglocke informiert er den wachhabenden Offizier, wenn er ein anderes Schiff oder eine andere Gefahrenquelle sieht. Der Ausguck wiederholt auch mit seiner Glocke das halbstündliche Glasen der Hauptglocke.

SCHIFF	**SAGRES II**		
STAPELLAUF	1937	**BREITE**	12,02 m
ENTWURF	Blohm & Voss, Hamburg	**TIEFGANG**	5,30 m
		VERDRÄNGUNG	1869 Tonnen
WERFT	Blohm & Voss, Hamburg	**SEGELFLÄCHE**	1796 Quadratmeter
		MASCHINE	MAN-Dieselmotor, 750 PS
BESITZER	Portugiesische Marine		
FLAGGE	Portugal	**VERWENDUNG**	Schulschiff der Marine
TAKELUNG	Bark	**BESATZUNG**	10 Offiziere, 19 Unteroffiziere, 131 Mannschaften, ca. 90 Kadetten
TYP	Schulschiff		
BAUWEISE	Stahl		
LÜA	89,48 m		
RUMPFLÄNGE	81,28 m		

60
58
56
54
52
50

Die Galionsfigur stellt Heinrich den Seefahrer (1394–1460) dar. Seine Neugier, sein Entdeckergeist und sein Wunsch, den Handel in noch unbekannte Gebiete auszudehnen, machten ihn zu einem Begründer der Entdeckungsreisen. Er finanzierte die ersten portugiesischen Expeditionen (links).

Die meisten Schulschiffe haben etwas verkürzte Rahen, um den Anfängern die Handhabung der Segel zu erleichtern (unten).

Die Segel am Besanmast heißen von oben nach unten: Besantoppsegel, Oberbesan, Unterbesan. Bei auffrischendem Wind werden sie in dieser Reihenfolge geborgen (links).

Die Offiziersmesse achtern dient für formelle Anlässe (S. 180 links).

Im Salon erledigt der Kapitän seine Büroarbeiten und empfängt private Gäste, wenn das Schiff im Hafen liegt. Die Gäste, die hier empfangen werden, bekommen oft den für den Kapitän reservierten Portwein vorgesetzt. Er schmeckt noch besser als die ohnehin schon vorzügliche Qualität, die den VIPs in der Messe serviert wird (S. 180 rechts).

Die Hauptschiffsglocke der SAGRES in der Nähe des dreifach ausgelegten Steuerrades trägt das Jahr der Indienstnahme durch die portugiesische Marine. Sie wird alle halbe Stunde geschlagen, alle 30 Minuten nach dem Beginn einer Wache. Nach der ersten Stunde wird sie zweimal geschlagen – bis zu »8 Glas«, die das Ende einer vierstündigen Wache bedeuten (links).

Die alte SAGRES wurde in SANTO ANDRÉ umgetauft und als Nachschub- und Lagerschiff für die Werft Alfeite bei Lissabon aufgelegt. 1983 verkaufte man sie an einen deutschen Verein, der sie als Museumsschiff in Hamburg betreibt, nachdem ihr ursprüngliches Aussehen als Cape-Horner wiederhergestellt wurde. Heute trägt sie den früheren Namen RICKMER RICKMERS wieder.
Die heutige SAGRES ist gut in Schuss. Sie nimmt gerne an Tall Ships Races und anderen Windjammertreffen teil. Im Laufe ihres Leben hat sie bisher über 113 Häfen in 45 Ländern angelaufen. Ihre Heimatgewässer sind der Nord- und der Südatlantik. Sie führte aber von 1978 bis 1979 und von 1983 bis 1984 zwei Weltumseglungen durch. Auf der letzten besuchte sie das Osaka World Sail Festival. Im Jahr 2000 nahm sie an den Feierlichkeiten zur 500-Jahr-Feier der Entdeckung Brasiliens durch den portugiesischen Seemann Pedro Alvares Cabral (1468–1520 oder 1526) teil.

Die MIRCEA ist die Vierte der Gorch Fock-Barken und das genaue Schwesterschiff der ursprünglichen GORCH FOCK, die heute »Towarischtsch« heißt. Die anderen Barken haben einen um rund 7,40 Meter längeren Rumpf. Von allen 6 Schiffen der Familie war allein die MIRCEA nicht für die deutsche Reichsmarine bestimmt. Sie wurde vom rumänischen Staat als Schulschiff für die Marineakademie in Constanza in Auftrag gegeben.

Die MIRCEA ist das zweite rumänische Schulschiff dieses Namens. Das Erste war eine große Brigg, die in Blackwall in der Nähe von London gebaut wurde. Sie lief 1882 vom Stapel. Ein Jahr zuvor war das Königreich Rumänien gegründet worden – im Anschluss an den Krieg von 1877 bis 1878, bei dem die Osmanen endgültig aus dem Land vertrieben wurden, das sie seit dem Mittelalter besetzt hielten. Ihr letztes Rückzugsgebiet war die Dobrudscha gewesen, die Küstenprovinz mit der Stadt Constanza.

Die Brigg wurde nach Herzog Mircea (1386–1418) von

Mircea

Muntenien benannt. Er hatte damals die Dobrudscha von den Türken zurückerobert, und unter seiner Herrschaft war Rumänien für eine Zeit lang zu einer Seehandelsnation geworden.

Die Brigg diente als Schulschiff, bis sie zu alt dafür wurde. Dann ersetzte man sie durch die heutige MIRCEA. Die Kiellegung dieses Schiffes erfolgte am 15. April 1938, und der Stapellauf des Rumpfes war am 22. September. Am 16. Januar 1939 wurde das fertige Schiff an den Besitzer ausgehändigt. Die neue Bark erhielt den Namen ihrer Vorgängerin und eine prächtige Galionsfigur mit der Darstellung des Herzogs Mircea. Der Bildhauer bezog sich dabei auf ein Wandgemälde eines mittelalterlichen Klosters. Die Bark nahm im April 1939 in Constanza ihren Dienst auf. Seit einem Jahr besaß die Marine damals auch eine Abteilung für die Handelsflotte zur Ausbildung von

Einige Segel weisen eine Reffleiste auf, die hier als girlandenartige Linie deutlich wird. Das Reffen eines Rahsegels ist eine der gefährlichsten Arbeiten auf der Rah (links).

Die MIRCEA und die TOWARISCHTSCH sind die kleinen Zwillingsschwestern der Gorch Fock-Klasse. Ihr Rumpf ist um 9% kürzer als der ihrer größeren Schwestern. Die Riggs sind aber nur um weniger als 3% kürzer, und die Rahen weisen dieselbe Länge auf. Damit haben die kleineren Barken eine verhältnismäßig größere Segelfläche. Sie sehen dadurch auch höher und eleganter aus (oben).

Decksoffizieren, Ingenieuren, Funkern und Zahlmeistern. Die MIRCEA sollte also Kadetten der Kriegs- wie der Handelsflotte schulen, doch das galt nur für einen Trainingskurs im Mittelmeer. Dann brach der Krieg aus. Während der Kriegsjahre erhielten nur Kadetten der Kriegsmarine auf kurzen Fahrten in Heimatgewässern ihre Ausbildung.
Rumänien verhielt sich erst neutral, trat dann aber auf der Seite der Achsenmächte in den Krieg ein. In der Folge besetzte die Sowjetunion Rumänien und hisste auch auf der MIRCEA die rote Flagge. Die Bark wäre ohne Zweifel wie ihre deutschen Schwestern zur Abtragung von Kriegsschulden verwendet worden, hätten nicht die Kommunisten kurz nach Kriegsende die Macht an sich gerissen. So wurde die MIRCEA einer moskaufreundlichen Regierung übergeben.
Das Schiff nahm 1946 die Trainingsfahrten wieder auf, erst nur mit Kadetten der Kriegsmarine. 1959 gründete die Marineakademie wieder eine Abteilung für die Handelsschifffahrt. Bis 1965 segelte das Schiff im Schwarzen Meer und im östlichen Mittelmeer.
Von Januar bis Februar 1966 kam die MIRCEA für eine größere Überholung in die Werft Blohm & Voss zurück. Masten und Rigg wurden erneuert; man baute u.a. neue wasserdichte Schotten ein und ersetzte die ursprüngliche Maschine durch einen MAK-Dieselmotor mit 1100 PS.
Nach dieser Erneuerung nahm die Bark ihre Trainingsfahrten wieder auf und dehnte sie über das Schwarze Meer und das östliche Mittelmeer aus. Sie besuchte andere Teile Europas, Afrikas und Nordamerikas. 1969 wurde das Schulschiff in Marineakademie »Mircea Cel Batran« umbenannt.
Nach der Dezemberrevolution 1989 wurde die Seefahrtschule neu organisiert. Die MIRCEA segelte einige Zeit weiter, benötigte aber eine Überholung, die 5 Millionen Dollar kosten sollte. Diese wurde schrittweise durchgeführt und zum Teil dadurch finanziert, das man dem Beispiel anderer Schulschiffe aus dem früheren Ostblock folgend nun auch ausländische Ferienkursteilnehmer aufnahm. Man erwartete die MIRCEA beim Großseglertreffen in Rouen 1999, doch sagte sie ab – vielleicht aus Sorge, es könne ihr dasselbe zustoßen wie der Towarischtsch 1995. Seither gibt es keine neuen Nachrichten mehr von diesem Schiff.

Der weiße Zylinder mit der Kuppel am hinteren Ende der Back enthält die Backbordlaterne und die Steuerbordlaterne. Ursprünglich handelte es sich um Öllampen, die einen Schutz vor Sturmwinden und Wellenbrechern brauchten (links).

Dem kleinen hydraulisch betriebenen Steuerrad mit dem übergroßen Ruderlagenanzeiger fehlt die Eleganz. Diese Einrichtungen sind wahrscheinlich sowjetisches Design der Nachkriegszeit (unten).

SCHIFF	MIRCEA		
STAPELLAUF	1938 Blohm & Voss, Hamburg	TIEFGANG	5,20 m
		RAUMINHALT	1312 BRT
		VERDRÄNGUNG	1630 Tonnen unbeladen, 1760 Tonnen beladen
ENTWURF	Blohm & Voss, Hamburg	SEGELFLÄCHE	1748 Quadratmeter
EIGENTÜMER	Handelsflotte, Seefahrtschule Constanza	MASCHINE	MAK-Dieselmotor, 1100 PS
FLAGGE	Rumänien	VERWENDUNG	Schulschiff für die Kriegs- und Handelsmarine
TAKELUNG	Bark		
TYP	Schulschiff		
BAUWEISE	Stahl	MANNSCHAFT	40 Offiziere und Unteroffiziere, 50 Stamm-Mannschaften, 120 Zöglinge
LÜA	82,10 m		
RUMPFLÄNGE	73,70 m		
BREITE	12,00 m		

Die plumpen Formen der Steuerausrüstung werden mehr als nur wettgemacht von der prächtigen Galionsfigur, die Herzog Mircea (1386–1418) darstellt. Als Modell für die Figur diente ein Fresko in einem mittelalterlichen Kloster (rechte Seite).

Gorch Fock II

Im Jahr 1945 verlor Deutschland zum zweiten Mal in weniger als 30 Jahren seine Segelschulschiffe, weil es im Krieg unterlegen war. Insbesondere gingen alle 3 Barken verloren, die noch vor dem Krieg in Dienst gestanden hatten: die GORCH FOCK I von 1933, die heutige TOWARISCHTSCH, sowie die etwas größeren Schwesterschiffe HORST WESSEL (heute EAGLE) und ALBERT LEO SCHLAGETER (heute SAGRES II). Dazu kam die unvollendete HERBERT NORKUS, die die Alliierten sprengten. Als die Marine gegründet wurde, wollte man als eines der ersten neuen Schiffe wieder ein Segelschulschiff haben.

Die Gorch Fock-Klasse der 30er-Jahre erwies sich für diesen Zweck als sehr geeignet, und so erhielt die Werft Blohm & Voss einmal mehr den Auftrag zum Bau einer Bark mit derselben Konstruktion wie ihre großen Schwestern. Die neue Bark sollte den Namen »Gorch Fock« tragen wie die Erste dieser Reihe. Es handelt sich dabei um den Künstlernamen von Johann Kinau (1880–1916), einem See-Schriftsteller aus Finkenwerder, Hamburg.

Man hatte nach der Kenterung der Bark NIOBE 1932 die Sicherheitsmaßnahmen verbessert. 1957, ein Jahr vor dem Bau der neuen GORCH FOCK, kam es zu einer weiteren Katastrophe: Die deutsche Viermastbark PAMIR war in einem Hurrikan untergegangen. Danach führte man wasserdichte Aufbauten und zusätzliche wasserdichte Schotten ein und bewirkte damit, dass sich das Schiff selbst bei einer Krängung von über 45 Grad von selbst wieder aufrichten kann.

Die Kiellegung erfolgte zu Beginn des Jahres 1958. Der Stapellauf war am 23. August, und das Schiff nahm am 17. Dezember desselben Jahres seinen Dienst auf.

Die GORCH FOCK bildet Offiziers- und Unteroffiziersanwärter aus. Ab Mai 2002 sollen auch weibliche Kadetten aufgenommen werden, obwohl Frauen in anderen Funktionen schon seit 1989 mitfahren. Die GORCH FOCK ist im Sommer lange Zeit unterwegs und überwintert in ihrem Heimathafen in Kiel. In den meisten Jahren unternimmt sie drei unterschiedlich lange Fahrten. Mindestens eine davon führt zu Zielen außerhalb Europas und den Kanarischen Inseln.

Diese Ansicht zeigt die rechtwinklig stehenden Rahen und den typischen pyramidenförmigen Segelriss eines Vollschiffes. Allerdings läuft die GORCH FOCK hier nicht vor dem Wind, sondern unter Motor mit back stehenden Segeln (S. 186 oben).

Ein Namensschild ist achtern in der Höhe des Kartenhauses angebracht (S. 186 unten).

Die GORCH FOCK fährt hier unter Maschine, wobei der Fahrtwind das Segel back schlägt. Dies ist eine typische Situation während einer Segelparade, bei der die Schiffe ungeachtet des Windes einen bestimmten Kurs einhalten müssen. Dabei setzen sie natürlich Segel zum Vergnügen der Zuschauer am Ufer (links).

Bei einer festlichen Gelegenheit wird über die Toppen geflaggt. Die Signalflaggen werden dabei nicht in zufälliger Reihenfolge gesetzt. Vielmehr zieht man die Flaggen und Wimpel des Flaggenalphabets in regelmäßigen Abständen auf und vermeidet damit irgendeine zufällige Bedeutung (unten).

SCHIFF	**GORCH FOCK II**		
STAPELLAUF	1958	BREITE	12,00 m
ENTWURF	Blohm & Voss, Hamburg	TIEFGANG	5,00 m
		VERDRÄNGUNG	1760 Tonnen
WERFT	Blohm & Voss, Hamburg	SEGELFLÄCHE	2037 Quadratmeter
		MASCHINE	Deutz MWM, 1660 PS
EIGENTÜMER	Deutsche Marine	VERWENDUNG	Schulschiff der Marine
FLAGGE	Deutschland	BESATZUNG	12 Offiziere, 14 Portepeeunteroffiziere, 27 Unteroffiziere, 24 Mannschaften, max. 160 Lehrgangsteilnehmer
TAKELUNG	Bark		
BAUWEISE	Stahl		
LÜA	89,30 m		
RUMPFLÄNGE	81,20 m		

Die Jungfernreise im Jahr 1958 führte nach Teneriffa. Im darauf folgenden Jahr, einem Jahr ohne Tall Ships Race, kreuzte sie in der Nordsee. 1960 konnte sie erstmals an einem Tall Ships Race teilnehmen. Es führte von Cannes nach Neapel, und sie gewann dieses Rennen. Die GORCH FOCK nimmt regelmäßig an internationalen Großseglertreffen und Segelregatten teil und ging bisher oft als Siegerin hervor; jedenfalls ist sie immer auf den vordersten Plätzen anzutreffen. 1985 wurde die GORCH FOCK überholt, wobei man auch eine Cafeteria und eine Meerwasserentsalzungsanlage einbaute. Das Kadettendeck behielt jedoch noch seine Hängematten bei. Von 1987 bis 1988 machte sie ihre erste Weltreise und nahm in Sydney an den Feiern zur Entdeckung von Australien vor damals 200 Jahren teil.

1991 wurde die GORCH FOCK erneut vier Monate gründlich überholt. Man baute einen 1660-PS-Motor ein, der 30 % mehr Seeausdauer bringt als die alte Maschine. Auch eine Klimaanlage wurde installiert und kann Außentemperaturen von –15 °C bis 32 °C auf 20 °C bis 27 °C nivellieren.

Von 1996 bis 1997 unternahm die GORCH FOCK ihre bisher längste Reise mit einer Dauer von 343 Tagen.

Das Steuerrad ist wie bei der SAGRES II und der EAGLE für die Kadetten dreifach ausgelegt. Der Kompass vor dem Steuerrad ist der Steuerkompass. Mit dem Kompass im Vordergrund führt man Peilungen durch (oben).

Ein Kreiselkompass zum Peilen von Landmarken und zum Messen der Winkel zwischen ihnen. Man bestimmt so die eigene Position. Kreiselkompasse sind genauer und ruhiger als Magnetkompasse (rechts).

Die Galionsfigur der GORCH FOCK ist ein ungewöhnlich stilisierter Adler, der einem Albatros ähnlich sieht (unten).

Rahsegler unter voller Besegelung sind ein Anblick von zeitloser Eleganz. Glücklich sind jene, die mit ihnen mitsegeln dürfen. Die GORCH FOCK unternimmt regelmäßig längere Hochseereisen (rechte Seite).

Sie fuhr dabei 18 Häfen in 16 Ländern auf 4 Kontinenten an und war u.a. im Roten Meer, im Südchinesischen Meer, in Brasilien und auf den Westindischen Inseln zu Gast.

Im Dezember 2000 begann man mit einer neunmonatigen Erneuerung, der mit 11 Millionen Euro bisher teuersten. Man baute neue leistungsstarke Generatoren ein, um genügend Strom für die gesamte elektrische und elektronische Ausrüstung zu haben. Die genieteten Stahlplatten des Rumpfes werden geschweißt. Man befestigt jedoch falsche Nietköpfe, um das ursprüngliche Aussehen beizubehalten. Auch die Unterkünfte wurden völlig neu gestaltet und erhielten nun auch Kabinen für weibliche Offiziersanwärter außerhalb des Sanitätsdienstes, die am 3.9.2001 an Bord gehen.

Die AMERIGO VESPUCCI ist das Schulschiff der Offiziersanwärter der italienischen Marineakademie und eines der größten Segelschiffe überhaupt. Benannt ist sie nach dem Florentiner Kartografen (1451–1512), der die ersten Karten jenes neuen Kontinents zeichnete, den der Genueser Seemann Christoph Kolumbus entdeckt hatte. Amerigo Vespucci signierte seine Karten. So glaubte man später, er habe die neuen Länder entdeckt, und nannte sie nach ihm Amerika.
Das Schiff ist das Zweite von 2 Schwesterschiffen. Das Erste wurde unter dem Namen CRISTOFORO COLOMBO 1928 vom Stapel gelassen. Die Sowjetunion beschlagnahmte es 1949 als Kriegsentschädigung,

Die Schulschiffe haben fast immer Wappen oder Medaillons. Meist verkleinerte Repliken davon schenkt man VIPs bei deren Besuch als Andenken. Dies ist ein Bronzemedaillon der AMERIGO VESPUCCI (oben links).

Die AMERIGO VESPUCCI entspricht dem Typ der großen Fregatten des 19. Jahrhunderts: Das Schiff hat einen sehr hohen Freibord, eine Heckgalerie sowie gemalte weiße Pfortenbänder (oben).

Großsegler ziehen überall die Aufmerksamkeit auf sich. Manchmal ist ihre Anziehungskraft auch zu groß: Kollisionen sind trotz aller Warnungen schon vorgekommen (links).

Amerigo Vespucci

taufte es in DUNAY um und setzte es im Schwarzen Meer ein. 1963 wurde das Schiff aufgelegt und 1971 in Odessa abgewrackt.

Die AMERIGO VESPUCCI hat 3 Decks und erinnert an die Fregatten der 1850er- und 1860er-Jahre. Typisch dafür sind der hohe Freibord, die vergoldete Galionsfigur, die Verzierungen an der Bordwand, die Heckgalerie und die gemalten weißen Pfortenbänder. Das Deck besteht aus Teakholz wie bei einer Luxusyacht. Vor kurzem erhielt die AMERIGO VESPUCCI ein futuristisches Ruderhaus mittschiffs mit einem Glasdach, das an ein Raumschiff eines Sciencefictionfilms erinnert... Das Steuerrad dort ist nur mittelgroß und sieht traditionell aus. Die Steuerung erfolgt jedoch elektro-hydraulisch. Unter Segeln wird das Schiff achtern jedoch normal mithilfe eines massiven vierfach ausgelegten Steuerrades gesteuert. Es verfügt über eine mechanische Kraftübertragung und wird mit bis zu 8 Mann besetzt.

Als Hilfsantrieb verfügt die AMERIGO VESPUCCI über zwei 950 PS starke Motoren. Sie treiben zwei Wechselstromgeneratoren an. Die AMERIGO VESPUCCI ist ein gleichzeitig hochseetüchtiges Klassenzimmer, ein Übungsschiff und eine Seemannsschule. Sie erfüllt aber auch eine weitere Aufgabe als schwimmende Botschafterin, wenn sie fremde Häfen besucht.

Die Heckgalerie ist für den Kapitän und seine Gäste reserviert. Es handelt sich dabei um ein Merkmal aus dem 19. Jahrhundert. In Wirklichkeit reicht sie bis in die Zeit der Karracken zurück (links).

Die Galionsfigur stellt Amerigo Vespucci dar, den Florentiner Kartografen und Seemann, der für Spanien und Portugal mindestens 2 Reisen über den Atlantik unternahm. Auf seinen Karten waren die besuchten Länder erstmals als Neue Welt verzeichnet (rechte Seite).

Die AMERIGO VESPUCCI führt eine große Zahl von Beibooten mit sich. Man setzt sie für Übungen im Pullen ein und fährt damit auch die über 370 Mann des Schiffes zur Küste und zurück (oben rechts).

Die beiden auffälligsten Unterschiede zwischen der AMERIGO VESPUCCI und den Fregatten aus der Mitte des 19. Jahrhunderts sind die Bullaugen anstelle der Geschützpforten sowie die Unter- und Obermarssegel. Obwohl diese um 1850 auf Handelsschiffen erstmals auftauchten, blieben die Kriegsschiffe bis zuletzt den einfachen Marssegeln mit Reffmöglichkeiten treu (beide rechts).

SCHIFF	AMERIGO VESPUCCI
STAPELLAUF	*1931*
ENTWURF	*Oberleutnant Francesco Rotundi*
KONSTRUKTION	*Ehemalige Königliche Werft in Castellamare di Stabia, Neapel, Italien*
EIGENTÜMER	*Kriegsflotte, Marina Militare, Accademia Navale, Livorno*
FLAGGE	*Italien*
TAKELUNG	*Vollschiff*
TYP	*Schulschiff*
BAUWEISE	*Stahl*
LÜA	*101,00 m*
RUMPFLÄNGE	*82,00 m*
BREITE	*15,50 m*
TIEFGANG	*6,50 m*
VERDRÄNGUNG	*3550/4100 ts*
SEGELFLÄCHE	*2100 Quadratmeter*
MASCHINEN	*2 dieselelektrische Motoren Fiat-Marelli zu je 950 PS, eine Schiffsschraube*
VERWENDUNG	*Schulschiff*
MANNSCHAFT	*24 Offiziere, 34 Unteroffiziere, 205 Mannschaften, 150 Kadetten*

Sie wird natürlich tadellos in Schuss gehalten. Das Messing funkelt und die Fallen liegen schön aufgeschossen in speziellen zylindrischen Behältern. Im Hafen tragen die Kadetten elegant geschnittene und perfekt gebügelte Uniformen mit weißen Handschuhen und Mützen.

Der Heimathafen der AMERIGO VESPUCCI ist La Spezia. In den meisten Jahren sticht sie im Juni für eine kurze Fahrt im Mittelmeer in See – allerdings nur mit der Stammcrew, damit diese sich wieder einüben kann. Im Juli, nach dem Abschluss des akademischen Jahres, gehen die Offiziersanwärter des ersten Jahrgangs auf eine dreimonatige Reise, die bis zum September dauert. Sie führt in den Atlantik, in die Nordsee und gelegentlich auch in die Ostsee.

An der hochpolierten Oberseite des Spills widerspiegeln sich die Masten. Wenn man nicht am Spill arbeitet, sind die Staken verstaut (oben).

Fahrt unter Motor. Man beachte die beiden altmodischen Kranbalken, die zu beiden Seiten der Back nach vorne ragen. Man verwendet sie, um die Stockanker auf Deckshöhe zu bringen (linke Seite).

An der Schiffsglocke hängt ein kunstvoll geflochtener Glockensteert, der in den Farben der italienischen Nationalflagge gestrichen wurde (links).

Die Brassen sowie Schoten, Geitaue und Gordings werden an Nagelbänken belegt. Die Tampen werden dabei zu Buchten aufgeschossen (links).

Blick zum Topp des Fockmasts. Der Ring um den Mast soll verhindern, dass sich Leinen und Blöcke ineinander verheddern (oben).

Die AMERIGO VESPUCCI ist kein schneller Segler. Aus diesem Grund nimmt sie nur selten an Tall Ships Races teil. Allerdings taucht sie gern bei Seglertreffen auf. Die AMERIGO VESPUCCI war bei den Tall Ships Races des Jahres 2000 vertreten, bei den Regatten Genua – Cadiz, Cadiz – Bermudas und Boston – Halifax. Bei der Transatlantikfahrt wurde sie nach Berücksichtigung ihres Handicaps Zweite in ihrer Klasse und Dritte in der Gesamtwertung.
Das Schiff unternimmt oft ausgedehnte Fahrten, um zum Beispiel an der amerikanischen OpSail teilzunehmen, etwa 1976 zur Erklärung der amerikanischen Unabhängigkeit vor 200 Jahren, 1992 zur Entdeckung Amerikas vor 500 Jahren oder auch an der OpSail 2000. Die AMERIGO VESPUCCI ist oft über den Atlantik nach Nordamerika gesegelt. Sie tritt auch häufig bei europäischen Großseglerfestivals in Erscheinung.

Das erhöhte Steuerhaus zwischen dem Fock- und dem Großmast trägt ein durchsichtiges Glasdach und wird von einem Netz vor herabfallenden Blöcken und anderen Gegenständen geschützt (oben).

Schwere Holarbeiten – mögen es nun Fallen, Brassen oder Schoten sein – gehören zur alltäglichen Arbeit auf Windjammern. Sie erfordern koordinierte Teamarbeit (rechts).

Das Poopdeck. Die käfigartigen Zylinder auf dem Deck sind Behälter, in denen die Enden der Leinen vom Mast sauber aufgeschossen und aufbewahrt werden. Hier sind sie gerade nicht in Gebrauch. Die Männer, die an der Nagelbank des Besanmastes arbeiten, sind von einem ziemlichen Durcheinander von Fallen umgeben (oben).

Aufstellung der Wachen. Die Namen werden aufgerufen, um sicher zu sein, dass sich niemand unter Deck versteckt hält oder unbemerkt über Bord gegangen ist (links).

Die AMERIGO VESPUCCI hat 11 Beiboote. Vier davon verfügen über Segel und Riemen. Manchmal setzt man sie bei Windstille ein, um das Schiff zu schleppen, wie dies gelegentlich in den Zeiten geschah, in denen es noch keine Hilfsmotoren gab (rechte Seite).

Wenn im Hafen die Besucher kommen, werden die Leinen um den Mast mit einem geschmückten Band dekoriert. Die Enden der Fallen schießt man sauber in Buchten auf (oben).

Detailaufnahme vom schwenkbaren Bootsdavit (links).

Eine dreiteilige Talje mit Holzblöcken zum Wegfieren der Beiboote. Die AMERIGO VESPUCCI verwendet noch heute viele Manilafasertaue (links).

Im Labyrinth des stehenden und laufenden Guts hat jede Leine und jedes Stag seinen eigenen Namen. Ein Durcheinander besteht nur in der Vorstellung des unkundigen Betrachters. Hinter der Architektur von Segeln und Leinen steht eine Logik, die durch Jahrhunderte lange Evolution der Rahsegler entstanden ist (oben).

Mit Jungfern und Taljereeps setzt man die Wanten durch (S. 199 unten links).

Die Enden von Fallen, Geitauen, Schoten oder Gordingen sind ordentlich in Buchten aufgeschossen und somit klar für ein Manöver (S. 199 unten rechts).

Diese aufwändig verzierte Schiffslaterne nach einem Vorbild aus dem 17. Jahrhundert wird abgenommen, wenn sich das Schiff auf See befindet (oben).

Die Privaträume des Kapitäns sind im Marinestil des späten 19. Jahrhunderts ausgestattet. Dazu kommt noch ein Touch aus den 30er-Jahren (oben).

Dieses viel bescheidenere Steuerrad wird verwendet, wenn das Schiff unter Maschine fährt. Es liegt im vorderen Steuerhaus. Die Kraftübertragung erfolgt elektro-hydraulisch. Unter der Kompasshaube aus Messing befindet sich ein konventioneller Magnetkompass (rechts).

Drei der vier Steuerräder im Steuerhaus auf dem Poopdeck. Man verwendet sie in der Regel, wenn die AMERIGO VESPUCCI unter Segeln fährt. Sie werden gleichzeitig von 8 Kadetten bedient (oben).

Der Salon im Heck dient dem Kapitän als Speisesaal und als Raum für offizielle Empfänge. Er ist mit vielen Erinnerungen an das Leben des Schiffes, an große Fahrten und angelaufene Häfen geschmückt (S. 200 unten).

Die JUAN SEBASTIAN DE ELCANO ist das Schulschiff der spanischen Marine. Man setzt es zur Ausbildung der Kadetten und gleichzeitig als schwimmende Botschafterin ihres Landes ein. Sie stellt zurzeit das älteste Schulschiff dar, das noch in Dienst steht, befindet sich aber in bestem Zustand. 1956 und 1978 führte man größere Überholungen durch. Mit ihrer Beinahe-Schwester ESMERALDA ist sie der größte existierende Schoner. Sie ist länger und auch größer als die meisten Rahsegler, die zurzeit noch fahren. Sie wurde von der Werft Echevarrieta y Larrinaga in Cadiz gebaut. Konstruiert hat sie Charles Ernest Nicholson von der berühmten englischen Yachtwerft Camper & Nicholsons. Die Kiellegung erfolgte am 24. November 1925, der Stapellauf im März 1927. Die Marine übernahm das Schiff am 28. Februar 1928 und stellte es am 17. August in Dienst. Die 4 Masten heißen auf Deutsch Fockmast, Großmast, Kreuzmast und Besanmast. Auf der JUAN SEBASTIAN DE ELCANO heißen sie jedoch nach vier früheren spanischen Schulschiffen Blanca, Almansa, Asturias und Nautilus.

Sie sind mit 45,60 Meter über Deck alle gleich hoch. Almansa und Asturias tragen identische Segel. Die Nautilus-Gaffel ist länger als die unter sich identischen Gaffel der 3 anderen Masten. Blanca trägt Ober- und Untermarssegel sowie ein Bramsegel darüber. Dies bedeutet, dass man oft von einem Viermast-Toppsegelschoner spricht, die Rahen werden also als Toppsegel definiert. Mit diesem allgemeinen Namen bezeichnet man alle Schoner, die eines oder mehrere Rahsegel über dem Gaffelsegel des Fockmastes setzen.
Der Rumpf hat eine lange Poop, die sich fast bis zu Asturias erstreckt, sowie eine Back. Das lange Hauptdeck zwischen Back und Poop wird durch 2 Liverpoolhäuser in 3 Welldecks unterteilt. Diese

Die Flagge der JUAN SEBASTIAN DE ELCANO entspricht der spanischen Flagge mit den Wappen der vier Königreiche Kastilien, León, Aragón und Navarra in den Gevierten (oben).

Kadetten tuchen das Focksegel auf (S. 202 unten).

Das Bild zeigt gut den doppelten Aufbau auf dem Deck mit den beiden Liverpoolhäusern. Die Rahsegel sind hier nicht gesetzt, da sie back stehen würden. Auch die Schotsegel killen unter Maschinenfahrt (links).

Die Galionsfigur der JUAN SEBASTIAN DE ELCANO ist eine klassische gekrönte Frauenfigur mit einem Wappenschild, der das Bild des steigenden Löwen von León zeigt – nicht das Wappen des Juan Sebastian de Elcano mit der Erdkugel und dem Motto »primus circus havicesse« (oben).

Juan Sebastian de Elcano

Decksaufbauten nehmen die ganze Rumpfbreite ein und haben ihren Namen von der Tatsache, dass man sie im späten 19. Jahrhundert erstmals auf einigen Schiffen aus Liverpool sah. Laufbrücken zwischen diesen Decksaufbauten machen es möglich, von Poop zur Back zu gelangen, ohne auf die Welldecks absteigen oder die Decksaufbauten durchqueren zu müssen.
Die 243 Mann Besatzung, die in der Tabelle auf dieser Seite angegeben sind, entsprechen einer offiziellen

Zahl der spanischen Marine. In Wirklichkeit schwankt die Besatzung zwischen 250 und 300 Mann.
Der Schoner ist nach Juan Sebastian de Elcano (1486–1526) benannt, der als erster Seemann die Welt umsegelte. Er war einer der Offiziere in Magellans Flotte aus 5 Schiffen, die Spanien 1519 verließ, um eine Westroute zu den Gewürzinseln zu finden. Die Expedition hatte mit großen Schwierigkeiten zu kämpfen, etwa mit Skorbut, Überfällen und Schiffbruch. Magellan selbst wurde von Eingeborenen auf den Philippinen getötet. De Elcano war der ranghöchste, noch übrig gebliebene Offizier. So übernahm

SCHIFF	JUAN SEBASTIAN DE ELCANO		
STAPELLAUF	*1927*	LÜA	*106,80 m*
ENTWURF	*Echevarrieta y Larrinaga (Rumpf); Camper & Nicholson's (Takelung)*	RUMPFLÄNGE	*88,10 m*
		BREITE	*13,10 m*
		TIEFGANG	*7,46 m*
KONSTRUKTION	*Echevarrieta y Larrinaga, Cadiz, Spanien*	VERDRÄNGUNG	*3750 ts*
		SEGELFLÄCHE	*2467 Quadratmeter*
EIGENTÜMER	*Kriegsflotte, »Buque Escuela De Guardias Marinas«*	MASCHINEN	*Sulzer-Bazán 1500 PS*
		VERWENDUNG	*Schulschiff*
FLAGGE	*Spanien*	MANNSCHAFT	*243 Offiziere, Unteroffiziere und Mannschaften, 89 Seekadetten*
TAKELUNG	*Viermast-Toppsegel-Schoner*		
BAUWEISE	*Stahl*		

Das Steuerrad auf der Flybridge ist von einer Batterie von Kompassen und Anzeigen aus dem Maschinenraum umgeben. Die Inschrift auf dem Messingschild lautet: Escuela de Guardias Marinas – Schule für Seeoffiziere (S. 204 oben).

Die Klüver hängen in Lee der Segel. Sie stehen nicht gut (S. 204 unten).

Die JUAN SEBASTIAN DE ELCANO gehört zu den größten Segelschiffen ihrer Zeit und ist der größte noch existierende Schoner. Im Vergleich zum amerikanischen Siebenmaster THOMAS W. LAWSON von 1902 würde sie allerdings wie ein Zwerg wirken (links).

Die Back mit dem Hals des Vorstengestagsegels und Abdeckungen über den Klüsen. Diese werden bei Ankermanöver nach vorne bewegt. Der pilzförmige weiße Schacht ist eine Lufthutze, die dem Kettenkasten Luft zuführt (unten).

Das Steuerrad trägt dieselbe Inschrift wie sein Gegenpart auf der Flybridge. An Deck der JUAN SEBASTIAN DE ELCANO ist viel Messing zu sehen, das die Kadetten jeden Tag polieren (oben).

er das Kommando über den Rest der Flotte. Er segelte weiter westwärts und kam mit der VICTORIA, dem letzten Schiff, das ihm geblieben war, wieder in seiner Heimat an.
Der Schoner JUAN SEBASTIAN DE ELCANO verdient seinen Namen vollauf, hat er doch die Welt schon 10-mal umsegelt. Dies geschah bei 10 der insgesamt 71 Trainingsreisen, die das Schiff vor dem Jahr 2001 durchführte. Auf diesen Fahrten gelangte der Schoner in 60 Länder und über 130 Häfen. Das Schiff ist ein vertrauter Anblick bei den Tall Ships Races und bei anderen Treffen von Großseglern. Unter anderem nahm die JUAN SEBASTIAN DE ELCANO an der »Operation Sail '76« und an der Kolumbus-Regatta 1992 teil. Dort trat sie als Flaggschiff auf, weil sie spanischen Ursprungs ist und weil der transatlantische Teil dieses Rennens von ihrem Heimathafen Cádiz aus startete. Sie war auch 1997 an der Sail Osaka und am Tall Ships Race 2000 von Cádiz zu den Bermudas vertreten. Danach nahm sie an den Events der OpSail 2000 teil und besuchte verschiedene Häfen der USA, etwa Norfolk in Virginia und New York.

Die fantastischen Messinghandläufe dieser Treppe zeigen, mit wie viel Liebe Schulschiffe in der Vorkriegszeit gestaltet wurden. Moderne Schiffe sind sehr viel nüchterner, und manchmal ziehen die Kadetten diese Einfachheit vor, weil sie das Messing nicht jeden Tag wienern müssen (unten).

Man beachte die Anordnung der Stagen zwischen den Stengen (oben).

Zwei Ansichten des Salons der JUAN SEBASTIAN DE ELCANO *unter der Poop. Bei den Vitrinen und dem opulenten Holz vergisst man leicht, dass man sich an Bord eines Segelschiffes und nicht in einem herrschaftlichen Haus an Land befindet. Alle Erinnerungsstücke, Trophäen und Souvenirs müssen auf See entweder fest verschraubt oder sicher verstaut werden (oben).*

Das Gaffelsegel und das vordere Toppsegel sind hier nach der Art einer Barkentine durch Stagsegel ersetzt (oben).

Das Ölgemälde stellt die erste ESMERALDA dar, eine spanische Fregatte mit 44 Kanonen, die die Chilenen 1820 vor Callao (Peru) in einem Blitzüberfall aufbrachten (unten).

Esmeralda

Im Jahr 1946 bestellte die spanische Marine ein Schwesterschiff der JUAN SEBASTIAN DE ELCANO. Dieser neue Schoner sollte JUAN DE AUSTRIA heißen. Noch im selben Jahr fand die Kiellegung statt, doch die Baufortschritte waren dann vorwiegend aus finanziellen Gründen sehr gering. Der Rumpf war noch unvollendet, als im August 1946 eine benachbarte Munitionsfabrik in die Luft flog. Die Explosion richtete solche Schäden an der Werft an, dass alle Arbeiten zum Stillstand kamen und sie Konkurs anmelden musste. Sie wurde gerettet, indem man sie verstaatlichte. Trotzdem gingen die Arbeiten an der JUAN DE AUSTRIA nicht mehr weiter.

Die spanische Wirtschaft litt damals noch unter den Auswirkungen des Bürgerkriegs. Die Spanier hatten bei den Chilenen große Schulden und konnten mit den Rückzahlungen nicht Schritt halten. Spanien bot Naturalien und Güter besonders auf dem Gebiet des Schiffbaus an. Die Chilenen waren an der JUAN DE AUSTRIA interessiert und übernahmen das Schiff 1954 unter dem Namen ESMERALDA.

Vorher nahm man die Bauarbeiten wieder auf, und der Stapellauf fand am 12. Mai 1952 schon unter dem Namen ESMERALDA statt. Damit war sie das sechste

Die ESMERALDA hat eine sehr viel längere Back als die JUAN SEBASTIAN DE ELCANO, sie reicht fast bis zum Großmast (oben).

Die Plakette des Schiffbauers. Das Datum gibt den Monat an, in dem die Arbeiten abgeschlossen wurden. Mit dem Bau hatte man 1942 begonnen, kam dann aber durch die Explosion einer Munitionsfabrik nicht weiter, weil die Werft dadurch zu einem großen Teil zerstört worden war. Das Schiff wurde schließlich für die chilenische Marine fertig gestellt (rechts).

»Wir ziehen alle an einem Strang« (links).

Es ist eine alte seemännische Tradition, dass die Seeleute bei Paraden auf den Rahen stehen. Zu diesem Zweck werden auf Brusthöhe Leinen gespannt, an denen sich die Kadetten festhalten (unten).

SCHIFF	**ESMERALDA**
STAPELLAUF	*1953*
ENTWURF	*Echevarrieta y Larrinaga (Rumpf); Camper & Nicholson's (Takelung)*
KONSTRUKTION	*Echevarrieta y Larrinaga, Cadiz, Spanien*
EIGENTÜMER	*Kriegsflotte, Armada de Chile, Buque Escuela »Esmeralda«*
FLAGGE	*Chile*
TAKELUNG	*Viermast-Barkentine*
BAUWEISE	*Stahl*
LÜA	*113,00 m*
RUMPFLÄNGE	*94,00 m*
BREITE	*13,00 m*
TIEFGANG	*6,00 m*
SEGELFLÄCHE	*2852 Quadratmeter*
VERDRÄNGUNG	*3500 ts (ausgerüstet)*
MASCHINEN	*Fiat, Diesel, 1500 PS*
VERWENDUNG	*Schulschiff*
BEWAFFNUNG	*Vier 5,7 cm Schnellfeuerkanonen*
MANNSCHAFT	*332 Offiziere, Unteroffiziere, Kadetten, Jungmänner und Mannschaften*

chilenische Schiff dieses Namens. Das erste war eine spanische Fregatte gewesen, die die Chilenen 1820 während des Unabhängigkeitskrieges gekapert hatten. An der ursprünglichen von Echevarrieta y Larrinaga entworfenen Rumpfform brachte man einige Veränderungen an. Man gab die beiden Liverpoolhäuser auf und ersetzte sie durch einen konventionellen Decksaufbau mit einer Brücke darüber. Die Back wurde fast bis zum Großmast ausgedehnt. Die ESMERALDA lässt sich somit im Profil leicht von der JUAN SEBASTIAN DE ELCANO unterscheiden. Eine noch bedeutsamere Veränderung führte man am Segelriss ein: Das Gaffelsegel des Fockmastes wurde durch zwei Stagsegel ersetzt. Damit wurde aus dem Toppsegelschoner eine Barkentine. Die Segel des Fockmastes wurden sonst aber nicht verändert. Das Rigg der ESMERALDA ist zwar nicht einzigartig, aber doch sehr ungewöhnlich. Jedenfalls entbrennt unter den Liebhabern von Großseglern immer wieder die Debatte, ob es sich nun um einen Schoner oder eine Barkentine handelt.

Die Flybridge ist ein sehr bequemer Kommandoposten mit einem klaren Blick auf alles, was an Deck und in der Umgebung des Schiffes geschieht. Allerdings erzeugen alle hohen Aufbauten einen bedeutenden Luftwiderstand. Gegen Ende der Segelschifffahrt, aber noch vor der Einführung von Hilfsmaschinen, verzichtete man deswegen weitgehend auf sie (links).

Bei Großseglern steht vorne immer ein Ausguck, und man steuert das Schiff fast immer im Freien, um einen Blick auf die Segel und auf das Wasser zu haben – ganz im Gegensatz zu den Motorschiffen mit ihren Autopiloten (rechte Seite).

Die ESMERALDA wurde am 15. Juni 1954 ihren neuen Eigentümern übergeben und setzte am nächsten Tag Segel nach Valparaiso, ihrem künftigen Heimathafen. Sie wollte über Las Palmas, New Orleans (wo man eine Meerwasserentsalzungsanlage einbaute) und Panama ihr Ziel erreichen.

Seit jener Zeit wurde die ESMERALDA intensiv für die Ausbildung von Offizieren und jungen Rekruten genutzt. Sie dient auch als Botschafterin ihres Landes, lädt Staats- und Regierungschefs und andere Würdenträger ein und steht in den Häfen auch dem Publikum für einen Besuch offen. Die ESMERALDA hat schon über 300 Häfen auf der ganzen Welt besucht und gehört zu jenen Schulschiffen, die jedes Jahr am meisten Meilen zurücklegen. Sie führte mehrere Weltumsegelungen durch und ist eine häufige Besucherin in Nordamerika, Europa und im Fernen Osten. Die ESMERALDA hält für Schiffe ihres Typs auch den Rekord für die längste Strecke, die innerhalb eines Tages zurückgelegt wurde. Die ESMERALDA brachte es innerhalb dieser 24 Stunden auf einen Schnitt von 16 Knoten.

Die ESMERALDA nahm 1964, 1976, 1982, 1988 (Australien), 1990, 1992 und 2000 an Tall Ships Races teil. Sie erhielt bei den Rennen 1982 und 1990 die Cutty Sark Trophy. Sie war 1964, 1976, 1986, 1989 und 2000 bei der OpSail und auch bei anderen Treffen von Großseglern vertreten, etwa bei der Osaka Sail '83, der Armada de la Liberté 1994 in Rouen, am Hamburger Hafengeburtstag 1997 und an der Sail 2000 in Bremerhaven.

Die ESMERALDA hat eine schöne Rumpfform und ein mächtiges Rigg. Sie macht gute Etmale (oben).

Die altmodische Schiffslaterne wird achtern bei Dunkelheit angezündet, wenn das Schiff im Hafen liegt (unten).

Die Mannschaft steht in Wachen an Deck. Jede Wache ist für einen Mast zuständig. Wenn keine Manöver gefahren werden, halten die Wachen abwechselnd den Schiffsbetrieb über 24 Stunden aufrecht (links).

Das Motto am Steuerhaus bedeutet, aus dem Spanischen übersetzt, »Sieg oder Tod«. Das Wappen oberhalb des Mottos stellt ein Lama und einen Kondor dar, die beiden Symboltiere der Anden (unten links).

Die Galionsfigur der ESMERALDA *ist ein Kondor, der König der Anden. Er tritt im Wappen mehrerer südamerikanischer Republiken auf (unten rechts).*

Libertad

Die Schulschifftradition der argentinischen Marine reicht bis in das Jahr 1872 zurück. Damals erhielt die neu gegründete Marineakademie den Motorsegler GENERAL BROWN. Er wurde 1874 durch die URUGUAY ersetzt, ein Kanonenboot mit Dampfantrieb, das gleichzeitig als Bark getakelt war. Sie diente bis 1883 als Schulschiff und existiert heute noch als Museumsschiff in Buenos Aires. Die als Vollschiff getakelte Dampfkorvette LA ARGENTINA diente von 1883 bis 1891 als Schulschiff der Navy. Auf sie folgte 1898 ein weiteres Schiff desselben Typs, die PRESIDENTE SARMIENTO.
Auf diesem Schiff fanden 37 Trainingsfahrten statt. Darunter waren 6 Weltumsegelungen. In ihrem Logbuch waren insgesamt 1.100.000 Meilen verzeichnet. Dann verwandelte man sie 1938 in ein stationäres Schulschiff. In dieser Funktion diente sie bis

Die LIBERTAD verfügt über ein Glattdeck. Zwischen Fock- und Großmast befindet sich eine Motorschiffbrücke mit Nocken (linke Seite).

Aufgegeite Rahsegel. Sie werden noch aufgetucht und auf die Rah gehievt (oben rechts).

Die Motorschiffbrücke (Mitte).

Die Nagelbänke am Fuß eines Mastes (links).

SCHIFF	**LIBERTAD**		
STAPELLAUF	*1956 (Indienstnahme 1960)*	RUMPFLÄNGE	*91,75 m*
ENTWURF	*Argentinische Marine*	BREITE	*13,80 m*
KONSTRUKTION	*A.F.N.E. Astilleros Navales (Argentinische Staatswerft), Rio Santiago*	TIEFGANG	*6,65 m*
		SEGELFLÄCHE	*2643 Quadratmeter*
		MASCHINEN	*2 Sulzer-Dieselmotoren zu je 1200 PS, ein Propeller*
EIGENTÜMER	*Argentinische Kriegsmarine*	VERWENDUNG	*Schulschiff*
FLAGGE	*Argentinien*	BESATZUNG	*24 Offiziere, 49 Kadetten, 39 »aspirantes« der Marine-Maschinenbau-Schule; 239 Unteroffiziere und Mannschaften (insgesamt 351 Personen)*
RIGG	*Vollschiff*		
TYP	*Schulschiff*		
BAUWEISE	*Stahl*		
LÜA	*103,00 m*		

1961. Heute liegt sie als Museumsschiff in Buenos Aires.
Die LIBERTAD ist somit das fünfte Schulschiff Argentiniens. Die Marine selbst hat sie entworfen und auch gebaut. Die Kiellegung erfolgte am 11. Dezember 1953 in der Marinewerft in Rio Santiago in der Nähe von Buenos Aires, der Stapellauf am 30. Mai 1956. Sie hat ein Glattdeck: Das Oberdeck geht vom Bug bis zum Heck ohne Poop und Back durch. Dieses Merkmal gab es nicht bei den früher gebauten Schulschiffen. Doch heute kann man es bei der DAR MLODZIEZY und ihren Schwesterschiffen antreffen. Ursprünglich bestand die Intention, die LIBERTAD als Viermastbark zu riggen.
Am 10. August 1957 segelte die deutsche Viermastbark PAMIR mit Kadetten und 3780 Tonnen Weizen als Schüttgut von Buenos Aires los. Am 21. September traf sie vor den Azoren auf den Wirbelsturm Carrie und sank. 80 von 86 Mann an Bord kamen ums Leben.

Obwohl die Katastrophe nicht von ihrem Rigg, sondern von der Verschiebung der Ladung im Rumpf verursacht wurde, dachte man erneut über die Takelung der LIBERTAD nach und plante sie nun als Vollschiff. Bis 1982 war sie das längste Vollschiff, das in Dienst stand. Dann machte ihr die DAR MLODZIEZY, die nur wenig länger ist, diesen Titel streitig.
Die LIBERTAD nahm am 28. Mai 1963 den Dienst auf und machte sich am 19. Juni desselben Jahres auf ihre Jungfernreise.
Sie gewann 6-mal die Boston Teapot Trophy. Diese wird jährlich von der International Sail Training Association demjenigen Schulschiff verliehen, das innerhalb von

Ein prächtiger Anblick: Vorsteven und Galionsfiguren der JUAN SEBASTIAN DE ELCANO und der LIBERTAD (links).

Unter vollen Segeln. Ihre Höchstgeschwindigkeit beträgt 18,5 Knoten (unten).

Bis 1982 war die LIBERTAD das größte Vollschiff. Dann wurde sie von der DAR MLODZIEZY »überholt« (oben).

Eine Erinnerungsmedaille der LIBERTAD. Besondere Gäste an Bord erhalten solche Medaillen oder Porzellanteller mit einem Bild des Schiffes als Geschenk (S. 216 unten).

Dümpeln bei leichtem Wind. Heute haben alle großen Segelschiffe Hilfsmotoren, um sich an im Voraus angekündigte Zeitpläne halten zu können (links).

124 Stunden die längste Strecke zurückgelegt hat. 1966 überquerte die LIBERTAD den Nordatlantik nur mit Segeln, von Cape Race bis zu einer gedachten Linie zwischen Dublin und Liverpool. Für die 2059 Meilen brauchte sie 8 Tage und 12 Stunden, ein Rekord für ein Vollschiff.

Die LIBERTAD unternimmt mit Kadetten der Marineakademie von Rio Santiago pro Jahr eine ungefähr sechsmonatige Trainingsfahrt. Die Routen sind unterschiedlich und umfassen rund 22.000 Meilen. Bis zum Ende des Jahres 2000 hatte sie insgesamt 740.000 Meilen zurückgelegt und war in dieser Zeit insgesamt 17 Jahre von ihrer Heimat fern geblieben. Dabei lief sie 470 Häfen in 60 Ländern an und schulte über 10.000 Offiziere und Seeleute.

Die LIBERTAD nimmt regelmäßig an Tall Ships Races und internationalen Großseglertreffen teil. Sie war zum Beispiel beim ersten transatlantischen Tall Ships Race 1964 und an der daran anschließenden OpSail vertreten. 1970 legte sie in Sydney zur 200-Jahr-Feier der Entdeckung von New South Wales an. Sie war 1976 auch beim U.S. Bicentennial Tall Ships Race und der OpSail, am Tall Ships Race 1984 zugegen. Sie besuchte die New York OpSail 1986 und war weniger als einen Monat später auch in Bremerhaven, um an einem Cutty Sark Tall Ships Race mitzufahren. Sie nahm 1987 an der Regatta Hongkong – Osaka und an der Kolumbus-Regatta 1992 teil. Sie besuchte die Festivals 1989, 1994 und 1999 in Rouen. Im Jahr 2000 nahm sie am Tall Ships Race, der OpSail, der Sail 2000 in Amsterdam und an der in Bremerhaven teil.

Die LIBERTAD ist das letzte Vollschiff, das mit genieteten Stahlplatten gebaut wurde (oben).

Die LIBERTAD fällt unter den Großseglern dadurch auf, dass sie über ein Spitzgattheck verfügt. Das Emblem mit der phrygischen Mütze entspricht dem Wappen der Republik Argentinien (unten).

Das Wappen der LIBERTAD. A.R.A. steht für »Armada de la Republica Argentina« und entspricht zum Beispiel dem H.M.S. vor dem Namen britischer Schiffe (links).

Die LIBERTAD fährt während einer Parade unter Motor. Sie hat über die Toppen geflaggt und ihre Stagsegel gesetzt. Damit kann sie allein aber nicht segeln (oben).

Segeln vor dem Wind. Royals und Bram- und Obermarssegel sind nicht gesetzt (rechte Seite).

Die GLORIA *ist die Erste von 4 Barken, die Spanien für verschiedene lateinamerikanische Länder baute. Sie ist auch das erste vollgetakelte Schulschiff, das zusammengeschweißt und nicht mehr genietet wurde (rechts).*

Das bronzene Wappen des Schulschiffes GLORIA *der kolumbianischen Marine (unten).*

Bei einer Parade hat die GLORIA *ihren eigenen Stil: Alle Rahsegel hängen lose unter den Rahen (S. 221 oben).*

Bei Paraden und anderen formellen Anlässen tritt die GLORIA *über die Toppen geflaggt auf, und die Männer stehen auf den Rahen (S. 221 unten).*

Das Zeitalter der Hochseefrachtsegler ging mit dem Zweiten Weltkrieg zu Ende. Danach fuhren nur noch Schulschiffe über die Meere, und auch ihre Zukunft war nicht gesichert. Das erste Tall Ships Race 1956 war eher ein nostalgisches Treffen, ein einmaliges letztes Ereignis für die Vollschiffe.
In der Zeit zwischen 1939 und 1967 nahmen nur 4 neue Schiffe dieses Typs ihren Dienst auf: die indonesische Barkentine DEWARUTJI (1953), die chilenische Viermast-Barkentine ESMERALDA (1954), die deutsche GORCH FOCK II (1958) und das argentinische Vollschiff LIBERTAD (1960).
Diese 4 Schiffe sind noch in der Vorkriegstradition gehalten und stellen die Letzten der klassischen Schulschiffe dar. Doch dann kam die GLORIA, das Schulschiff der kolumbianischen Marine. Sie nahm ihren Dienst 1968 auf, als sich der Bau von Vollschiffen in einer tiefen Krise befand. Sie erwies sich als das erste Schiff der neuen Generation, obwohl weitere 9 Jahre vergehen mussten, bis der nächste große Rahsegler seinen Dienst aufnahm.
Der Entwurf der GLORIA beruht auf Tests von Rumpfmodellen und von Riggmodellen im Windkanal des »National Institute of Technical Aeronautics« in

Madrid. Der Bau durch die Werft ASTACE in Bilbao geschah nach den neuesten Verfahren. Trotzdem haben weder der Rumpf noch das Rigg etwas wirklich Revolutionäres an sich. Der Bruch mit herkömmlichen Konzepten und traditioneller Handwerkskunst führte eher zu einem Rückschritt: Die hoch aufragende Brücke mittschiffs erzeugt einen erheblichen Luftwiderstand, und das Großsegel kann oft nicht gesetzt werden, weil es den Ausblick des Steuermanns nach vorne vollständig verstellt. Eine leichte Asymmetrie in der Form der beiden Rumpfseiten führt dazu, dass man leicht Ruder legen muss, wenn man geradeaus segeln will... Die GLORIA, die am 2. Dezember 1967 vom Stapel lief, ist nach der Frau des verstorbenen kolumbianischen Verteidigungsministers General Pizarro benannt. Das Schiff wurde im September 1968 den Besitzern in Bilbao übergeben und nahm im November jenes Jahres seinen Dienst auf, nachdem es in Kolumbien eingetroffen war. Es schult Kadetten der Marineakademie im dritten Ausbildungsjahr. Sie lernen dabei, ihre akademische

Gloria

Ausbildung auf dem Gebiet der Navigation, der Schiffs- und der Menschenführung in die Praxis umzusetzen. Auf dem Schiff werden aber auch ausgebildete Seeleute sowie Offiziere geschult, und sie dient auch als Botschafterin der Republik Kolumbien. In ihren ersten 33 sehr aktiven Jahren bekamen auf ihr über 700 Offiziere und 4500 Seeleute beiderlei Geschlechts ihre Ausbildung. Normalerweise besteht die Mannschaft aus 9 Offizieren, 30 Unteroffizieren, 12 Mannschaften, 5 Offiziersausbildern und 80 Kadetten mit einem Durchschnittsalter von 19 Jahren.

Die GLORIA kommt viel herum und nimmt an den meisten Tall Ships Races und internationalen Großseglertreffen in Amerika, Europa und im Fernen Osten teil. Dazu nur einige Highlights: 1970 segelte sie um die Welt. 1976 nahm sie am U.S. Bicentennial Tall Ships Race von den Bermudas nach Newport, New York und Boston teil und segelte dann nach Europa weiter. 1984 nahm sie beim Tall Ships Race von Puerto Rico zu den Bermudas und nach Halifax sowie beim Großseglertreffen in Quebec teil, 1986 an der New York OpSail und 1988 am Australian Bicentennial Tall Ships Race. 1989 war sie beim Treffen aus Anlass der 200-Jahr-Feier des Beginns der Französischen Revolution in Rouen eingeladen. Die Sail Amsterdam folgte 1990, die Kolumbus-Regatta 1992, das Tall Ships Race nach Osaka, Japan, 1997. 1999 sah man sie beim San Francisco Gold Rush Race; danach segelte sie nach British Columbia weiter. Im Jahr 2000 nahm sie an der OpSail 2000, am Halifax – Amsterdam Tall Ships Race teil und legte dann in Brest an.

Die GLORIA ist die Erste von 4 Barken, die die Werft Astilleros y Talleres Celaya, ASTACE, baute. Die anderen sind die GUAYAS von Ecuador (1976), die SIMON BOLIVAR von Venezuela (1979) sowie die CUAUHTÉMOC von Mexiko (1982). Jede ist dabei etwas größer als ihre Vorgängerin.

Die Galionsfigur dieses Schiffes ist eine geflügelte Gloria (S. 222 oben).

Das Wappen des kolumbianischen Schulschiffes GLORIA (S. 222 unten).

Bei dieser Parade erlaubten es die Windrichtung und der Kurs, die Segel zu setzen. Die Crew steht an der Reling statt auf den Rahen (links).

Die Schiffsflagge der GLORIA ist die Flagge Kolumbiens mit dem Wappen dieses Landes, das eine phrygische Mütze und einen Kondor zeigt (unten).

SCHIFF	**GLORIA**		
STAPELLAUF	*1967*	**LÜA**	*76,00 m*
ENTWURF	*Senermar (Sener Sistemas Marinos S.A.), Madrid, Spanien*	**RUMPFLÄNGE**	*64,60 m*
		BREITE	*10,60 m*
		TIEFGANG	*4,50 m*
KONSTRUKTION	*Astilleros y Talleres Celaya (ASTACE), Bilbao, Spanien*	**VERDRÄNGUNG**	*1300 ts*
		SEGELFLÄCHE	*1250 Quadratmeter*
		MASCHINE	*Naval-Stork-RHO-216 mit 530 PS*
EIGENTÜMER	*Kriegsflotte, Armada de Colombia*	**VERWENDUNG**	*Schulschiff der Marine*
FLAGGE	*Kolumbien*		
TAKELUNG	*Bark*	**BESATZUNG**	*9 Offiziere, 30 Unteroffiziere, 80 Kadetten, 12 Mannschaften*
TYP	*Schulschiff*		
BAUWEISE	*Stahl*		

Guayas

Die GUAYAS ist die jüngere und etwas größere Schwester der kolumbianischen GLORIA (linke Seite).

Aufgegeite Rahsegel. Als die Segel früher aus Naturfasern waren, ließ man sie wahrscheinlich so trocknen, bevor sie aufgetucht wurden (links).

Das nächste Schulschiff, das nach dem Stapellauf der GLORIA 1967 gebaut wurde, war die GUAYAS von Ecuador. Das war 9 Jahre später. Die GUAYAS ist ein Schwesterschiff der GLORIA, allerdings mit geringen Veränderungen oberhalb der Wasserlinie und in der allgemeinen Aufteilung. Diese Veränderungen sind gut gelungen und betreffen vor allem die Brücke. Diese wurde auf eine offene Flyingbridge reduziert. Sie liegt jedoch immer noch gleich hoch, und der Blick nach vorne wird weiterhin vom Großsegel versperrt.
Die GUAYAS ist bei der Länge über alles um 2,40 Meter und bei der Rumpflänge um 2,20 Meter kürzer als ihre ältere Schwester. Der Hilfsantrieb stammt von einer anderen Firma und ist etwas leistungsstärker.
Ecuador entschloss sich 1974 dazu, ein Schulschiff für die Marine zu bauen. Der Vertrag mit der spanischen Werft unterzeichnete man am 22. Mai 1975, und die Kiellegung erfolgte am 1. Juni 1976. Weniger als 5 Monate später fand der Stapellauf statt, am 22. Oktober. Am 23. Juli 1977 übergaben die Spanier die Bark formal der ecuadorianischen Marine.
Die GUAYAS ist nach dem längsten Fluss Ecuadors benannt und nach einem Namen eines Häuptlings der Huancavilca, die in der Nähe der Hafenstadt Guayaquil wohnten.
Die Kursteilnehmer sind Kadetten der Marineakademie in Guayaquil. Obwohl das Schiff über 80 Kadetten beherbergen kann, liegt ihre Zahl in der Regel zwischen 42 und 48. Dazu sind 72 bis 89 Matrosen und Maate an Bord, von denen ebenfalls die meisten ein Training absolvieren. Das Schiff hat 14 bis 15 Offiziere, aber keinen festen Kapitän; er wechselt nämlich fast jedes Jahr. Der erste Ausbildungskurs fand 1978 statt und bestand in einer Umrundung von Südamerika. Dabei legte die GUAYAS in 10 ver-

SCHIFF	**GUAYAS**		
STAPELLAUF	*1976*	**LÜA**	*78,40 m*
ENTWURF	*Senermar (Sener Sistemas Marinos S.A.), Madrid, Spanien*	**RUMPFLÄNGE**	*62,40 m*
		BREITE	*10,16 m*
		TIEFGANG	*4,40 m*
KONSTRUKTION	*Astilleros y Talleres Celaya (ASTACE), Bilbao, Spanien*	**RAUMINHALT**	*934 BRT*
		VERDRÄNGUNG	*1300 Tonnen*
		SEGELFLÄCHE	*1410 Quadratmeter*
EIGENTÜMER	*Armada del Ecuador*	**MASCHINE**	*General Motors, 700 PS*
FLAGGE	*Ecuador*	**VERWENDUNG**	*Schulschiff*
TAKELUNG	*Bark*	**MANNSCHAFT**	*60 Personen Stammbesatzung, 84 Kadetten*
TYP	*Schulschiff*		
BAUWEISE	*Stahl*		

Fock- und Großmast haben eine Stenge, der Besanmast ist aus einem Stück (oben).

Auf dem Steuerrad der GUAYAS steht – übersetzt – »Marine von Ecuador« (unten).

schiedenen Häfen an. Auf dem Schiff findet in der Regel ein Kurs von variabler, aber immer erheblicher Länge pro Jahr statt. Allerdings war sie 1979, 1990, 1993 und 1997 nicht auf Fahrt. Die Zielgebiete können wechseln und umfassten bisher die Karibik, beide Küsten Amerikas, den Atlantik, die Nord- und Ostsee, Polynesien und Australien.

Zum ersten Mal tauchte die GUAYAS 1980 bei einem internationalen Großseglertreffen auf. Sie nahm an einem Tall Ships Race von Cartagena (Kolumbien) nach Norfolk (Virginia) teil, bei dem sie als Zweite ankam. Das Rennen von Boston nach Kristiansand (Norwegen) beendete sie als Dritte. Dann schloss sie sich dem Cutty Sark Tall Ships Race von Kiel nach Amsterdam über Karlskrona (Schweden) und Frederikshavn (Dänemark) an.

1981 segelte sie nach Hawaii und Acapulco, 1982 zu den Marquesas-Inseln und nach Punta Arenas am südlichsten Ende von Chile. 1981 erfolgte eine weitere Umsegelung der Südspitze Südamerikas. 1984 sah man

sie in Hawaii, in Kalifornien und an der mexikanischen Westküste. 1985 fuhr sie zur Osterinsel und zu den Juan-Fernández-Inseln. Auf jener Insel vor der chilenischen Küste hatte Alexander Selkirk (1676–1721) von 1704–1709 vier Jahre als Schiffbrüchiger verbracht. Über seine Abenteuer, allerdings unter dem Namen Robinson Crusoe, berichtete der Schriftsteller Daniel Defoe.

1986 nahm die GUAYAS an der Segelparade zur 100-Jahr-Feier der Freiheitsstatue in New York teil. Die Fahrten der Jahre 1987 und 1988 verband sie mit einer extra langen Reise, auf der sie in Tahiti und Fiji, schließlich in Brisbane, Hobart und Sydney für die 200-Jahr-Feier der Entdeckung Australiens anlegte. Die Bark segelte dann über Neuseeland, Peru und Chile zurück.

Die beiden nächsten Reisen führten in die Karibik, und 1992 segelte die GUAYAS nach Lissabon, um an der Kolumbus-Regatta nach Cádiz, Teneriffa und Puerto Rico teilzunehmen. Die 3 folgenden Reisen fanden in karibischen Gewässern und im Golf von Mexiko statt. 1998 legte die GUAYAS – nicht zum ersten Mal – in Havanna und in mehreren US-amerikanischen Städten am Golf und am Atlantik an.

Die Rahsegel des Großmastes sind nicht gesetzt (oben).

Der Kondor ist eine häufige Galionsfigur auf den Schiffen der Andenrepubliken (unten).

Es kommt extrem selten vor, dass Seeleute von den Rahen fallen. Dies geschieht dann aber meistens erfahreneren Männern, die plötzlich zu vertrauensselig werden und Sicherheitsmaßnahmen außer Acht lassen... (rechts).

Das Besansegel wird am Mast aufgetucht und nicht auf dem Baum (rechts).

Ein Krängungsmesser mit einer Windrose als Schmuck (unten).

Simon Bolivar

Die SIMON BOLIVAR ist die dritte Bark, die aus der Zusammenarbeit zwischen Senermar und ASTACE hervorgegangen ist. Die Kiellegung erfolgte am 6. Juni 1979, der Stapellauf des Rumpfes am 21. November. Die venezolanische Marine übernahm das Schiff am 12. August 1980.
Die SIMON BOLIVAR weist zwar dieselbe Breite von 10,60 Meter auf wie ihre beiden älteren Schwestern GLORIA und GUAYAS, doch mit der Länge über Alles misst sie 4 Meter mehr als die GUAYAS. Sie erscheint aber viel größer, weil ihre Aufbauten verkleinert wurden. Man verzichtete auf die große Brücke achterlich vom Großmast, die ihre älteren Schwestern noch aufweisen, und ersetzte sie durch ein niedriges und konventionelleres Kartenhaus hinter dem Besanmast.
Der Laie kann die SIMON BOLIVAR leicht von ihren Schwestern unterscheiden, auch von der jüngeren CUAUHTÉMOC, weil ihr Rumpf weiß mit fingierten Geschützpforten darunter gestrichen ist. Dieses Muster verleiht ihr ein noch gestreckteres Aussehen. Man kann sie daran unter allen Dreimastern leicht erkennen, weil die anderen Schiffe, die ihr möglicherweise ähnlich sehen, ein weißes Band auf einem schwarzen Rumpf aufweisen. Die SIMON BOLIVAR trägt zwar denselben Segelriss aus 23 Segeln, darunter 10 Rahsegel, doch hat sie 400 bzw. 230 Quadratmeter mehr Segelfläche als die GLORIA oder die GUAYAS.

Das gestreckte Steuergehäuse verrät, dass die Kraftübertragung hydraulisch erfolgt. Am Mast ist ein weiterer Krängungsmesser befestigt (S. 228 unten).

Die Galionsfigur der SIMON BOLIVAR stellt eine Freiheitsgöttin dar. Sie trägt die phrygische Mütze, hält in der rechten Hand ein Schwert und in der linken die Flagge, die Bolivar führte (rechts).

SCHIFF	**SIMON BOLIVAR**
STAPELLAUF	*1979*
ENTWURF	*Senermar (Sener Sistemas Marinos S.A.), Madrid, Spanien*
KONSTRUKTION	*Astilleros y Talleres Celaya (ASTACE), Bilbao, Spanien*
EIGENTÜMER	*Kriegsflotte, Marina de Guerra de Venezuela*
FLAGGE	*Venezuela*
TAKELUNG	*Bark*
TYP	*Schulschiff*
BAUWEISE	*Stahl*
LÜA	*82,40 m*
RUMPFLÄNGE	*70,00 m*
BREITE	*10,60 m*
TIEFGANG	*4,35 m*
VERDRÄNGUNG	*1260 ts*
SEGELFLÄCHE	*1650 Quadratmeter*
MASCHINE	*General Motors, 750 PS*
VERWENDUNG	*Schulschiff der Marine*
MANNSCHAFT	*16 Offiziere, 76 Besatzungsmitglieder, 102 Kadetten (männlich), 18 Kadetten (weiblich)*

Die SIMON BOLIVAR unter vollen Segeln. Der Seemann auf dem Vorroyalsegel gibt uns eine Vorstellung von der Größenordnung (oben).

Der Salon der SIMON BOLIVAR ist im traditionellen maritimen Stil ausgestattet (links).

Im Salon steht eine Bronzebüste von Simon Bolivar (1783–1830). Er kam in Venezuela auf die Welt und befreite die Länder Venezuela, Kolumbien, Ecuador, Peru und Bolivien (unten).

Die SIMON BOLIVAR hat eine klassische Decksanordnung mit Back und Poop. Das Hauptdeck dazwischen liegt tiefer (rechte Seite).

Die SIMON BOLIVAR trägt den Namen des venezolanischen Nationalhelden (1783–1830), der für sein Land und für viele andere südamerikanische Länder die Unabhängigkeit von Spanien erfocht. Die Galionsfigur der Bark ist eine Freiheitsstatue, die eine phrygische Mütze und die Flagge trägt, die Bolivar während des Krieges führte. Das bedeutete aber keine Ressentiments: Auf ihrer Jungfernreise von Bilbao aus legte die Bark in den spanischen Häfen von Ferrol, Cádiz, Barcelona und Palma de Mallorca an. Erst dann setzte sie Segel zu ihrem Heimathafen La Guaira.

Die Mannschaft besteht im typischen Fall aus 16 Offizieren, 76 Besatzungsmitgliedern und 102 Kadetten, unter ihnen auch bis zu 18 Frauen. Sie durften von Anfang an dabei sein, als dies auf den übrigen Segelschiffen noch ungewöhnlich war.

Die SIMON BOLIVAR unternimmt eine lange Reise pro Jahr. Die erste reguläre Fahrt fand 1981 statt und führte sie zur Ostküste der USA und dann nach Westeuropa und über die Kanarischen Inseln zurück nach Hause. Im nächsten Jahr befuhr sie eine ähnliche Route; sie nahm am Großseglertreffen anlässlich der 300-Jahr-Feier der Gründung Philadelphias und danach am transatlantischen Tall Ships Race nach Lissabon teil. Jedenfalls nimmt die SIMON BOLIVAR regelmäßig an den Tall Ships Races und anderen Großseglertreffen teil. 1984 segelte sie mit der Flotte den St. Lorenz-Strom hoch, um an der 450-Jahr-Feier der Entdeckung Kanadas durch den französischen Seemann Jacques Cartier (1491–1557) in Quebec teilzunehmen.

1985 war sie wieder in Lissabon für eine weitere Tour durch Europa. Der Höhepunkt war ein Großseglertreffen in Amsterdam. 1986 nahm sie an der New York OpSail teil und lag neben ihren 3 Schwesterschiffen GLORIA, GUAYAS und CUAUHTÉMOC am South Street

Unter vollen Segeln, wobei der Wind schräg von hinten kommt (rechts).

Die SIMON BOLIVAR hat einen Schornstein, der an die Zeiten des Dampfantriebs erinnert. Er ist mit dem Wappen der Republik Venezuela geschmückt (unten).

Die SIMON BOLIVAR erkennt man leicht an ihrer einzigartigen Kombination zwischen der Takelung als Bark und dem weißen Rumpf mit den fingierten schwarzen Geschützpforten (rechts).

Seaport – ein seltenes, aber nicht einzigartiges Ereignis. Von 1987 bis 1988 segelte die SIMON BOLIVAR um die Welt und nahm am 26. Januar 1988 an der Großseglerparade im Hafen von Sydney anlässlich der 200-Jahr-Feier der Entdeckung Australiens teil. Sie war auch 1992 zu sehen bei der Kolumbus-Regatta zur 500-Jahr-Feier der Entdeckung Amerikas durch Christoph Kolumbus, einem weiteren transatlantischen Tall Ships Race.

1994 nahm sie am Treffen der Großsegler in Rouen ebenfalls in Gesellschaft ihrer 3 Schwestern teil. 1999 kehrte sie in diese Stadt zurück für die Armada du Siècle, und im darauffolgenden Jahr besuchte sie bei der OpSail 2000 verschiedene Häfen an der Ostküste der USA.

Es macht unvergleichlich mehr Spaß – und wirkt auch viel beruhigender –, wenn verschiedene Länder ein Wettsegeln ihrer Schulschiffe austragen als ein Wettrüsten. Um ein solches ging es ohne Zweifel, als sich die mexikanische Marine entschloss, dem Beispiel der kolumbianischen, ecuadorianischen und venezolanischen zu folgen und eine von Senermar entworfene Bark bei der Werft ASTACE bauen zu lassen. Sie sollte nur größer sein als ihre Vorgängerinnen, die SIMON BOLIVAR. Diese wiederum war größer als ihre Vorgängerin, die GUAYAS, für die natürlich dasselbe galt im Vergleich zur GLORIA.
Die Kiellegung des neuen Schiffes erfolgte im Juli 1981, der Stapellauf am 9. Januar 1982. Das fertig gestellte Schiff ging am 29. Juli 1982 in die Hände der mexikanischen Marine über. Die Bark trägt den Namen des letzten aztekischen Herrschers Cuauhtémoc (um 1495–1525), der auf Befehl von

Cuauhtémoc (um 1495–1525) war der letzte Herrscher der Azteken. Cortés ließ ihn hinrichten. Nach der Unabhängigkeit Mexikos von Spanien wurde er zu einem Nationalhelden (rechts).

Die CUAUHTÉMOC ist die Vierte und Letzte der Schulbarken, die zwischen 1967 und 1982 in Bilbao, Spanien, gebaut wurden (unten).

Hernan Cortés hingerichtet wurde. Die Galionsfigur zeigt ihn mit einem Kopfschmuck aus grünmetallischen Quetzalfedern.
Die CUAUHTÉMOC ist um 8,10 Meter länger als die Bark der Venezolaner, die SIMON BOLIVAR. Sie ist auch um 1,40 Meter breiter, und die Segelfläche wurde sogar um 33 % vergrößert.
Im Gegensatz zu den 3 früheren Barken, die die Obermarsrah, die Bramrah und die Royalrah hochhieven, stehen alle Rahen der CUAUHTÉMOC fixiert in der oberen Position – ähnlich wie bei der polnischen Barkentine POGORIA und dem Vollschiff DAR MLODZIEZY. Auch die Besangaffel der CUAUHTÉMOC verbleibt an Ort und Stelle, wobei das Segel am Mast aufgetucht wird. Die Stagsegel sind bewusst vergrößert worden, damit sie bei der Fahrt mit der Maschine, wenn alle Rahsegel geborgen sind, eine gewisse Geschwindigkeit ermöglichen.
Die Decks sind aus Stahlplatten und mit Irokoholz überzogen. Der Ballast besteht aus Blei wie bei den älteren Schwesterschiffen. Im Vergleich zu ihren Vorgängerinnen erinnert die Anordnung der Decks und der Aufbauten an die traditionelle Konstruktion, wie wir es zum Beispiel bei der SØRLANDET und der CHRISTIAN RADICH finden: Ein kleines Kartenhaus auf der Poop, mittschiffs ohne Aufbau.
Die Jungfernreise begann am 4. August 1982 von Bilbao aus. Sie führte über Vigo, Las Palmas und Santo Domingo nach Veracruz am Golf von Mexiko. Für die Passage brauchte das Schiff 18 Tage und 19 Stunden und erreichte dabei eine Durchschnittsgeschwindigkeit von 7,3 Knoten. Mit dem richtigen Wind und

Die Standardlänge für die unteren Rahen von Großseglern beträgt das Doppelte der maximalen Rumpfbreite (große Abbildung).

Der Schornstein trägt als Schmuck das Wappen der CUAUHTÉMOC und darüber das nationale Symbol Mexikos, den Adler, der eine Schlange frisst. Das Motto bedeutet, wörtlich übersetzt, »zur Förderung des seemännischen Geistes« (kleine Abbildung).

Cuauhtémoc

Die Hauptschiffsglocke der CUAUHTÉMOC *befindet sich vor dem Kartenhaus auf dem Poopdeck. Dahinter ist die Plakette des Schiffbauunternehmens zu sehen (Mitte).*

Ein zusätzlicher Stockanker hängt verstaut am Absatz der Back. Alle Schiffe führen einen oder mehrere Ersatzanker mit, weil sie beim Sturm Extraanker setzen müssen (unten).

Die CUAUHTÉMOC *ist nicht nur die Vierte und damit Letzte der in Bilbao gebauten Barken, sondern zugleich auch die Größte (rechte Seite).*

bei günstiger See erreicht die CUAUHTÉMOC 18 Knoten – einen sehr guten Wert für ein Schiff ihres Typs. Im Dezember verließ die CUAUHTÉMOC Veracruz und segelte nach Acapulco, ihrem Heimathafen an der Pazifikküste.

Im darauf folgenden Jahr stach die CUAUHTÉMOC am 17. Juli für eine lange Reise in See, die sie nach Manzanillo, Puerto Vallarta, Mazatlán, Ensenada und San Diego führte. Dann ging sie auf westlichen Kurs nach Honolulu, Pusan in Südkorea und nach Osaka, wo sie in der zweiten Oktoberhälfte am Großseglertreffen teilnahm. Am 12. Dezember kehrte sie über San Francisco nach Acapulco zurück.

Ihr erstes Auftreten bei einem europäischen Großseglertreffen war in Amsterdam im Jahr 1985. Auf jener Reise besuchte die CUAUHTÉMOC erst Havanna, Annapolis und Oslo. Danach legte sie in Hamburg, London, Brest und Lissabon an. Sie nahm an allen 3 Großseglertreffen in Rouen in den Jahren 1989, 1994 und 1999 teil.

1990 segelte die CUAUHTÉMOC rund um die Welt und legte in 180 Tagen 26.000 Meilen zurück. 1992 nahm sie an der Transatlantic Kolumbus-Regatta von Cádiz aus zu den Bermudas, den USA und nach Liverpool teil. 1993 reihte sie sich unter die Cape-Horner ein. 1996 war sie anlässlich des Cutty Sark Tall Ships Race in der Ostsee und fuhr von Rostock über Sankt Petersburg und Tallinn nach Kopenhagen. Im darauf folgenden Jahr war sie beim Tall Ships Race von Hongkong über Okinawa und Kagoshima nach Osaka zu sehen. Im Jahr 2000 nahm sie an den Cutty Sark Tall Ships Races von Gdansk nach Helsinki, von Stockholm nach Flensburg teil. Später legte sie in Bremerhaven für das Großseglertreffen jenes Jahres an.

Das Steuerrad der CUAUHTÉMOC *hat eine hydraulische Kraftübertragung. An der Rückseite des Schornsteins befindet sich ein Krängungsmesser (oben).*

SCHIFF	**CUAUHTÉMOC**
STAPELLAUF	*1982*
ENTWURF	*Senermar (Sener Sistemas Marinos S.A.), Madrid, Spanien*
KONSTRUKTION	*Astilleros y Talleres Celaya (ASTACE), Bilbao, Spanien*
EIGENTÜMER	*Mexikanische Marine, Armada de Mejico*
FLAGGE	*Mexiko*
TAKELUNG	*Bark*
TYP	*Schulschiff*
BAUWEISE	*Stahl*
LÜA	*90,50 m*
RUMPFLÄNGE	*78,50 m*
BREITE	*12,00 m*
TIEFGANG	*4,80 m*
VERDRÄNGUNG	*1800 ts*
SEGELFLÄCHE	*2200 Quadratmeter*
MASCHINE	*Caterpillar 1125 PS*
VERWENDUNG	*Schulschiff der Marine*
MANNSCHAFT	*275 Personen*

Im Gegensatz zur traditionellen Takelung sind die Mars-, Bram- und Royalrahen fixiert und werden nach dem Bergen der Segel nicht mehr abgesenkt (unten).

Die DAR MLODZIEZY sowie ihre jüngeren 5 Schwesterschiffe waren lange Zeit die größten Rahsegler der Welt. Im Jahr 2000 verloren sie diesen Titel an die Fünfmastbark ROYAL CLIPPER (rechts).

Dar Mlodziezy

Das erste polnische Schulschiff der Handelsmarine, die LWOW, nahm 1921 ihren Dienst auf. Früher war sie eine britische Handelsbark, Baujahr 1869. Die Polen ersetzten die LWOW 1930 durch das Vollschiff DAR POMORZA (»Geschenk Pommerns«), die zuvor unter dem Namen PRINZESS EITEL FRIEDRICH, Baujahr 1909, als deutsches Schulschiff gedient hatte. Die DAR POMORZA überlebte den Zweiten Weltkrieg, indem sie ins neutrale Schweden flüchtete. Später wurde sie zurückgegeben. 1972 nahm sie als erstes Schiff aus dem Ostblock an einem Tall Ships Race teil. Von da an war sie ein regelmäßiger und sehr beliebter Gast bei diesen Regatten. 1981 zog man sie zurück; heute dient sie als stationäres Museumsschiff in Gdynia.

Die DAR MLODZIEZY ist die Nachfolgerin der DAR POMORZA. Der Name bedeutet »Geschenk der Jugend«, weil sie mit finanziellen Beiträgen der polnischen Jugend gebaut wurde. Sie war der erste Rahsegler, den der polnische Schiffskonstrukteur Zygmunt Choren entwarf. Später konstruierte er auch Barkentinen wie die POGORIA sowie viele andere kleinere Schiffe.

Die DAR MLODZIEZY gehört zu einer neuen Generation von Rahseglern und Schulschiffen. Sie weist viele moderne, für ein Schiff ihres Typs unkonventionelle Merkmale auf. Alle Rahen sind fest angebracht. Sie werden also nicht vor dem Setzen der Segel hochgehievt. Die Masten sind nach oben verjüngte Stahlrohre. Die Marsen zum Ausspreizen der Stengewanten sind dreieckig und weisen nicht mehr die konventionelle Form eines großen D auf. Ähnliche, aber kleinere Plattformen befinden sich auch auf den Salingen der Bramsegel und des Royalsegels.

Der Rumpf ist mit einem Glattdeck versehen, was bedeutet, dass das traditionelle Hauptdeck ohne Back und Poop auf einer Ebene liegt. Neben dem Oberdeck besitzt das Schiff drei durchlaufende Decks. Traditionelle Schulschiffe haben herkömmliche Großraumdecks, wo die Kadetten schlafen, essen und studieren. Dort werden nachts Hängematten aufgehängt, die ein direktes Erbe der Kriegsschiffe darstellen. Obwohl man heute die Hängematten bei den meisten Schulschiffen durch Kojen ersetzt hat, bleibt doch die Großraumunterkunft erhalten. Bei der DAR MLODZIEZY findet man Schlafsäle zu je 50 Mann. Hier schlafen Kadetten derselben Wache. Sie stehen gemeinsam für Wachwechsel mitten in der Nacht auf und stören dabei nicht jene, die noch weiterschlafen dürfen. Es gibt auch getrennte Räume, in denen gegessen und unterrichtet wird.

Die DAR MLODZIEZY sieht unter vollen Segeln gewaltig aus (oben).

Das um den Anker gelegte Tau zeigt die Initialen SM. Sie stehen für Szkola Morska, »Seeschule«. Das ist der polnische Name für die Marineakademie in Gdynia (unten links).

Auf der DAR MLODZIEZY können mehrere Kadetten gleichzeitig die Tricks der Steuerung erlernen und das Schiff durch einen Sturm führen. Die Skala zwischen den Steuerrädern gehört zu einem Ruderlagenanzeiger (unten).

Das Heck besitzt einen quadratischen Spiegel mit Fenstern, die Tageslicht in den Salon hereinlassen. Dieser dient dem Kapitän und den Offizieren als Messe, und hier finden auch Empfänge für bedeutende Besucher statt.
Das Schiff wurde von der Stocznia Gdánska in Gdansk gebaut, wo gerade zu jener Zeit die Gewerkschaftsbewegung Solidarnosc in Erscheinung trat. Neun Jahre darauf mündete diese Entwicklung in den Zusammenbruch des Sowjetreiches ein. Nach dem Regimewechsel wurde die Werft in »Gdansk-Werft« umbenannt. Es ist eine Ironie der Geschichte, dass sie schließlich 1997 geschlossen werden musste, weil sie nicht Gewinn bringend arbeitete.
Die DAR MLODZIEZY ist das Erste einer Reihe von 6 Schwesterschiffen. Die 5 weiteren wurden von der Sowjetunion in Auftrag gegeben und ebenfalls in Polen gebaut: die MIR (Russland), die DRUZHBA (Ukraine), die PALLADA (Russland), die KHERSONES (Ukraine) und die NADESHDA (Russland). Der Auftrag zum Bau der DAR MLODZIEZY erfolgte 1982. Sie nimmt regelmäßig an Tall Ships Races teil und segelt viel. 1983 gelangte sie nach Japan und ein Jahr darauf im Rahmen eines transatlantischen Tall Ships Race nach Quebec. Von 1987 bis 1988 umsegelte sie die Welt und dabei auch das Kap Hoorn. 1990 reduzierte man die Anzahl der Kadetten von 150 auf 120. Damit machte man Platz für 30 zahlende Gäste. Sie können aktiv an den Wachen teilnehmen.

Wo manche Schiffe über Davits verfügen, hat die DAR MLODZIEZY *balkonartige Vorsprünge für den Ausguck (oben).*

Obwohl der Salon nicht zu luxuriös ausgestattet ist, erscheint er doch für ein Schiff, das unter kommunistischer Herrschaft gebaut wurde, unerwartet feudal (rechts).

Von achtern ein Blick in das sonnenbeschienene Rigg.

Morgenstimmung. Ein Blick nach achtern (rechte Seite).

SCHIFF	DAR MLODZIEZY		
STAPELLAUF	*1980*	LÜA	*105,40 m*
ENTWURF	*Zygmunt Choren*	RUMPFLÄNGE	*91,00 m*
KONSTRUKTION	*Stocznia Gdanska im Lenina, Gdansk, Polen*	BREITE	*14,00 m*
		TIEFGANG	*6,00 m*
EIGENTÜMER	*Gdynia Wyzsza Szkola Morska, Gdynia, Polen (Gdynia Maritime Academy)*	VERDRÄNGUNG	*2946 Tonnen*
		SEGELFLÄCHE	*2780 Quadratmeter*
		MASCHINEN	*2 Ciegelski Sulzer mit je 750 PS*
FLAGGE	*Polen*	VERWENDUNG	*Schulschiff*
TAKELUNG	*Vollschiff*	MANNSCHAFT	*42 Crewmitglieder, 4 Lehrer, 120 Kadetten, 30 zahlende Trainees oder Passagiere*
TYP	*Schulschiff*		
BAUWEISE	*Stahl*		

Eine prächtige Aufnahme der NIPPON MARU, die hier einen Amwindkurs segelt (links).

Beim Steuern mit einem derart großen Rad steht man auf der Luvseite. Die originelle Idee, 2 Steuerkompasse anzubringen, ist also sehr sinnvoll (Mitte).

Blick auf das Großobermarssegel, auf die beiden Bramsegel und das Royalsegel. Die Aufnahme erfolgte von den Salingen des Fockmastes aus (Mitte).

Wenn die NIPPON MARU keine besonderen Gäste im Hafen empfängt, werden die Polstermöbel dieses gemütlichen Ecks mit Decken vor Staub geschützt (unten).

Vollzeug. Wenn der Wind zunimmt, werden die oberen Segel zuerst geborgen (rechte Seite).

Nippon Maru

Die Schulschifftradition der japanischen Marine geht bis auf das Jahr 1897 zurück. Damals erhielt die NIPPON MARU, die zuvor als Versorgungsschiff für Leuchttürme gefahren war, eine Rahtakelung und diente als stationäres Trainingsschiff. Heute liegt sie als Museumsschiff in Tokio.

Das nächste Schulschiff, das für die japanische Regierung gebaut wurde, hieß TASEI MARU und war eine Viermastbark mit dem Baujahr 1904. Sie diente bis zum Zweiten Weltkrieg und lief 1945 im Hafen von Kobe auf eine Mine und sank.

Im Jahr 1909 wurde die dampfgetriebene Bark UNYO MARU in Osaka als Schulschiff des Ministeriums für Landwirtschaft und Forsten gebaut, das auch für die Fischerei zuständig war. Noch lange vor dem Zweiten Weltkrieg legte man sie jedoch auf und verwendete sie als stationäres Schulschiff im Hafen von Tokio, wo sie heute noch als Museumsschiff zu sehen ist.

Als Nächste kam die SHINTOKU MARU, eine Viermastbarkentine, die von 1923 bis 1924 in Kobe gebaut wurde. Sie diente als Segelschiff bis zum Krieg und dann als Motorschiff weiter bis 1962. 1930 baute die Werft Kawasaki in Kobe nach britischen Plänen die erste NIPPON MARU und die erste KAIWO MARU. Sie sollten dem japanischen Transportministerium als Schulschiffe für die Handelsmarine dienen. Es handelte sich um Viermastbarken mit einer sehr langen Poop, die fast bis zur kurzen Back reichte. Die Kadetten wohnten

SCHIFF	NIPPON MARU II *Die Zahlen für die Nippon Maru I sind im Vergleich dazu in Klammern angegeben.*		
STAPELLAUF	*1984 (1930)*	RAUMINHALT	*2891 BRT (2285 BRT)*
ENTWURF	*Sumitomo Heavy Industries*	VERDRÄNGUNG	*4730 Tonnen (4343 Tonnen)*
KONSTRUKTION	*Sumitomo Heavy Industries Uraga Shipyard, Yokosuka, Japan*	SEGELFLÄCHE	*2760 Quadratmeter (2397 Quadratmeter)*
EIGENTÜMER	*Transportministerium, Institut für Seeausbildung, Tokio*	MASCHINEN	*2 Daihatsu zu je 1500 PS, Doppelpropeller (2 x 600 PS, Doppelpropeller)*
FLAGGE	*Japan*	VERWENDUNG	*Schulschiff*
TAKELUNG	*Viermastbark*	BESATZUNG	*70 Personen Stammbesatzung, 120 Kadetten (270 Offiziere, 48 Mannschaften, 120 Kadetten)*
TYP	*Schulschiff*		
LÜA	*110,10 m (97,00 m)*		
BAUWEISE	*Stahl*		
BREITE	*13,80 m (12,95 m)*		
TIEFGANG	*6,50 m (6,90 m)*		

Die NIPPON MARU *und ihr Schwesterschiff* KAIWO MARU *sind die größten Schulschiffe, die seit dem Zweiten Weltkrieg vom Stapel liefen (rechts).*

Beim Segelauftuchen der Oberbramrah empfiehlt es sich, auf der Unterbramrah zu stehen, anstatt dafür das Fußpferd zu benutzen (unten links).

Jeder Anker wird für sich an einem Ankerspill aufgeholt (unten rechts).

Die Galionsfigur der NIPPON MARU heißt »Ranjo«. Ihr Name steht für das Blau der Tiefsee. Sie symbolisiert die japanische Frau (oben).

T.S. steht für Training Ship (rechts).

achtern, und damit waren die Japaner ihrer Zeit weit voraus. Das gesamte Rigg war klein für ein Schiff dieser Größe, und das war auch bewusst so angelegt, weil die Kadetten damals eine sehr geringe Körpergröße aufwiesen.
Das Wort »Maru«, das in den Bezeichnungen der meisten japanischen Handelsschiffe auftaucht, bedeutet so viel wie »streben«, »sich bemühen«. »Nippon« ist der japanische Name für Japan und »Kaiwo« bedeutet »König der Meere«.
Während des Krieges bekamen Offiziere ihre Ausbildung auf beiden Schiffen. Allerdings fuhren sie nur unter Maschine. Beide Schiffe sollten wie die deutschen Schulschiffe als Kriegentschädigung beschlagnahmt werden. Man brauchte sie dann aber zur Rückführung von japanischen Truppen und Zivilpersonen, und so beließ man sie in japanischem Eigentum. Die NIPPON MARU wurde 1952 wieder mit einem Rigg versehen und nahm ihren Dienst erneut auf. Die Schwester folgte 1955. Seit jener Zeit unternahmen beide bis zu ihrer Stilllegung regelmäßige Ausbildungsfahrten meist im Pazifik. Dabei nahmen sie auch gelegentlich an internationalen Großseglertreffen teil. 1960 segelte die NIPPON MARU nach New York, weil vor genau 100 Jahren die erste japanische Delegation die USA besucht hatte.
Beide Schiffe nahmen natürlich 1983 am internationalen Großseglertreffen in Osaka teil. Obwohl sie noch lange hätten weitersegeln können, entschied das Institut für seemännische Ausbildung in den 1980er-Jahren, die beiden Viermastbarken zu ersetzen. Die NIPPON MARU war als Erste im September 1984 dran. In ihren 54 aktiven Jahren waren auf ihr 11.425 Kadetten ausgebildet worden. Im Logbuch waren 988.000 Meilen verzeichnet, was dem 46-fachen des Erdumfangs entspricht. Sie liegt nun als schwimmendes Museum bei Yokohama und wird von der Nippon Maru Commemorative Foundation verwaltet.
Die Firma Sumitomo Heavy Industries entwarf und baute die NIPPON MARU II, die eine deutliche Ähnlichkeit mit ihrer Vorgängerin aufweist. Sie lief am 15. Februar 1984 vom Stapel und nahm am 16. September jenes Jahres im Beisein des japanischen Kronprinzen und der Kronprinzessin ihren Dienst auf.

SCHIFF	**KAIWO MARU II** *Die Zahlen für die KAIWO MARU I sind im Vergleich dazu in Klammern angegeben.*				
STAPELLAUF	*1989 (1930)*	BAUWEISE	*Stahl*	MASCHINEN	*2 Daihatsu zu je 1500 PS, Doppelpropeller (2 x 600 PS, Doppelpropeller)*
ENTWURF	*Sumitomo Heavy Industries*	LÜA	*110,10 m (97,00 m)*		
KONSTRUKTION	*Uraga Dockyard, Sumitomo Heavy Industries, Yokosuka, Japan*	RUMPFLÄNGE	*99,15 m (93,52 m)*		
		BREITE	*13,80 m (12,95 m)*	VERWENDUNG	*Schulschiff*
EIGENTÜMER	*Transportministerium, Institut für Seeausbildung, Tokio*	TIEFGANG	*6,60 m (6,90 m)*	MANNSCHAFT	*24 Offiziere und 46 Seeleute, 120 Kadetten unter Einschluss von höchstens 20 nicht professionellen Trainees (27 + 48 + 120)*
		RAUMINHALT	*2879 BRT, 863 NRT (2285 BRT)*		
FLAGGE	*Japan*	VERDRÄNGUNG	*4655 Tonnen (4343 Tonnen)*		
TAKELUNG	*Viermastbark*				
TYP	*Schulschiff*	SEGELFLÄCHE	*2760 Quadratmeter (2397 Quadratmeter)*		

Segeln in den Sonnenuntergang mit vollem Tuch. Nachtwachen sind in der Regel eine friedliche Zeit. Man hört nur den Wind im Rigg, das Plätschern der Bugwelle und das Knacken der Spieren – natürlich neben dem Brummen der Generatoren.

Die neue KAIWO MARU, bedeutet soviel wie »Königin der Meere« (oben).

Kaiwo Maru

Als man die erste NIPPON MARU 1984 ersetzte und stilllegte, musste die erste KAIWO MARU noch 5 Jahre weitersegeln. Die beiden Schwesterschiffe ersetzte man dann durch 2 etwas größere Schwesterschiffe. Die Pläne für die neuen Barken zeichneten die Japaner mit Computerhilfe und nach ausgiebigen Tests an Modellen im Wassertank und im Windkanal. Die alten Barken waren sehr erfolgreich gewesen, und da auch der Verwendungszweck und die Zahl der Kadetten dieselben geblieben waren, unterschied sich auch das neue Design nicht stark. Während die neuen Barken insgesamt 13 Meter länger waren, unterschied sich die Rumpflänge nur um 5 Meter. Die Breite wuchs um 85 Zentimeter.

Auch die Anordnung der Unterkunftsräume unterscheidet sich nicht grundlegend vom älteren Modell. Die alten Barken besaßen bereits sehr modern anmutende Acht-Kojen-Kabinen sowie eine getrennte Messe und getrennte Unterrichtsräume, während frühere Schiffe für alle diese Tätigkeiten ein einziges Großraumdeck mit Hängematten aufwiesen – das war übrigens ein Erbe der Kriegsschiffe früherer Zeiten. Der neue Entwurf berücksichtigte auch, dass weibliche Kadetten mitfahren. Die KAIWO MARU II hat ein Glattdeck.

Die Höhe der Riggs stimmt mit dem der Vorgängerinnen überein. Nur die Segelfläche ist durch den längeren Klüverbaum größer. Auch die Rahen sind länger, teilweise wegen der größeren Schiffsbreite und teilweise, weil ein leichteres Rigg für kleinwüchsige Kadetten nicht mehr länger notwendig war. Die Vorkriegsjapaner waren durch Unterernährung ziemlich klein geblieben. Doch durch die bisher nie da gewesene Prosperität der Nachkriegszeit wuchs auch die Durchschnittsgröße der neuen Generation um etliches.

Auf den alten Schiffen bestand der Besan aus einem einzigen Gaffelsegel; bei den neuen ist er unterteilt wie

Die zierliche Galionsfigur am gewaltigen Bug (rechts).

Von diesem Blickwinkel aus sieht die KAIWO MARU fast wie ein Buddelschiff aus (S. 249 rechts).

Das doppelt ausgeführte Steuerrad der KAIWO MARU sieht genauso aus wie auf der NIPPON MARU (S. 249 rechts)

An den 3 rahgetakelten Masten stehen jeweils ein Großsegel, ein Unter- und Obermarssegel, ein Unter- und Oberbramsegel und ein Royalsegel (oben).

Die Galionsfigur der KAIWO MARU heißt »Konjo« und ist die jüngere Schwester von Ranjo. Die Skulptur stammt von Dr. Nishi und seinem Team von der Nationalen Universität für die schönen Künste und die Musik in Tokio (rechts).

bei der KRUZENSHTERN. Der Mastaufbau ist konventionell: Der Mast umfasst das Groß- und die Marssegel. Darüber liegt eine Bramstenge und darüber noch eine Royalstenge. Die Obermarsrah, die Oberbramrah und die Royalrah sind nach traditionellem Vorbild gestaltet und werden zum Segelsetzen aufgetoppt. Als die KAIWO MARU II 5 Jahre nach der NIPPON MARU II gebaut wurde, nahm man noch kleinere Änderungen vor, um die Segeleigenschaften zu verbessern. Die Rumpfform und die Dimensionen blieben jedoch unangetastet.

Die Vorkriegsbarken hatten am Bug nur einfache Verzierungen; die neuen prunken mit vergoldeten Galionsfiguren. Die der NIPPON MARU II ist eine weibliche Figur namens »Ranjo«. Mit ihrer eleganten, freundlichen und würdigen Haltung versinnbildlicht sie die japanische Weiblichkeit. Die Galionsfigur der KAIWO MARU II stellt Konjo dar, die jüngere Schwester von Ranjo.

Die KAIWO MARU II erlebte ihren Stapellauf am 7. März 1989 und trat am 16. September in den Dienst. Die alte KAIWO MARU verbleibt in Tokio als stationäres Übungsschiff.

In ihrem ersten vollständigen Dienstjahr (1990) gewann die KAIWO MARU II die Boston Teapot Trophy der International Sail Training Association für die weiteste Strecke, die innerhalb von 124 Stunden zurückgelegt wurde. 1995 gewann sie diese Trophäe erneut mit dem bisher ungebrochenen Rekord von 1394 Meilen. Bis Ende 2000 holte sie sich viermal diese Auszeichnung, die NIPPON MARU II immerhin dreimal.

Die KAIWO MARU II nahm an der 500-Jahr-Feier der Entdeckung Amerikas durch Kolumbus (New York OpSail '92 und Sail Boston 1992), am Tall Ships Race 1997 von Kagoshima nach Osaka und an der OpSail 2000, dem Tall Ships Race von Boston nach Halifax teil. Bei diesem Rennen wurde sie Siegerin in ihrer Klasse A und Gesamtsiegerin.

Im Jahr 1971 gründete Kapitän Adam Jasser die Iron Shackle Fraternity, eine Segelsausbildungsorganisation, die in Schwierigkeiten geratenen jungen Menschen helfen will. Sie verwendete zu ihrem Zweck ein altes Ostseehandelsschiff, doch brauchte sie eigentlich ein größeres Schiff. Mit der Hilfe von Krzysztof Baranowski, einem Einhandsegler, der die Welt umrundet hatte und für das polnische Fernsehen arbeitete, trat dieses als Sponsor für den Bau eines neuen Schulschiffes auf. Der Schiffskonstrukteur Zygmunt Choren, auf den auch die Pläne für die DAR MLODZIEZY zurückgehen und der selbst ebenfalls in einer Yacht das Kap Hoorn umrundet hatte, sollte den Plan für das

neue Schiff zeichnen, die Barkentine POGORIA.
Die POGORIA wurde auf Seetüchtigkeit und Geschwindigkeit gebaut, wobei man durchaus ein Auge auf die Tall Ships Races hatte. Sie hat einen eleganten Bug und wenig Freibord. Damit ihre Bordwand aber nicht zu hoch aussieht, hat sie nur eine Reling und kein durchgehendes Schanzkleid. Man kann 2 niedrige Decksaufbauten unterscheiden, einen hinter dem Fockmast, den anderen hinter dem Besanmast. Dahinter liegt das Cockpit. Die Stahlmasten sind aus einem Stück gefertigt, und wie auf der DAR MLODZIEZY sind alle Rahen auf ihrer Höhe fixiert. Ursprünglich waren das Großsegel und das Besansegel Gaffelsegel. Allerdings zeigte es sich, dass die POGORIA achtern zu viel Tuch trug, sodass sie leegierig wurde. Deswegen ersetzte man am Ende der ersten Saison den Besan durch ein Bermudasegel.
Die POGORIA war die Erste einer Reihe von fast identischen Schwesterschiffen. Das Schulschiff ISKRA (1982) der polnischen Marine und das bulgarische Schulschiff KALIAKRA (1984) wiesen ebenfalls Barkentinentakelung auf. Das Forschungsschiff OCEANIA (1985) der Polnischen Akademie der Wissenschaften hat einen ähnlichen Rumpf, aber ein experimentelles Rigg.

Die Schiffsglocke ist eines der wenigen traditionellen Geräte an Deck (links).

Der dreieckige Mars zeigt eine neue Form. Auch die Bramsalings tragen ähnliche Plattformen. Die rote Farbe des laufenden Gutes entspricht nicht einer überlegten Wahl, sondern rotes Tauwerk aus Polypropylen war einfach billig zu bekommen (oben).

Zu den modernen und ungewöhnlichen Merkmalen der POGORIA zählen der schräge Spiegel (der bei den späteren Schulschiffen nicht beibehalten wurde), die Masten aus einem einzigen verjüngten Stahlrohr, die feste Höhe aller Rahen.

Das ursprüngliche Gaffelsegel am Besanmast machte das Schiff zu leegierig und wurde durch ein Bermudasegel ersetzt (oben).

Pogoria

Obwohl die POGORIA nach der DAR MLODZIEZY entworfen wurde, erlebte sie ihren Stapellauf und ihre Indienstnahme doch früher in derselben Danziger Werft.
Schon von Anfang an waren Kursplätze für westliche Teilnehmer vorgesehen, weil man harte Währung brauchte. Die POGORIA war das erste Ostblockschiff mit dieser Praxis und setzte damit einen Trend, der sich schnell ausbreitete. Sie nahm 1980 an einem Tall Ships Race teil, dem ersten nach ihrer Indienstnahme.
Die Polnische Akademie der Wissenschaften charterte das Schiff im Sommer 1980/81 als Nachschubschiff für eine wissenschaftliche Station, die sich auf King George Island in den South Shetland Islands vor der Antarktis befindet. Auf jener Reise legte sie auch in Port Stanley auf den Falkland-Inseln und auf Südgeorgien an. 1983–1984 segelte sie für das polnische Projekt

Von diesem Blickwinkel bietet die unter vollen Segeln stehende POGORIA ein hübsches Bild (linke Seite)

Die POGORIA unternahm viele Ozeanüberquerungen und eine Weltumsegelung. Sie besuchte einmal auch die Antarktis (oben).

Bei diesem modernen Kompass ist die Windrose nur noch am Rand aufgetragen. Das Steuerrad hat eine hydraulische Kraftübertragung (links).

Die POGORIA mit altem und neuem Segeltuch (unten).

»Schwimmende Klassenzimmer« im Uhrzeigersinn um Afrika. Dabei überquerte sie den Indischen Ozean bis nach Bombay und Colombo, bevor sie über die Seychellen nach Kapstadt gelangte. Die Kursteilnehmer waren junge Polen im Schulalter mit einigen außerplanmäßigen Erwachsenen aus dem Westen.
Von 1985 bis 1991 charterte das kanadische Projekt »Schwimmende Klassenzimmer« die POGORIA während der Schulmonate für eine ähnliche Reise mit kanadischen Jugendlichen. Eine weitere Charter von 1987 bis1988 führte sie auf eine Weltreise. Diese Charterreisen gingen zu Ende, als das Projekt »Schwimmende Klassenzimmer« seine eigene Barkentine übernahm, die CONCORDIA, die während jener Jahre in Polen gebaut worden war.
Von 1992 bis 1993 war die POGORIA, die eine Überholung und dazu natürlich Geld brauchte, das Objekt multilateraler Verhandlungen mit der Polish Yachting Association, der Gdynia-Werft und der Stadtverwaltung. Man kam überein, dass die Gdynia Sailing Foundation Mitbesitzerin wurde und das Schiff betreuen sollte. Diese Organisation änderte 1995 ihren Namen in Sail Training Association Poland (STAP)

SCHIFF	**POGORIA**
STAPELLAUF	*1980*
ENTWURF	*Zygmunt Choren*
KONSTRUKTION	*Stocznia Gdanska, Gdansk, Polen*
EIGENTÜMER	*Sail Training Association Poland, Gdynia*
FLAGGE	*Polen*
TAKELUNG	*Barkentine*
TYP	*Schulschiff*
BAUWEISE	*Stahl*
LÜA	*47,00 m*
RUMPFLÄNGE	*42,00 m*
BREITE	*8,00 m*
TIEFGANG	*3,50 m*
VERDRÄNGUNG	*342 Tonnen*
SEGELFLÄCHE	*1000 Quadratmeter*
MASCHINE	*Wola Warszawa mit 310 PS*
VERWENDUNG	*Schulschiff*
MANNSCHAFT	*18 Personen Stammbesatzung, 45 Trainees*

Das eigentümliche Flaschengrün der Segel der ALEXANDER VON HUMBOLDT ist die Firmenfarbe der Brauerei Beck, einer der wichtigen Sponsoren der »ALEX« (Mitte).

Schiffe, die an einem Cutty Sark Tall Ships Race teilnehmen, erhalten ein internationales Unterscheidungszeichen, hier »TSG 404« (unten links).

Die ALEXANDER VON HUMBOLDT ist das kleinste Trainingsschiff mit einem doppelten Steuerrad (rechts).

Die Deviation ist bei Stahlschiffen am größten. Die beiden farbigen Kugeln am Kompass kompensieren einen Teil der Ablenkung (unten rechts).

Die ALEXANDER VON HUMBOLDT ist ein ungewöhnliches Segelschiff. Man erkennt sie sofort am extrem langen Poopdeck, das sich fast bis zum Fockmast erstreckt, und an den flaschengrünen Segeln. Die Vorstellung jedoch, dies könne etwas mit der Tatsache zu tun haben, dass sie ursprünglich nicht als Segelschiff, sondern als Feuerschiff Dienst tat, wäre fehl am Platz. Die ersten Feuerschiffe waren umgebaute Segler, und ihre Rumpfform erwies sich dabei als ideal, um einen Sturm vor Anker abzureiten. Deswegen baute man später Feuerschiffe mit Segelschiffsrümpfen.
In Umkehr der Geschichte sind viele frühere Feuerschiffe ausgezeichnet geeignet für die Umwandlung in Rahsegler, und dies geschah auch in mehreren Fällen. Die ALEXANDER VON HUMBOLDT ist ein solches Schiff. Sie wurde von der Weserwerft Bremen (heute die Werft AG »Weser«) gebaut und lief am 10. September 1906 vom Stapel. Zuerst hieß sie RESERVE SONDERBURG. Damit wollte man zum Ausdruck bringen, dass sie ein Reserve-Feuerschiff u.a. für die Station Sonderburg war, das heutige Sonderborg in Dänemark. Sie sollte somit für andere Feuerschiffe jener Station einspringen, wenn man diese an der Küste reparieren oder in Stand halten musste.
Später hieß sie RESERVE HOLTENAU. 1945 bekam sie ihre eigene Station und wurde zur KIEL. Sie ersetzte damit ihre Vorgängerin, die durch alliierte Bomben gesunken war. Zu Beginn des Jahres 1957 rammte sie ein schwedischer Frachter, sodass sie sank. Nach zweijähriger Reparatur und Modernisierungsarbeiten nahm sie 1959 ihren Dienst wieder auf. In der Mitte des Jahres 1967 ersetzte man sie durch einen Leuchtturm. Und wieder kam sie bei anderen Leuchtfeuern unter, haupt-

Die Linien, die man vom Unterwasserschiff nur erahnen kann, sind die eines seetüchtigen Segelschiffes, da die ALEXANDER VON HUMBOLDT ursprünglich als Feuerschiff gebaut wurde (oben).

Alexander von Humboldt

SCHIFF	ALEXANDER VON HUMBOLDT
STAPELLAUF	*1906*
UMBAU	*1986*
ENTWURF	*Friedrich L. Middendorf (Original); Zygmunt Choren (Umbau)*
KONSTRUKTION	*Werft AG »Weser«, Bremen, Deutschland*
EIGENTÜMER	*Deutsche Stiftung Sail Training, Bremerhaven*
FLAGGE	*Deutschland*
TAKELUNG	*Bark*
TYP	*Umgebautes Feuerschiff*
BAUWEISE	*Stahl*
LÜA	*62,50 m*
RUMPFLÄNGE	*54,00 m*
BREITE	*8,00 m*
TIEFGANG	*4,80 m*
VERDRÄNGUNG	*829 ts*
SEGELFLÄCHE	*1035 Quadratmeter*
MASCHINE	*8-Zylinder-4-Takt MAN-Diesel, 375 kW*
VERWENDUNG	*Segeltraining*
MANNSCHAFT	*20 Personen Stammbesatzung und 35 Trainees*

Hier erkennt man die lange Poop. Die vorderen und hinteren Unterkünfte am Heck sind miteinander verbunden (linke Seite).

Mit dem Sicherheitsgurt ausgerüstet, geht es auf den Klüverbaum (Mitte).

Wenn die Trainees in die Masten klettern, kann man ein Schattenspiel auf dem Großsegel beobachten (unten).

Die ALEXANDER VON HUMBOLDT *fährt ein Royalsegel über dem Groß-Bramsegel. Die Brigantine im Hintergrund ist die englische* EYE OF THE WIND *(oben rechts)*

Wenn es dunkel ist, zieht später die 0–4-Uhr-Wache auf (folgende Doppelseite).

sächlich in der Nordsee, wobei sie aber den Namen »Kiel« beibehielt. Schließlich übernahm sie das Leuchtfeuer auf der Amrumbank in der Nordsee. 1986 musterte man sie aus, weil man eine automatische Leuchttonne gebaut hatte. Sie wurde bei einer Kollision beschädigt und anschließend repariert, bevor man sie unter dem Namen CONFIDENTIA nach Bremerhaven schleppte. Die in Bremerhaven beheimatete Sail Training Association Germany (STAG) wollte die CONFIDENTIA zu einer Schulbark umbauen. Die Pläne dazu wurden überprüft und fertig gestellt vom polnischen Schiffskonstrukteur Zygmunt Choren, der auch die Dar Mlodziezy-Klasse der Vollschiffe und die Pogoria-Klasse der Barkentinen entworfen hatte.

Zwischen der Poop und dem Mittschiffsaufbau wurde beim Umbau zur heutigen ALEX ein durchgehendes Manöverdeck eingezogen. Die Bark hat auch eine Abwasserkläranlage bekommen und die Abgase der Motoren führen durch den Besanmast.

Finanzielle Unterstützung kam vor allem von der Brauerei Beck in Bremen sowie von Egon H. Harms, einem Bremer Reeder und Unternehmer. Man gründete für den Umbau und den Betrieb des Schiffes eine eigene Stiftung, die Deutsche Stiftung Sail Training (DSST). Am 30. Mai 1988 nahm die CONFIDENTIA unter dem Namen des deutschen Forschungsreisenden, Geografen und Naturforschers Alexander von Humboldt (1769–1859) ihren Dienst auf.

Die eigentümliche grüne Farbe des Rumpfes und der Segel ist die Firmenfarbe der Brauerei Beck. Die Bark weist traditionell einen Unter- und Oberbesan auf. Die Rahen sind fixiert, wie dies Zygmunt Choren vorzieht. Aber das Großroyalrah verfügt über ein Fall zum Auftoppen beim Setzen des Segels.

Die ALEXANDER VON HUMBOLDT unternimmt Reisen in der Nordsee und Ostsee und ist auch regelmäßig bei den Cutty Sark Tall Ships Races vertreten. Sie nahm 1992 an der Kolumbus-Regatta in Erinnerung an die erste Reise von Kolumbus vor damals genau 500 Jahren teil. Im Winter 1998/1999 segelte sie in die Karibik und nach Südamerika. 200 Jahre zuvor hatte Alexander von Humboldt jene Erdteile besucht und erforscht. Im Winter kreuzt die Bark normalerweise zwischen den Kanarischen Inseln mit erwachsenen Kursteilnehmern.

Die ROYAL CLIPPER, hier fast in Frontalansicht mit gesetzten Segeln, wurde von Zygmunt Choren konstruiert (links).

Kreuzfahrtschiffe

Früher einmal bot die Segelschifffahrt Einkommen und Abenteuer. Diese magische Verbindung, die Männer aus allen Ständen aufs Meer lockte, besteht heute nicht mehr. Um es mit Alan Villiers zu sagen: »Die Schönheit ist von den Meeren verschwunden.«

In Wirklichkeit tut sich aber doch etwas. Es ist, als wollte man in diesen Jahren, die zwischen dem einen Jahrtausend und dem nächsten vermitteln, wieder auf alten Wegen wandeln und den heute üblichen Geschwindigkeitswahn einfach leugnen. Als es unvermeidbar erschien, dass auch die Kreuzfahrt, auf der man sich vom Lärm und der Hektik der Küsten zurückzieht, ebenfalls dieser allgegenwärtigen Geschwindigkeit zum Opfer fiel, da tauchte für eine moderne Mode, nämlich den Urlaub, plötzlich eine alte Lebensweise wieder auf, die des Segelns.

Es werden mehr Kreuzfahrtsegler, auch wenn man noch nicht von einer Massenbewegung sprechen kann. Man kann die Schiffe, die zu diesem Zweck eingerichtet wurden, immerhin noch an den Fingern beider Hände abzählen. Darunter sind neu vom Stapel gelaufene oder alte, für die Kreuzfahrt neu ausgerüstete Schiffe.

Diese Schiffe halten sich bei der äußeren Form an ruhmreiche Schiffe der Vergangenheit und nehmen Begriffe wie »Klipper« oder »Windjammer« für sich in Anspruch. Dabei fordern sie unangebrachte Vergleiche mit Mythen wie der PREUSSEN oder der CUTTY SARK heraus. In Wirklichkeit sind sie eine kommerzielle Antwort auf das Bedürfnis der Menschen, eine Alternative zur Monotonie des Lebens auf motorisierenden Kreuzfahrtschiffen zu finden. Da kommt ein Segelabenteuer gerade recht. In dieser Hinsicht steckt keinerlei Romantik in diesen Unternehmen, und auch die Verbindung zur Vergangenheit ist dünn. Villiers hat Recht: Die Schönheit ist von den Meeren verschwunden, und wenn es ums Geldverdienen geht, fehlt jedenfalls das Abenteuer.

Kaum ein Tourist würde sich wohl auch nur einen Tag auf einem Schiff aufhalten, das bis zu 20 Grad krängt, wenn die Rahen beim Rollen des Schiffes einmal links und einmal rechts fast die Wasseroberfläche streifen, während der Segler mit 12 Knoten läuft. Die 12 Knoten sind vermutlich zu wenig für ihn, und die Krängung ist wahrscheinlich deutlich zu viel.

Ungefähr 10 Segelschiffe fahren heute auf den Meeren und legen immer wieder an den berühmtesten Touristenorten dieser Welt an. Es sind neue Reedereien entstanden. Firmen und Privatleute haben den Neubau und die Restaurierung einzelner Schiffe finanziert und hoffen nun auch auf Gewinn.

Die SEA CLOUD wurde in den 30er-Jahren gebaut, wobei es bei ihr vor allem um klassische Linien und den größten Luxus ging. Sie ist eine Veteranin der Südmeere und wird kaum vor 2010 in Pension gehen (S. 260 oben).

Die STAR FLYER, hier eine Aufnahme aus der Karibik, erreicht eine Reisegeschwindigkeit von 15 Knoten mit Spitzen von bis zu 20 Knoten (links).

Die beiden Großsegler ROYAL CLIPPER (Vordergrund) und STAR FLYER, die derselben Reederei gehören, der Star Clippers, stellen ihren zahlenden Gästen den größtmöglichen Comfort zur Verfügung (unten).

Zunächst sind Touristikunternehmen auf diesen Gedanken gekommen, entweder der Club Mediterranée oder die Reederei Star Clippers, die 3 über 100 Meter lange Segelschiffe betreibt.
Es entstanden auch Interessengruppen für die mehr oder minder getreue Rekonstruktion von Schiffen aus der Vergangenheit. Privatleute haben auch Schiffe umgebaut, wie etwa die SEA CLOUD, die ursprünglich eine Privatyacht mit dem Namen HUSSAR II war. Dabei wurde immerhin ein Schiff aus den 30er-Jahren bewahrt. Doch in vielen anderen Fällen hat das Ergebnis wenig zu tun mit der Geschichte der Segelschifffahrt. Wenn wir hier trotzdem auf sie eingehen, so nur deswegen, weil es in der Tat Großsegler sind. Sie könnten diese Art der Schifffahrt einem größeren Publikum bekannt machen.
Die Segelschiffe, die für Urlaubskreuzfahrten bestimmt sind, mussten ganz neu konzipiert werden. Noch nie

Die ROYAL CLIPPER, hier mit »geborgenen« Segeln, spiegelt sich auf der glatten See. Sie gilt als der größte Kreuzfahrtsegler der Welt (kinks).

Das Steuerrad der STAR FLYER. Dieses Schiff ahmt die klassischen Linien der früheren Segelschiffe nach (unten).

Aufentern. Bis zu 60 Meter hoch sind die Masten der ROYAL CLIPPER (Mitte).

Der Sonnenuntergang lässt das Profil der STAR FLYER mit ihrem komplexen Segelriss deutlich hervortreten. Die Handhabung dieser Segel ist jedoch vollständig mechanisiert. Man will damit nur die Erwartungen der Passagiere erfüllen. Um eine seemännische Notwendigkeit geht es hier nicht mehr (rechte Seite).

wurden Großsegler zu diesem Zweck gebaut: Abgesehen von den Kriegsschiffen dienten die meisten dem Warentransport. Die Packet Ships beförderten zwar Passagiere, doch sie befuhren regelmäßige Strecken, und dabei zählte die Zeit viel mehr als der Komfort an Bord. Einige Kabinen waren zwar luxuriös eingerichtet. Die meisten Passagiere jedoch lebten in winzigen Kojen in enormen, gemeinsamen Schlafsälen, wo es sehr schlecht roch.
Ein Kreuzfahrtschiff hingegen opfert den gesamten Raum der Bequemlichkeit seiner Gäste. Der Rumpf der heutigen Kreuzfahrt-Segelschiffe erinnert somit eher an den von Passagierdampfern als an den von richtigen Segelschiffen. Und wenn wie im Fall der STAR CLIPPER der Rückgriff auf klassische Formen außer Zweifel steht, so müssen doch immer bequeme Kabinen eingebaut werden. Diese Schiffe weisen hohe Bordwände und Aufbauten auf, in denen sich die Gäste aufhalten, sich ausruhen oder Sport treiben können.
Es steht für alle fest, dass der Segelantrieb nur als Hilfe für den Motor gilt, sofern er nicht rein folkloristische Bedeutung hat. Die Schifffahrt findet fast ausschließlich mit der Maschine statt. Einige Schiffe tragen allerdings Rahsegel, wie sie für die Schiffe des vergangenen Jahrhunderts typisch waren. Auf jeden Fall ist aber die Handhabung dieser Segel mechanisch, und die Mannschaft muss dazu nicht mehr an Deck erscheinen. Das mag für den ausreichen, der einen Großsegler sehen will, dem wahren Segelfreak und dem Marinehistoriker entlockt es jedoch nur ein müdes Lächeln.
Andere Schiffe führen Segel mit sich, um sie schnell ein- und auszurollen. So habe ich beobachtet, wie ein solches Schiff Segel setzt, wenn es in eine Bucht einläuft und kurz darauf ankert. Dann rollt es seine Segel wieder ruhig ein, nachdem die Zuschauer einige 100 Quadratmeter Tuch bestaunen durften. Die Segel hingen allerdings schlaff und funktionslos an den Masten, weil zur Abendzeit in dieser Bucht keinerlei Wind wehte.
Dabei fällt es schwer, den Sinn eines komplexen, schweren und somit teuren Riggs auf einem Schiff zu erklären, das überwiegend mit Maschinen fährt. Es könnte wie ein Erbe jener Ölkrise aussehen, die die Hoffnung der Segelschiffliebhaber neu entzündete. Doch auf solchen Schiffen herrschen ganz andere Formen des Konsums: Sie sind nichts anderes als riesige klimatisierte Hotels, und diese Energiekosten übersteigen wesentlich diejenigen des reinen Transports. Allerdings haben einige dieser Schiffe noch exzellente Segeleigenschaften.
Abgesehen von der bereits genannten SEA CLOUD, die früher einmal eine Segelyacht gewesen und in den 30er-Jahren mit Segeln über die Meere gefahren war, erreichen die Schiffe der Reederei Star Clippers unter vollen Segeln eine Geschwindigkeit von 15 Knoten mit Spitzen von bis zu 17 Knoten.
Jedenfalls wurden diese Kreuzfahrtschiffe nicht wirklich zum Zweck der Segelschifffahrt erbaut. Ihr Rumpf ist länger als 100 Meter. Natürlich haben alle diese Schiffe wie alle anderen Schiffe aus dem vergangenen Jahrhundert einen Stahlrumpf.

Stad Amsterdam

Volle Fahrt mit allen Leesegeln: Der Klipper STAD AMSTERDAM *bringt uns zum Staunen wie seit 130 Jahren kein anderes Segelschiff mehr (linke Seite).*

Alles an den alten Klippern war rassig und gleichzeitig elegant und harmonisch. Obwohl die STAD AMSTERDAM *nicht die exakte Replik eines historischen Klippers darstellt, verkörpert sie doch auf wundervolle Weise den Geist jener großen Segler (links).*

Die Masten und das Rigg sind in jeder Einzelheit die eines Klippers. Die Spiere, die die Großrah im Hintergrund verlängert, kann ein Leesegel tragen (oben).

Auf den Klipper STAD AMSTERDAM *kann die gleichnamige Stadt in den Niederlanden wirklich stolz sein (oben).*

Die Klipper aus der Zeit von 1845 bis 1869 waren die schönsten Schiffe, die jemals gebaut wurden. Mit ihrer atemberaubenden Eleganz stellen sie den Höhepunkt in der Geschichte des Vollschiffes dar. Aus jener Zeit haben nur 3 überlebt, und unter ihnen wurde die CUTTY SARK (1869) restauriert und dient heute als Museumsschiff.

Die Stadt Amsterdam kündigte im März 1997 an, sie wolle einen Klipper bauen, den ersten seit fast 130 Jahren. Er sollte den Namen »Stad Amsterdam« tragen. Als Begründung für das Projekt führte man an, es würde 150 arbeitslosen Schulabgängern Ausbildung und Berufserfahrung ermöglichen. Das Publikum könne zusehen, wie der Bau des Schiffes Fortschritte mache, und der Segler würde ein mächtiges Symbol für Amsterdam und Randstad darstellen.

So gründete man die Rederij Clipper Stad Amsterdam, die das Projekt und dann auch das Schiff betreuen sollte. Den Klipper wollte man für Jugendsegelkurse, für die Teilnahme an Tall Ships Races, für öffentliche Tageskreuzfahrten sowie längere Kreuzfahrten nutzen. Er sollte auch die Stadt Amsterdam im Ausland vertreten. Auch würde man sie privat chartern können, am Ankerplatz wie für eine Fahrt.

Die erste Inspiration für den Entwurf lieferte der Klipper AMSTERDAM von 1854. Er war der erste Eisenklipper gewesen, der in dieser Stadt gebaut wurde. Es ging bei diesem Projekt aber nicht darum, eine Replik anzufertigen. Man wünschte vielmehr einen Klipper, der in den 1860er-Jahren hätte gebaut werden können. Er sollte die besten Eigenschaften vieler berühmter Klipper in sich vereinen, darunter der legendären CUTTY SARK, der THERMOPYLAE, der FLYING CLOUD und der LIGHTNING.

Die Kiellegung erfolgte am 16. Dezember 1997. Während der Rumpf sehr traditionelle Formen aufwies, war das Konstruktionsverfahren entschieden moderner. Die Centraal Staal von Groningen schnitt die Spanten und Platten des Rumpfes mit einer computergesteuerten Maschine. Elemente des Rumpfes und der inneren Strukturen baute man in der Werft zu Modulen zusammen, und mit diesen setzte man schließlich das Schiff zusammen.
Der Stapellauf erfolgte am 16. Dezember 1998, genau ein Jahr nach Beginn der Bauarbeiten. Zwei Tage darauf schleppte man den schlanken rassigen Rumpf zum Nationalen Seefahrtmuseum der Niederlande. Dort baute man das Rigg auf und stattete das Schiff weiter aus. Entwurf und Bau der STAD AMSTERDAM blieben nicht unbemerkt, denn 1999 gab Brasilien bei der Damen-Werft ein Schwesterschiff in Auftrag. Es sollte rechtzeitig zu den 500-Jahr-Feiern der Entdeckung Brasiliens im Frühsommer 2000 fertig werden. Das bedeutete, dass es noch vor der STAD AMSTERDAM seinen Dienst aufnehmen sollte. Um eine Konkurrenzsituation zu vermeiden, bat die Rederij Clipper Stad Amsterdam darum, dass der brasilianische Klipper nicht schwarz, in der Farbe der STAD AMSTERDAM, gestrichen und vor seiner Abreise hier nicht öffentlich auftreten solle. Die Farbbeschränkung machte keine Probleme, da die Brasilianer schon entschieden hatten, das Schiff CISNE BRANCO, also »Weißer Schwan«, zu nennen. Es verließ Amsterdam diskret, segelte nach Lissabon, von wo es zusammen mit der SAGRES im April 2000 nach Brasilien übersetzte.
Die STAD AMSTERDAM machte ihre ersten Segelversuche im Jahr 2000. Im Juli trat sie erstmals bei einem Großseglertreffen auf, im französischen Brest und im benachbarten Douarnenez. Natürlich war sie der Star bei der Sail 2000 in Amsterdam im August. Im Oktober setzte sie Segel nach Recife und Rio und fuhr dann nordwärts für die Wintersaison mit Passagieren zu den Westindischen Inseln. Im Mai 2001 kehrte sie über Halifax zurück nach Amsterdam.

Es wurde auf überfrachtete Aufbauten verzichtet. Schade, dass die 2 großen motorgetriebenen

Rettungsboote für die Sicherheit der Passagiere an Bord unerlässlich sind (oben).

SCHIFF	STAD AMSTERDAM		
STAPELLAUF	1998 (Indienstnahme 2000)	TIEFGANG	4,80 m
ENTWURF	Gerard Dijkstra, Ocean Sailing Development Holland BV	RAUMINHALT	698 BRT
		VERDRÄNGUNG	1038 Tonnen
		SEGELFLÄCHE	2200 Quadratmeter mit den Leesegeln
KONSTRUKTION	Damen Oranjewerft Amsterdam	MASCHINE	Caterpillar 1014 PS, ein Bugpropeller
EIGENTÜMER	Rederij Clipper Stad Amsterdam	VERWENDUNG	Geschäftsreisen, Kreuzfahrten, Tagesfahrten, Werbung, Charter
FLAGGE	Niederlande		
TAKELUNG	Vollschiff	MANNSCHAFT	Crew: 17; Trainees oder Passagiere 36–42 in 18 Kabinen; 125 Passagiere bei Tagesfahrten; 300 Gäste bei Empfängen vor Anker
TYP	Klipper		
BAUWEISE	Stahl		
LÜA	78,00 m		
RUMPFLÄNGE	60,50 m		
BREITE	10,50 m		

Tadellos aufgetuchte Segel, die Rahen vierkant gebrasst, kompetente und in der Höhe sichere Seeleute: die STAD AMSTERDAM ist ein stolzes Schiff (S. 266 links).

Der Salon unter Deck ist luftig und geräumig. Die Leine an der Decke dient bei schwerer See als Handlauf (S. 266 rechts).

Die STAD AMSTERDAM verfügt über ein hohes wohl proportioniertes Rigg. Selbst ohne Leesegel kann das Schiff eine beträchtliche Segelfläche setzen (oben).

Die Kabine entspricht modernstem Standard mit Ausnahme der Größe. Diesen Preis musste man zahlen, weil man auf dem Deck keine Aufbauten wünschte (unten).

SEA CLOUD

Die Luxusyacht SEA CLOUD. Das Rigg wirkt sehr hoch und umfasst auch ein Großroyalsegel (linke Seite).

Marjorie Merriweather Post (1887–1973) war eine große Liebhaberin der bildenden Künste und die erste Eigentümerin der SEA CLOUD (oben).

Beim Kalfatern schlug man Werg mit Meißel und Hammer in die Ritzen. Dann wurde alles mit Pech überzogen – heute nimmt man dazu einen Kunststoff (Mitte).

Mit 5000 PS werden die beiden Propeller angetrieben (rechts).

Von Anfang an war die SEA CLOUD mit ihrem weit auslaufenden Heck als Yacht geplant (oben).

Sea Cloud

Die SEA CLOUD wurde als Segelyacht gebaut und war die größte und luxuriöseste Yacht, die die Welt je gesehen hat. Sie trug den Namen HUSSAR II, und ihr Rumpf war schwarz gestrichen. Die Yacht war das Hochzeitsgeschenk des New Yorker Financiers Edward Francis Hutton an seine Braut Marjorie Merriweather Post.

Die Suiten der beiden Eigentümer und die 11 Gästesuiten sind mit wundervoll gemasertem Holz verkleidet. Jede Suite enthält eine eigene Holzsorte und ist unterschiedlich eingerichtet, alle natürlich mit erlesenen Möbeln und Beschlägen. Sie enthalten Badezimmer mit Wannen aus weißem Carraramarmor und massivgoldene Wasserhähne. Der Speisesaal auf dem Hauptdeck sieht wie eine mittelalterliche Banketthalle aus. Die benachbarte Bibliothek hingegen ist im Stil eines englischen Adelshauses eingerichtet.

Von 1932 bis 1935 nutzten die Huttons die Yacht auf langen Kreuzfahrten zu den Westindischen Inseln, den Galapagosinseln, nach Tahiti, Hawaii, Alaska und anderen Zielen. Zu den Gästen zählten Staatsoberhäupter, Hochadel, Filmstars und schwerreiche Unternehmer.

Das Paar ließ sich 1935 scheiden. Marjorie behielt die Yacht, doch Hutton, der noch andere Yachten mit dem Namen HUSSAR besaß, wollte den Namen. So wurde das Schiff in SEA CLOUD umgetauft und weiß gestrichen. Marjorie Post heiratete noch im selben Jahr wieder. Ihr neuer Ehemann, Joseph E. Davies, war Politiker und Diplomat. Die beiden verbrachten ihre Flitterwochen auf der Yacht. 1937 wurde Davies Botschafter in Moskau, und Marjorie folgte ihm mit ihrer Yacht. Sie lag in Leningrad vor Anker. Joseph Stalin verbot jedem Sowjetbürger strikt, an Bord dieses Schiffes zu gehen.

1942 stellte Marjorie Post die SEA CLOUD der U.S. Coast Guard zur Verfügung. Die Bark war nun ohne

Unverkennbar verjüngen sich die Segeltürme (oben).

Die Wasserhähne in den Badezimmern der Eigentümer- und der Gästesuiten sind aus massivem Gold. Alle Details auf diesem Schiff passten zusammen (links).

Man hat das Gefühl, als würde das Schiff gleich abheben und seiner Galionsfigur, einem Adler, hinterherfliegen (rechts).

Die Kabine No. 1 war Marjorie Posts eigene Suite – die größte und luxuriöseste. Der Kamin aus Carraramarmor ist jedoch nur zum Schmuck da, weil ihm der Abzug fehlt (S. 271 links).

Der ursprüngliche Speisesaal und die Bücherei im Hauptdeckshaus werden weiterhin als Speisesäle genutzt und behalten die ursprüngliche Ausstattung bei (S. 271 rechts).

SCHIFF	**SEA CLOUD**		
STAPELLAUF	*1931*	**RUMPFLÄNGE**	*96,10 m*
ENTWURF	*Gibbs & Cox, New York*	**BREITE**	*14,94 m*
		TIEFGANG	*5,00 m*
KONSTRUKTION	*Germania Werft, Kiel, Deutschland*	**RAUMINHALT**	*2323 BRT*
		VERDRÄNGUNG	*3530 ts*
EIGENTÜMER	*Sea Cloud Cruises GmbH, Hamburg, Deutschland*	**SEGELFLÄCHE**	*3160 Quadratmeter*
		MASCHINEN	*4 Enterprise zu je 1500 PS, Doppelpropeller*
FLAGGE	*Malta*		
TAKELUNG	*Viermastbark*	**VERWENDUNG**	*Charteryacht*
TYP	*Yacht*	**MANNSCHAFT**	*60 Crewmitglieder und max. 69 Passagiere*
BAUWEISE	*Stahl*		
LÜA	*109,50 m*		

Rigg, in Navygrau gestrichen und trug 24 Kanonen an Deck.

Die SEA CLOUD wurde 1944 ihrer Besitzerin zurückgegeben und 1947 in eine Viermastbark mit weißem Rumpf zurückverwandelt. 1952 gelangte sie durch Kauf in den Besitz des dominikanischen Diktators Rafael Trujillo, der sie nach seiner Tochter in ANGELITA umbenannte. Nach der Ermordung Trujillos im Jahr 1961 verkaufte seine Familie, die ins Exil gegangen war, die Yacht an die Firma Sea Cruises Inc., ein in Panama beheimatetes Unternehmen. Unter dem Namen PATRIA wurde das Schiff von 1967 bis 1968 überholt. Im darauf folgenden Jahr gelangte es in den Besitz der Firma Antarna Inc. und wurde auch ANTARNA genannt. Man baute sie für Charterzwecke um. Von 1974 bis 1978 blieb die ANTARNA in Panama aufgelegt, bis sie schließlich an ein deutsches Konsortium verkauft wurde. Dieses taufte sie einmal mehr in SEA CLOUD um. Man brachte sie nach Hamburg zu einer vollständigen Überholung und für den Umbau in ein luxuriöses Kreuzfahrtschiff. Hinter dem Besanmast errichtete man einen neuen Decksaufbau mit 14 Passagierkabinen. Weitere 8 Kabinen fanden Platz in einem neuen Aufbau mittschiffs. So kamen insgesamt 69 Passagierunterkünfte nebst den ursprünglichen 13 Suiten unter dem Hauptdeck zusammen. Diese Gästesuiten hatten zusammen mit den Salons erstaunlicherweise in ihrem ursprünglichen Glanz überlebt. Seit 1979 bietet die SEA CLOUD unvergleichliche Urlaubskreuzfahrten, im Sommer im Mittelmeer, im Winter bei den Westindischen Inseln. Zuerst war sie auf den Cayman-Inseln und dann in Malta registriert. 1994 wurde sie an die Hansa Treuhand AG verkauft, eine Reederei in Hamburg, die sie weiterhin für Kreuzfahrten nutzt. Für diese Firma lief im Februar 2001 in Spanien ein neues Schiff vom Stapel, die SEA CLOUD II. Dieses Schiff ist 7,3 Meter länger als die ursprüngliche SEA CLOUD und als Dreimastbark geriggt. Sie kann 96 Passagiere aufnehmen. Sie wird parallel zur alten SEA CLOUD operieren. 2010 muss die alte SEA CLOUD zurückgezogen werden. Dann treten nämlich neue Sicherheitsbestimmungen in Kraft, die das Vorhandensein von Holz in den Unterkunftsräumen von Passagierschiffen völlig verbieten.

Star Clipper und Star Flyer

Die STAR FLYER unter vollen Segeln. Die Rahsegel werden wie Jalousien in die Rahen hinein aufgerollt. Niemand braucht hier mehr auf die Masten zu steigen (oben).

Wie in einer Luxussuite in einem Hotel (links).

Das große Oberlicht beleuchtet die Pianobar auf den beiden Barkentinen. Es dient gleichzeitig als Schwimmbecken (S. 272 rechts).

Die Rümpfe der beiden Luxussegler sind nach den Vorbildern des berühmten Schiffbauers Donald McKay aus dem 19. Jahrhundert gebaut worden (rechts).

Das Innere der beiden Barkentinen ist verschwenderisch mit Trompel'œil-Malerei ausgestattet (oben).

Ein seltenes Bild: Die STAR CLIPPER und die STAR FLYER beim gemeinsamen Segeln. Sie fahren sonst meist in weit voneinander entfernten Revieren (unten).

Die Firma Star Clippers Ltd. in Miami mit ihren 3 Schiffen ist das Kind von Mikael Krafft, einem schwedischen Geschäftsmann und Segler, der seit seiner Kindheit eine tiefe Liebe zu Klippern und anderen Großseglern hegt. Die Takelung seiner Schiffe kommt einem Liebhaber alter Segler vertraut vor. Doch sie macht Gebrauch von modernsten Werkstoffen und neuester Technologie: rostfreier Stahl für das Rigg, Stahlmasten in einem einzigen Stück, fest stehende Rahen, Terylen für die Segel, Rahsegel, die sich wie Jalousien im Innern der Rah aufrollen. Kurz: Die gesamten Segelmanöver werden von Deck aus durchgeführt und gesteuert. Die Star Clipper-Schiffe sind für den Komfort der Passagiere auch mit Schlingertanks ausgerüstet.

Die STAR FLYER ist das erste Schiff dieser Reihe. Sie wurde im Mai 1991 ausgeliefert. Zehn Monate später folgte ihr Schwesterschiff, die STAR CLIPPER. Die Barkentinen erreichen unter Segeln 17 Knoten.

Sie haben 4 durchlaufende Decks, die über die ganze Länge des Schiffes reichen. Doch die Schiffe sind so lang, dass die Rümpfe immer noch schlank aussehen. Es sind keine hinderlichen Aufbauten vorhanden. Die Küche, die Lagerräume und die Mannschaftsquartiere befinden sich auf dem Unterdeck. Es sind 81 Passagierkabinen auf den nächsten beiden Decks und ein Speisesaal für alle Passagiere auf dem dritten Deck vorhanden. Das Hauptdeck verfügt über eine Pianobar,

eine Bücherei, eine Tropical-Bar im Freien und 6 Luxuskabinen.
Das Sonnendeck oberhalb der Pianobar und der Luxuskabinen verfügt über ein Schwimmbecken mit einem durchsichtigen Boden, der gleichzeitig das »Skylight« der darunter gelegenen Pianobar bildet.
Im Heckaufbau befinden sich 2 weitere Luxuskabinen sowie ein weiterer Swimmingpool. Die Barkentinen führen siebentägige Kreuzfahrten abwechselnd auf zwei Routen durch, die A und B genannt werden. Die STAR FLYER segelt im Sommer von Piraeus in Griechenland und im Winter von Phuket in Thailand aus. Die STAR CLIPPER hat im Sommer Civitavecchia in Italien und im Winter St. Maarten auf den Antillen als Basis. Natürlich werden auch die Überfahrten zwischen den Sommer- und Winterstationen angeboten.

Ein Mast mit bemerkenswert wenigen Möglichkeiten zum Aufsteigen und zum Arbeiten in der Höhe: Das gesamte Rigg wird vom Deck aus gesteuert (oben links).

Eine moderne Variante der früheren Flaggengala besteht darin, dass man das Schiff mit Lichtern wie einen Christbaum schmückt. Auch die Rahen tragen solche Lichter (unten).

Die Stagsegel und die Treisegel, die zwischen den hinteren 3 Masten gesetzt werden, sind leichter zu handhaben als große Gaffelsegel (oben rechts).

Obwohl weit von den letzten Frachtseglern entfernt, sind die STAR FLYER *und die* STAR CLIPPER *solide Segelschiffe (linke Seite).*

SCHIFFE	STAR FLYER UND STAR CLIPPER		
FERTIGSTELLUNG	1991, 1992	BAUWEISE	Stahl
ENTWURF	Robert MacFarlane, UK (Rumpf), Olivier van der Meer, Niederlande (Rigg), Studio Acht, Niederlande (Inneneinrichtung).	LÜA	111,50 m
		RUMPFLÄNGE	91,40 m
		BREITE	15,00 m
		TIEFGANG	5,60 m
		RAUMINHALT	2298 BRT
		SEGELFLÄCHE	3365 Quadratmeter
		MASCHINE	Caterpillar 1600 PS
KONSTRUKTION	Langerbrugge Shipyards, Gent, Belgien	VERWENDUNG	Ferienkreuzfahrten
		MANNSCHAFT	70 Personen Stammbesatzung, davon 10 für nautischen Betrieb, max. 170 Passagiere
EIGENTÜMER	Star Clippers Ltd., Monaco		
FLAGGE	Luxemburg (Heimathafen Antwerpen, Belgien)		
TAKELUNG	Viermast-Barkentinen		

Wie bei konventionellen Kreuzfahrtschiffen gibt es genügend Motorboote, um Passagiere später zwischen Schiff und Küste hin und her zu transportieren (S. 277 oben).

Auf dem Festland hätte diese Bar einen eindeutig maritimen Einschlag. Auf der ROYAL CLIPPER fühlt man sich wie auf dem Festland:

Stabilisatoren sorgen dafür, dass vom Krängen und von den anderen Schiffsbewegungen wenig zu spüren ist (S. 277 unten).

SCHIFF	ROYAL CLIPPER
FERTIGSTELLUNG	2000
ENTWURF	Robert MacFarlane, (Veränderungen am Rumpf); Donald Starkey, (Inneneinrichtung); Zygmunt Choren (Rigg)
KONSTRUKTION	Stoczina Gdańska, Polen (Rumpf), Werft Merwede bei Rotterdam, Niederlande (Fertigstellung)
EIGENTÜMER	Star Clippers Ltd. (Monaco)
FLAGGE	Luxemburg (Heimathafen Antwerpen, Belgien)
TAKELUNG	Fünfmast-Vollschiff
TYP	Passagierschiff
BAUWEISE	Stahl
LÜA	133,8 m
RUMPFLÄNGE	119,40 m
BREITE	16,46 m
TIEFGANG	5,64 m
RAUMINHALT	5051 BRZ
SEGELFLÄCHE	5050 Quadratmeter
MASCHINEN	2 Caterpillar zu je 2500 PS, ein Bugpropeller mit 500 PS
VERWENDUNG	Kreuzfahrer
MANNSCHAFT	106 Crewmitglieder und 228 Passagiere

Die ROYAL CLIPPER ist das zweite Fünfmast-Vollschiff, das je gebaut wurde. Das erste war die PREUSSEN (1902–1910) (rechts).

Die Galionsfigur der ROYAL CLIPPER schaut vertrauensvoll in das 21. Jahrhundert (unten links).

Der Speisesaal auf der ROYAL CLIPPER ist modern auf eine Weise, die Tradition suggeriert (unten rechts).

Royal Clipper

Als die PADUA, die heutige KRUZENSHTERN, 1926 vom Stapel lief, glaubte man, es würden nach ihr keine kommerziell genutzten Rahsegler mehr gebaut. Doch zu Beginn des 21. Jahrhunderts war es dann so weit (rechts).

Die ROYAL CLIPPER, das dritte Schiff dieser Flotte, ist der größte existierende Rahsegler, weil sie die Rumpflänge der SEDOV übertrifft. Sie ist das zweite Fünfmast-Vollschiff, das je gebaut wurde. Das erste war die legendäre PREUSSEN (1902–1910) aus der P-Liner-Flotte des Hamburger Reeders Laeisz. Die PREUSSEN war das größte jemals gebaute Segelschiff und diente der ROYAL CLIPPER als Vorbild. Es handelt sich aber nicht um eine Replik, Bug und Heck wurden neu entworfen.
Den Rumpf baute die Gdansk-Werft in Polen. Es handelte sich damals um das aufgegebene Projekt eines Kreuzfahrtschiffes. Die Firma Star Clippers kaufte den Rumpf 1998 und ließ ihn an Ort und Stelle verlängern, bevor er zur weiteren Ausstattung in die Niederlande geschleppt wurde. Die Jungfernfahrt mit Passagieren begann am 22. Juli 2000 in Cannes.
Die ROYAL CLIPPER weist insgesamt die erstaunliche Anzahl von 42 Segeln auf, von denen 26 Rahsegel sind. Das gesamte Know-how, das mit den Vorläuferschiffen gewonnen wurde, floss in das neue Projekt ein. Für die PREUSSEN brauchte man damals 60 Seeleute, für die ROYAL CLIPPER nur noch 20. Die restliche Mannschaft besteht aus Offizieren und Hotelpersonal. Das Schiff kann unter Segeln 20 und unter Motor 13 Knoten erreichen. Im Inneren des Rumpfes liegt ein dreigeschossiges Atrium. Der Lichtdom darüber bildet gleichzeitig den Boden des größten der 3 Swimmingpools. Es gibt 2 Eigentümersuiten, 14 Luxus-Decksuiten, jede mit privater Veranda, 2 Luxus-Deckkabinen und 96 Doppelkabinen.
Alle Kabinen enthalten ein Marmorbadezimmer, Fernseher, Radio, Satellitentelefon, Safe und eine individuell einstellbare Klimaanlage. Auf den Marsen stehen Teakholzbänke. Passagiere, die dort hinaufklettern, bekommen Drinks, die von einem Aufzug nach oben gebracht werden.
Die ROYAL CLIPPER ist jeweils für 7 Tage unterwegs mit abwechselnd 2 verschiedenen Routen, die A und B genannt werden. Im Sommer beginnt eine solche Kreuzfahrt im französischen Cannes, im Winter in Barbados auf den Antillen.

Die Repliken

Auf einer Stele des 7. bis 6. Jahrhunderts vor Christus, die in Mittelitalien gefunden wurde, sind 3 Kriegsschiffe abgebildet, wahrscheinlich griechischen oder römischen Ursprungs. Sie haben ein charakteristisches Rahsegel und einen Rammsporn. Diese Stele stand einige Jahrzehnte unbeachtet in einem kleinen Museum, bis sie die Aufmerksamkeit eines Liebhabers und Schiffshistorikers fand.

Mit viel Mühe sammelte er Gelder für die Rekonstruktion eines Schiffes auf Grund der dürftigen Abbildung auf dieser Stele. Heute ist der Bau eines Kriegsschiffes aus dem 6. Jahrhundert vor Christus im Gang.

Es ist sehr schwer zu sagen, was man sich davon erhoffen kann. Natürlich hätte eine in den Werkstoffen wie in der Bautechnik getreue Nachbildung den großen Vorteil, dass man all die Hypothesen überprüfen und damit entweder bestätigen oder widerlegen könnte, die man über die antike Technologie aufzustellen gezwungen war, weil zuverlässige historische Quellen einfach fehlen. Man könnte auch das Verhalten eines solchen Schiffes im Meer studieren und damit den historisch überlieferten Schiffsreisen aus jener Zeit mehr Glaubwürdigkeit verleihen. Schließlich würde man real vor Augen haben, was man sich bisher immer nur vorstellen musste. So weit die Theorie. In der Praxis lässt sich ein solches Unternehmen – und dabei beziehe ich mich nicht nur auf den genannten Fall – aus mehreren Gründen nicht wirklich realisieren. Vor allem macht das Fehlen von Größenordnungen wie Einzelheiten eine solche Rekonstruktion zu einer imaginären Angelegenheit. Die Formen und die Verbindungen der einzelnen Elemente kann man nur durch Analogieschlüsse interpretieren und definieren – schließlich begann man erst in der Mitte des 19. Jahrhunderts damit, Schiffe nach Plänen zu bauen. Ferner existieren manche Werkstoffe, von denen man glaubt oder weiß, dass sie damals verwendet wurden, heute gar nicht mehr oder sind nur extrem schwer aufzutreiben.

Im Fall des Kriegsschiffes auf der Stele weiß man beispielsweise, dass die Planken untereinander durch Ginstertaue verbunden wurden, die man heute nicht mehr kennt und auch nicht mehr herstellt.

Dies alles führt für mich zum Schluss, dass die Replik eines Objektes, das es heute nicht mehr gibt, keinen Sinn macht, eben weil es uns verwehrt ist, eine »echte« Replik herzustellen. Doch an diesem Punkt sollte man noch einige Unterscheidungen treffen. Die Rekonstruktion der Schiffe, deren Wracks gefunden und genau studiert wurden, bevor sie bei einem Brand untergingen, stellt ein technisch legitimes Projekt dar. Eine Rekonstruktion hingegen, die nur auf Annahmen beruht, weil einfach die historischen Quellen fehlen, ergibt weder historischen noch technikgeschichtlichen Sinn. Wo nicht mehr genügend Informationen vorhanden sind, ist eine Rekonstruktion nicht möglich – wie bei den genannten Stelenschiffen.

Es macht meines Erachtens auch keinen Sinn, die Replik eines Schiffes zu bauen, das uns erhalten geblieben ist. Von den Linienschiffen haben wir die VICTORY. Warum also ein neues bauen? Es wäre hingegen interessant, eines der Schiffe von Christoph Kolumbus nachzubauen. Das ist zwar zu Filmzwecken schon mehrere Male geschehen, und die entsprechenden Schiffe liegen nun als Touristenattraktionen in irgendwelchen Häfen. Aber wenn man ein solches Projekt wirklich ernst nimmt, muss man auch hier an der Spärlichkeit der technischen Information beinahe verzweifeln. Und anstatt etwas Neues zu bauen, wäre es aus meiner Sicht sinnvoller, das historische Erbe zu retten, das noch an manchen Stellen herumliegt, etwa die Rümpfe von Windjammern und Carriern vor allem an der

Die Replik der KALMAR NYCKEL, ein dreimastiges Pinassschiff aus dem Jahr 1620. Ihr Rumpf war 33,50 Meter lang und hat in der Vergangenheit schwedische, finnische und niederländische Auswanderer in die Neue Welt gebracht. Sie wurde 1986 aus Spendengeldern neu gebaut, die Bürger von Wilmington in den USA aufgebracht hatten (unten links).

Auf dem Bild ist der Neubau des Flaggschiffs von James Cook zu sehen: Die ENDEAVOUR maß auf der Brücke weniger als 25 Meter. Mit ihr umrundete Cook die Erde und fuhr auch am Kap Hoorn und am Kap der Guten Hoffnung vorbei (unten rechts).

Die ROSE ist ein Nachbau der ersten amerikanischen Fregatten, die noch deutliche Anklänge an die französischen oder englischen Vorbilder zeigten (rechts).

Südspitze Südamerikas, ferner von Brigantinen und Schonern, die nach jahrzehntelanger Charterfahrt ihr Ende durch Verfaulen an irgendeiner Flussmündung in Südamerika oder Zentralafrika erwarten.
So hat man in vielen Ländern versucht, die Erinnerung an vergangene maritime Traditionen aufrecht zu erhalten und jene Schiffe nachzubauen, die als Protagonisten jener Zeit gelten. Zwischen Kanada und England fährt die Replik der MATTHEW. Mit diesem Schiff unternahm John Cabot zu Ende des 15. Jahrhunderts die ersten Forschungsreisen an der amerikanischen Nordatlantikküste. Die Engländer bauten auch die ELIZABETH II nach, mit der Sir Walter Raleigh den Küsten Nordcarolinas entlangfuhr, um im darauf folgenden Jahrhundert neue Kolonien zu gründen. Die Schweden bauten die KALMAR NYCKEL nach, ein Pinassschiff aus der Mitte des 17. Jahrhunderts, die viele Auswanderer von Skandinavien in die Neue Welt brachte.
Auf der anderen Seite des Atlantiks hat man, einmal abgesehen von den reichhaltigen Sammlungen in den Marinemuseen, charakteristische Schiffe rekonstruiert, etwa die SULTANA.
Heute fahren viele Repliken, von denen hier nur einige wenige erwähnt wurden. Sie übermitteln ihre historische Botschaft und zeugen vor allem vom unbeugsamen Willen jener, die sie gebaut haben. Wir werden sicher nie die Gelegenheit haben, ein römisches Frachtschiff oder eine Galeone segeln zu sehen. Und vielleicht ist es richtig, dass der frühe Teil der Segelschifffahrt weiterhin im Dunkeln der Geschichte bleibt.
Man kann sich fragen, ob es Sinn macht, von einem Segelschiff aus dem 16. Jahrhundert eine Replik zu bauen. Dass man damit schlecht segeln konnte, wissen wir aus Tagebüchern, Chroniken und anderen Beschreibungen.
Sinnvoller ist es möglicherweise, die Kräfte zu konzentrieren, um zu retten, was heute noch segelt; um möglichst vielen zu ermöglichen, an Fahrten großer Segelschiffe oder an Regatten teilzunehmen; um historische Quellen und Informationen über eine unwiederbringliche Epoche der Schifffahrt aufzuspüren und einem breiten Publikum bekannt zu machen.

Stapellauf der BLUENOSE bei Lunenburg, Nova Scotia, am 26. März 1921. Als Fischerei-Schoner fuhr sie zu den Neufundlandbänken (rechts).

Bei dem letzten Schoner-Rennen 1938 führte die ernsthafteste Konkurrentin der BLUENOSE, die GERTRUDE L. THEBAUD, noch – aber nicht mehr lange. Die BLUENOSE siegte auch hier (Mitte).

Die Mannschaft der BLUENOSE mit den Trophäen, die sie 1935 im Rahmen des International Fisherman's Race gewonnen hatte (unten).

Man spürt förmlich, wie das Rigg unter dem Druck der Segel vibriert. Die BLUENOSE wurde von ihrer Mannschaft aus 29 erfahrenen Fischern von Sieg zu Sieg getrieben (rechts).

Ein Schiff ist nur so gut wie sein Skipper. Es war Angus Walters (1882–1968), hier im Bild, der die BLUENOSE von ihrer Jungfernreise 1921 an bis zum letzten Schoner-Rennen 1938 von Sieg zu Sieg führte (S. 283).

Die BLUENOSE II ist die exakte Replik des legendären Fischerei-Schoners BLUENOSE, der auf der kanadischen Zehn-Cent-Münze abgebildet ist. Die Fischer an der Ostküste Kanadas und in Neuengland entwickelten besonders schnelle und seetüchtige Schoner, die den oft ungeheuren Seen und Winden Widerstand leisten und die ihren Fang möglichst frisch auf den Markt bringen konnten.

Mit Verachtung und Belustigung blickten die alten rauen Seebären auf die Vermögen, die für die zarten Schiffe des America's Cup ausgegeben wurden. Als im Jahr 1920 ein Rennen zum America's Cup wegen eines Windes mit nur 23 Knoten verschoben wurde, lobte eine Zeitung in Halifax das International Fisherman's Race sowie ein nicht unerhebliches Preisgeld für eine Regatta zwischen echten Segelschiffen aus. Die kanadischen Fischerei-Schoner sollten dabei gegen ihre amerikanischen Kollegen antreten. Wie beim America's Cup gab es erste Vorläufe zur Ermittlung der Finalisten, wobei je einer sein Land vertreten sollte. Die ESPERANTO von Gloucester, Massachusetts, gewann am 1. November 1920 vor der DELAWANA VON LUNENBURG, Nova Scotia. Das Rennen wurde später jedes Jahr ausgetragen. Da der Nationalstolz auf dem Spiel stand, flossen auch Sponsorengelder, doch trotzdem lockerte man die strengen Regeln nicht: Die Besatzungsmitglieder mussten Fischer sein, und alle Schiffe mussten schon kommerziellen Fischfang betrieben haben, bevor man sie zum Wettbewerb zuließ.

Die BLUENOSE war ein Schoner, der bereits im Hinblick auf dieses Race gebaut wurde. Ihre Masten waren

Bluenose II

etwas höher, und der Kiel lag etwas tiefer als bei gewöhnlichen Fischerei-Schonern. Der Name stammt daher, dass man die Bewohner von Nova Scotia wegen des kaltfeuchten Klimas Bluenoses nennt, also blaue Nasen. Sie lief im März 1921 vom Stapel und machte ihre erste Fangfahrt 3 Wochen darauf, wobei ihr der größte Fang der gesamten Flotte gelang. Am 21. Oktober nahm sie an der Regatta American Elsie teil

und gewann. Obwohl sie in den darauf folgenden Jahren immer wieder herausgefordert wurde, behielt sie diese Trophäe. Selbst die prächtige GERTRUDE L. THEBAUD konnte sie ihr nicht in der Regatta des Jahres 1938 entreißen. Das war das letzte Rennen, weil der Krieg und die sich ändernden wirtschaftlichen und technischen Bedingungen der Ära der Fischerei-Schoner ein Ende bereiteten.

Im Jahr 1942 wurde die BLUENOSE an ein Unternehmen auf den Westindischen Inseln verkauft. Am 29. Januar 1946 lief sie vor Haiti auf ein Riff auf.

Die BLUENOSE II wurde 1963 für die Brauerei Oland & Son Ltd. von Halifax gebaut. Sie ist eine exakte Replik des Originals. Man konstruierte sie in derselben Werft, die immer noch einige der Schiffszimmerleute und Riggbauer beschäftigte, die damals das erste Schiff gebaut hatten. Unter den ganz wenigen Konzessionen an die modernen Zeiten befindet sich ein Hydraulikmotor zum Aufholen des Ankers und zum Setzen der Segel. Damit kann der Schoner von einer Mannschaft mit 14 Mann anstatt der früheren 29 Mann gefahren werden. Natürlich sind auch Hilfsmotoren an Bord.

Nach 8 Jahren im Chartergeschäft verkaufte die Oland-Familie die BLUENOSE 1971 für einen Dollar an die Regierung von Nova Scotia. Sie betreibt das Schiff nun über den gemeinnützigen Bluenose II Preservation Trust. Das Schiff besucht die übrigen Provinzen Kanadas und auch Häfen an der Ostküste der USA, um für die Wirtschaft und den Tourismus in Nova Scotia zu werben. Sie nimmt auch an Großseglertreffen teil.

Wenn sie sich im Sommer in ihrem Heimathafen in Halifax befindet, unternimmt sie je 3 zweistündige Fahrten pro Tag mit bis zu 80 Passagieren an Deck. Ihre Mannschaft besteht aus 6 Professionals, einem Kapitän, einem Ingenieur, drei Maats und einem Koch; 12 junge Matrosen werden dabei für die Saison eingestellt.

Alle Blöcke der Bluenose II wurden in Lunenburg hergestellt, einer kleinen Hafenstadt, in der man bis auf den heutigen Tag maritime Ausrüstungsgegenstände von Hand fertigt (S. 284 oben links).

Jede Einzelheit auf dem Deck der BLUENOSE II stimmt mit dem Original überein (S. 284 oben rechts).

Ein kleiner Fehler in der Replik: Die Segel bestehen aus Dacron. Stoffe aus diesem Material sind nicht so schwer wie Baumwolle oder Leinen und halten auch viel länger (S. 284 unten).

Die BLUENOSE II beim Segeln in einer leichten Brise ohne Toppsegel. Man beachte die Höhe des Großmastes (links).

Das Foto könnte die ursprüngliche BLUENOSE von 1921 darstellen. Es ist aber das neue Schiff im Jahr 1963 abgebildet. Einige der Werftarbeiter von 1921 waren noch am Bau 1963 beteiligt (unten links).

Der Stapellauf der BLUENOSE II am 24. Juli 1963. Derselbe Ort, aber nicht dieselbe Zeit, und die Fischerei-Schoner sind heute vollständig verschwunden... (unten rechts).

SCHIFF	**BLUENOSE II**
STAPELLAUF	*1963*
ENTWURF	*William Roue*
KONSTRUKTION	*Smith & Rhuland Ltd, Lunenburg, Nova Scotia, Kanada*
EIGENTÜMER	*Regierung von Nova Scotia*
FLAGGE	*Kanada*
TAKELUNG	*Zweimast-Gaffelschoner*
TYP	*Fischerei-Schoner*
BAUWEISE	*Holz*
LÜA	*48,92 m*
RUMPFLÄNGE	*43,50 m*
BREITE	*8,20 m*
TIEFGANG	*4,80 m*
RAUMINHALT	*191 BRT*
VERDRÄNGUNG	*285 Tonnen*
SEGELFLÄCHE	*1012 Quadratmeter*
MASCHINEN	*2 Caterpillar mit je 250 PS*
VERWENDUNG	*Tagesausflüge, Werbung für den Staat Nova Scotia*
MANNSCHAFT	*18 Crewmitglieder und 80 Deckspassagiere, 12 Kabinenplätze*

Die SØREN LARSEN begann ihr Leben 1949 als einer der letzten Frachtschoner. 1972 wurde sie aufgelegt, doch 1979 erweckten sie neue Besitzer zu neuem Leben (linke Seite).

Dieses Bild aus dem Jahr 1948 zeigt die Männer, die in der Werft die tragenden Teile des Rumpfes der SØREN LARSEN montierten (oben links).

Das ursprüngliche Rigg war schon etwas rudimentär. Wäre die SØREN LARSEN 10 Jahre früher gebaut worden, so hätte sie noch ein vollständiges Rigg bekommen (Mitte).

Nach ihrer Wiedergeburt als Brigantine des späten 19. Jahrhunderts stellen eigentlich nur die Maschinensteuerung im Vordergrund, die Rettungsinseln und das Auspuffrohr rechts einen Stilbruch dar (rechts).

Die Brigantine kennt den Südpazifik in- und auswendig und ist zweimal um die Welt gesegelt, einmal davon um das Kap Hoorn (oben rechts).

Søren Larsen

Die SØREN LARSEN begann ihr Leben als Frachtschoner und war einer der letzten, die gebaut wurden. Sie befuhr die Nord- und Ostsee mit allgemeiner Fracht, mit Holz und Getreide. Doch bald schnitt man ihr – wie vielen anderen europäischen Schonern – das Rigg ab und stattete sie mit einer Maschine aus. So fuhr sie als Motorschiff weiter, bis sie schließlich 1972 aufgelegt wurde. Sie geriet in Vergessenheit, doch 1978 fanden sie die englischen Brüder Robin und Tony Davies in Dänemark und kauften sie. Beide hatten bereits andere Ostseeschiffe restauriert und wieder in Dienst gestellt, darunter eine Ketsch und einen Dreimast-Toppsegelschoner, die ESTHER LOHSE. Wie diese fand die neu geriggte SØREN LARSEN Verwendung als Darstellerin in der beliebten britischen Fernsehserie »The Onedin Line« aus den 70er-Jahren. Sie handelt von einem fiktiven Reeder und Segelschiffskapitän namens James Onedin. Weitere Filmarbeiten folgten, darunter zu »The French Lieutenant's Woman«, »The Count of Monte Cristo« und »Shackleton«. Für die Aufnahmen zu diesem Film gelangte die SØREN LARSEN nach Grönland ins Packeis, blieb aber im Unterschied zur ENDURANCE von Shackleton nicht darin stecken. Von 1982 bis 1985 charterte sie der Jubilee Sailing Trust, um Behinderte an Segeltrainingskursen teilnehmen zu lassen. Später übernahm der Trust eine eigens dafür gebaute Bark, die LORD NELSON (Stapellauf 1985) und im Jahr 2000 eine weitere Bark, die TENACIOUS. 1987 gehörte die SØREN LARSEN unter dem Kommando von Tony Davies, der von seiner Frau und seinem Baby begleitet wurde, zu

SCHIFF	SØREN LARSEN		
STAPELLAUF	*1949*	TIEFGANG	*3,00 m*
KONSTRUKTION	*Søren Larsen & Sons, Nykøbin Mors, Dänemark*	RAUMINHALT	*125 BRT*
		VERDRÄNGUNG	*350 Tonnen*
		SEGELFLÄCHE	*627 Quadratmeter*
EIGENTÜMER	*Square Sail, Bristol (Robin und Tony Davies)*	MASCHINE	*B&W Alpha-Diesel, 240 PS*
FLAGGE	*Großbritannien*	VERWENDUNG	*Charterschiff, besonders für Filmzwecke*
TAKELUNG	*Brigantine*		
BAUWEISE	*Holz*	MANNSCHAFT	*12 Crewmitglieder, 22 mitarbeitende Passagiere*
LÜA	*44,00 m*		
LWL	*32,0 m*		
BREITE	*7,70 m*		

Segeln vor dem Wind nur mit Rahsegeln. Mit gesetztem Großsegel bestünde die Gefahr einer Patenthalse. Die Vorsegel würden keinen Wind bekommen (oben links).

Ein Blick nach unten (links).

Die Passagiere zahlen für das Privileg, als Besatzungsmitglieder arbeiten zu dürfen. Sie steigen in die Masten, steuern, bergen Segel, scheuern das Deck und polieren das Kompasshaus (unten).

Die SØREN LARSEN segelt meistens in Polynesien oder Melanesien (rechte Seite).

einer Gruppe von Rahseglern, die für die 200-Jahr-Feiern zur Entdeckung Australiens von Portsmouth aufbrachen, um am 26. Januar in Sydney einzutreffen. An diesem Tag war die erste Flotte in der Botany Bay gelandet. Während der Fahrt führten Schwierigkeiten zwischen den Organisatoren dieser Flottillenfahrt und dem Kapitän des Flaggschiffes, eines Nachbaus der BOUNTY, dazu, dass die SØREN LARSEN schließlich zum Flaggschiff gewählt wurde.

Die Brigantine blieb in Australien, nachdem sich die Flottille wieder aufgelöst hatte, und segelte 1989 erstmals nach Neuseeland. Sie blieb bis 1991 dort und organisierte in jener Zeit Abenteuerkreuzfahrten zu fernen Inseln Polynesiens und Melanesiens. Zu jener Zeit wurde Tony Davies einziger Eigentümer. Als Ausgleich überließ er seinem Bruder Robin seinen Anteil an der gemeinsamen Bark KASKELOT und seiner unrestaurierten früheren Bark ORION. Diese segelt heute unter dem Namen EARL OF PEMBROKE zusammen mit der KASKELOT und der Brigantine PHOENIX in der Rahseglerflotte von Robin Davies – er ist damit der heutige, reale James Onedin.

Der frühere Laderaum hat Doppelkabinen an den Seiten und einen Salon in der Mitte. Der Komfort reicht aus, bedeutet im Vergleich zum 19. Jahrhundert aber Luxus (links).

1991 segelte die SØREN LARSEN in Gesellschaft einer anderen britischen Brigantine, der EYE OF THE WIND, um das Kap Hoorn. Sie waren die ersten britischen Rahsegler, die seit 1936 auf dieser Strecke segelten. Ihr Ziel war Cádiz in Spanien. Dort wollten sie 1992 an der Kolumbus-Regatta teilnehmen. Dieses Tall Ships Race sollte an den 500. Jahrestag der Entdeckung der Neuen Welt erinnern. Die Regatta führte über die Bermudas nach New York und endete schließlich in Liverpool. Die SØREN LARSEN gewann in ihrer Klasse, und das war ein schöner Abschluss ihrer Weltumseglung. Die Brigantine wurde dann in England überholt, doch die Südozeane waren ihre Heimatgewässer geworden. Deswegen segelte sie 1993 zurück nach Neuseeland. Von 1994 bis 2000 führte sie Sommerkreuzfahrten in den fantastischen Gewässern um Neuseeland durch. Im Winter war sie auf Trainingskreuzfahrten bei den verzauberten Inseln Polynesiens und Melanesiens. Sie führt richtige Hochseetouren durch.

Von 1577 bis 1580, 50 Jahre nach Magellans Expedition, führte Francis Drake (um 1540–1596) die zweite Reise um die Welt an. Es ging dabei vor allem um Reichtümer, um Handel und um vom Staat gesponsertes Piratentum. Sein Flaggschiff war eine Galeone namens PELICAN. Er benannte sie in GOLDEN HINDE um, um einem seiner Sponsoren zu schmeicheln, der an seinem Wappen eine goldene Hinde, eine Hirschkuh führte. Die GOLDEN HINDE beendete die Reise als Einzige von den 5 Schiffen, die in See gestochen waren. Interessanterweise wurde sie nach ihrer historischen Reise als nationales Denkmal aufbewahrt – ähnlich wie die VICTORIA von Magellan und Elcano, doch keines dieser frühen Schiffe überlebte lange die Stürme seiner Zeit.

Auf seiner Weltumseglung setzte Drake als erster Europäer seinen Fuß auf ein Land, das er Nova Albion nannte. Die meisten Historiker sind der Ansicht, das sei die Bucht von San Francisco in Kalifornien gewesen.

So kam es, dass die Crowley Maritime Corporation San Francisco im Jahr 1973 aus pädagogischen Gründen eine Replik der GOLDEN HINDE bauen ließ. Der Begriff Replik ist hier in einem weiteren Sinne zu nehmen, denn im Gegensatz zur BLUENOSE II gab es keine originalen Pläne. Sie existierten auch nie, denn Schiffe wurden in jener Zeit

Golden Hinde

Diese Replik der elisabethanischen Galeone GOLDEN HINDE hat eine typische Heckgalerie, wie sie auch die AMERIGO VESPUCCI aufweist (oben).

Sir Francis Drake (um 1540–1596) ist für die Engländer ein Nationalheld und für die Spanier ein gewöhnlicher Pirat. Er galt als der Inbegriff des elisabethanischen Abenteurers (Mitte).

Die Galeone hat einen übermäßig hohen achteren Aufbau bis zu sieben übereinander liegende Decks (rechts)

Wie ihre Vorläuferin segelte auch die moderne GOLDEN HINDE rund um die Welt. Man beachte die Blinde (rechte Seite).

Ein Gording des Untersegels des Großmastes muss noch weiter gefiert werden, damit das Segel steht (linke Seite).

Die Kajüte des Kapitäns ist achtern recht gemütlich. Zu Drakes Zeiten hatten die Matrosen weder Hängematten noch Kojen. Sie schliefen, wo sie gerade konnten (Mitte).

Die Plattformen am Fuß der Obermasten, die Marsen, waren bis weit ins 18. Jahrhundert hinein kreisrund. Auf späteren Schiffen bekamen sie eine D-Form (rechts).

Einer der beiden Poller am Bug, an dem man die Ankerleine oder die Festmacher befestigte (unten).

Die GOLDEN HINDE und die Galeonen aus jener Zeit kamen nur vor dem Wind gut voran (folgende Doppelseite).

SCHIFF	**GOLDEN HINDE**
STAPELLAUF	*1973*
ENTWURF	*Loring Christian Norgaard, Kalifornien*
KONSTRUKTION	*J. Hinks & Sons, Appledore, Devon England*
EIGENTÜMER	*Golden Hinde Ltd., Salisbury*
FLAGGE	*Großbritannien*
TAKELUNG	*Galeone*
TYP	*Galeone*
BAUWEISE	*Holz*
LÜA	*37,00 m*
LÄNGE AUF DECK	*31,00 m*
BREITE	*6,10 m*
TIEFGANG	*2,70 m*
VERDRÄNGUNG	*305 ts*
SEGELFLÄCHE	*386 Quadratmeter*
MASCHINE	*Cummins, Diesel, 140 PS*
VERWENDUNG	*Wanderausstellung, Empfänge, Filmcharter*

nur mit Augenmaß gebaut. Man verwendete dazu gewisse empirische Größenverhältnisse, etwa die Breite im Verhältnis zur Länge.

Den Bau führte die Werft J. Hinks & Son in Appledore, Devon, England, mit Werkzeugen durch, die gleich aussahen wie die zu elisabethanischer Zeit. Es kamen auch nur Werkstoffe und Bautechniken aus jener Zeit zum Einsatz, obwohl der Rumpf aus Iroko und nicht aus Eiche war, weil dieses Holz länger hält. Das ursprüngliche Segel war aus Leinen (heute ist das Material durch Duradon ersetzt und ein Ruderrad statt einer Pinne oder eines Kolderstocks). Das Schiff führt 18 funktionierende Nachbauten von Kanonen mit und ist mit Möbeln und Gegenständen aus jener Zeit ausgestattet. Was das Fahren im 20. Jahrhundert angeht, so gibt es natürlich einen kleinen verborgenen Maschinenraum.

Bevor die GOLDEN HINDE 1974 nach San Francisco segelte, war sie in einigen englischen Häfen zur öffentlichen Besichtigung freigegeben. In ihrem ersten Jahr in San Francisco war sie ein kommerzieller Erfolg, doch dann schwand das öffentliche Interesse schnell. 1979 segelte sie über Hawaii nach Japan, um in der Fernsehserie »Shogun« aufzutreten. Nach den Filmarbeiten segelte sie zurück nach England. In Hongkong wurde sie auf Anraten der Polizei mit Bordnetzen und Tränengaskanistern ausgerüstet. Damit wollte man mögliche Piratenangriffe in der Südchinesischen See und im Indonesischen Archipel abwehren. Drakes Galeone war zu seiner Zeit sicher ähnlich ausgerüstet gewesen, mit Netzen über und um das Deck, um Enterer aufzuhalten, und mit schwefelgefüllten Stinktöpfen, die man erst anzündete und dann auf das Deck des Angreifers warf...

Die GOLDEN HINDE erreichte im Frühjahr 1980 Plymouth in England und hatte somit wie ihr Vorbild die Welt umsegelt, allerdings über Panama und Suez. Sie besuchte von 1986–1991 zahlreiche Häfen an der amerikanischen West- und Ostküste. Im Oktober jenes Jahres kehrte sie nach England zurück und dient seither immer noch demselben Zweck: Sie ist vor allem ein schwimmendes Museum für Einzelbesucher und für Schulklassen. Man kann sie auch für Firmenanlässe, Hochzeitsfeiern und Filmaufnahmen mieten.

ABDREHEN
Den Kurs vor einem Hindernis ändern.

ABFALLEN
Den Kurs nach Lee hin ändern.

ACHTERAUS
Das Gebiet, das hinter dem Schiff liegt.

ACHTER-; ACHTERN
Hinten im Schiff.

AMWINDKURS
Eine Fahrt gegen den Wind.

ANLUVEN
Den Kurs nach Luv ändern.

AUFSCHIESSEN
Tauwerk richtig in Buchten zusammenlegen.

AUFTAKELN
Die gesamte Takelung eines Schiffes anbringen.

BACKBORD
In Fahrtrichtung gesehen links.

BARK
Ein Großsegler mit 3 Masten. Fockmast und Großmast tragen Rahsegel, der Besanmast ist mit Schratsegeln ausgerüstet.

BARKENTINE
Großsegler mit 3 Masten. Es trägt aber nur der Fockmast Rahsegel, die beiden anderen Masten sind mit Schratsegeln getakelt.

BERMUDASEGEL
Ein dreieckiges hohes Segel, das hinter dem Mast gefahren wird.

BESANMAST
Der hinterste Mast bei Drei- oder Vielmastern. Das entsprechende Segel heißt Besan und wird an einer Gaffel gefahren.

BLINDE
Kleines Rahsegel am Bugspriet, bei Galeonen üblich.

BLOCK
Ein Gehäuse mit Rollen, in denen Tauwerk läuft. Mit Blöcken verändert man die Zugrichtung von Leinen oder stellt Flaschenzüge zusammen.

BODENWRANGE
Tragendes senkrechtes Bauelement, das als Auflage für die Bretter der Decks dient.

BRAMSEGEL
Bei Rahseglern das vierte und fünfte Segel von unten, unterteilt in Unter- und Oberbramsegel.

BRASSE
Leine zur Richtungsveränderung einer Rah.

BUG
Der vorderste Teil des Schiffes.

BUGSPRIET
Eine fest am Bug angebaute Spiere.

DAVIT
Schwenkbarer Kran zum Hochheben von Lasten und Rettungsbooten.

DECK
Obere Abschlussfläche des Schiffsrumpfes. Meist ist dieser in mehrere Decks gegliedert.

EINHANDSEGLER
Ein Segler, der allein mit seinen beiden Händen ein Boot bedienen kann und damit fährt. Von »einhändig« kann aber nicht die Rede sein.

ENTERN
Früher ein fremdes Schiff gewaltsam stürmen und erobern. Heute: In die Takelung eines Segelschiffes klettern, auch aufentern genannt.

FOCKMAST
Der vorderste Mast.

FUSSPFERD
Eine Leine, auf der der Seemann beim Arbeiten an den Rahsegeln steht. Das Fußpferd liegt unterhalb der betreffenden Rah.

GAFFEL
Eine bewegliche Spiere, die am Mast schräg nach oben befestigt ist und ein viereckiges Gaffelsegel trägt.

GALIONSFIGUR
Eine hölzerne Skulptur am Vorsteven, der das Bugspriet trägt.

GLASEN
Ein Schlag mit der Schiffsglocke jede halbe Stunde.

HALSEN
Eine Kursänderung, der Wechsel der Windseite bei Wind von achteraus.

HECK
Der hinterste Teil eines Schiffes.

HIEVEN
Hochziehen, hochheben. Man hievt vor allem Lasten und Anker.

HOLEN
Seemännisch für ziehen; man sagt zum Beispiel einholen, aufholen oder niederholen.

JACHT
Ein kleines Segelschiff, dessen Ursprung in den Niederlanden liegt.

KARTENHAUS
Bei frühen Seglern ein kleines Haus auf Deck zur Aufbewahrung von Seekarten.

KARWEELBAUWEISE
Eine Art der Beplankung mit aneinander stoßenden Stirnseiten der Planken, auch Kraweel genannt.

KIEL
Sozusagen das Rückgrat eines Schiffes, die Verbindung zwischen Vorsteven und Achtersteven. Am Kiel sind die Spanten befestigt.

KILLEN
Segel killen dann, wenn sie nicht voll stehen und somit den Wind nicht mehr voll nutzen.

KLINKERBAUWEISE
Eine altertümliche Art der Beplankung mit dachziegelartig übereinander liegenden Planken.

KLIPPER
Schnelles langes Segelschiff des 19. Jahrhunderts, getakelt als Vollschiff mit Rahsegeln.

KLÜSE
Öffnung in der Bordwand zur Aufnahme des Ankers.

KLÜVERBAUM
Eine feste Spiere, die weit nach vorne hinausragt und auf dem Bugspriet ruht.

KNOTEN
Seemännisches Geschwindigkeitsmaß. Ein Knoten entspricht einer Seemeile pro Stunde und damit 1852 Meter pro Stunde oder rund 0,5 Meter pro Sekunde.

KRÄNGUNG
Seitliche Neigung des Schiffes.

KREUZMAST
Bei einem Viermastvollschiff der dritte Mast von vorne.

KUTTER
Ursprünglich ein kleines Segelschiff für die Fischerei, meist zweimastig, jeder Mast mit jeweils einer Gaffel.

LATEINSEGEL
Ein dreieckiges Segel, das an der Lateinrah hängt. Diese Spiere steht schräg am Mast. Das Lateinsegel ist arabischen Ursprungs.

LAUFENDES GUT
Das gesamte Tauwerk, mit dem man vor allem die Segel und andere Teile der Takelung bedient.

LEE
Die Richtung, in die der Wind weht; die dem Wind abgewandte Seite.

LEESEGEL
Ein Beisegel, das an seitlichen Verlängerungen der Rahen in Luv und Lee gesetzt wird.

LIEK
Die Kante eines Segels.

LOT
Messgerät zur Bestimmung der Wassertiefe.

LUV
Die Richtung, von der der Wind weht; die dem Wind zugewandte Seite.

MARS
Eine Plattform oder ein Korb für den Ausguck am oberen Ende des Mastes.

MARSSEGEL
Bei Vollschiffen das zweite und dritte Segel von unten, in Unter- und Obermarssegel gegliedert.

MEILE
Die Seemeile ist 1852 Meter lang.

NAGELBANK
Eine Stahlbank mit Belegnägeln zum Festmachen des laufenden Gutes.

PARDUNE
Ein Stag, das den Mast nach hinten verspannt.

POLLER
Pilzförmiger Pfahl zum Festmachen von Leinen.

PULLEN
Seemännischer Ausdruck für Rudern. Der Seemann verwendet dazu die Riemen und nicht das Ruder.

RAH
Eine Spiere, die waagerecht am Mast befestigt ist und die sich seitlich schwenken läßt. Die Rah trägt ein rechteckiges Rahsegel.

RAHSEGEL
Rechteckiges Segel, das von einer Rah herabhängt. Schiffe mit solchen Segeln heißen Rahsegler oder Vollschiffe.

RELING
Ein Geländer an den Seiten des Decks.

RIEMEN
Seemännischer Ausdruck für das, was Binnenländer die Ruder nennen.

RIGG
Andere Bezeichnung für die Takelung mit Masten, Spieren, Segeln sowie dem laufenden und stehenden Gut.

ROYALSEGEL
Bei Vollschiffen das oberste, sechste Segel von unten gezählt.

RUDER
Vorrichtung zum Steuern des Schiffes.

SCHONER
Ein Zweimaster mit Rahsegel am vorderen Fockmast und Schrat- oder Gaffelsegeln am hinteren Großmast.

SCHOTT
Eine Trennwand an Bord, die den Rumpf des Schiffes in mehrere Einheiten unterteilt. Schotten verhindern ein Sinken des Schiffes beim Wassereinbruch.

SCHRATSEGEL
Ein Segel, das parallel zur Längsrichtung des Schiffes steht. Dazu gehören zum Beispiel die Gaffelsegel und der Besan.

SEGELRISS
Maßstabgerechte Darstellung der Takelung mit allen Segeln.

SKIPPER
Der verantwortliche Schiffsführer.

SPAKE
Ein ca. 2 Meter langer hölzerner Stab, der als Hebel verwendet wird, zum Beispiel im Spill.

SPANT
Rippenähnlicher Teil des Schiffsrumpfes. Die Spanten verleihen dem Rumpf seine äußere Form.

SPIEGELHECK
Ein schräg abgeschnittenes Heck.

SPIERE
Seemännische Bezeichnung für ein beliebiges Rundholz – allerdings mit Ausnahme der Masten.

SPILL
Eine windenähnliche Vorrichtung, mit der man Trossen und Leinen an Bord holt.

STAG
Ein Tau, mit dem man den Mast seitlich verspannt und längsschiffs hält. An einem Stag kann man auch Segel setzen: die Stagsegel.

STAGSEGEL
An einem Stag gesetztes Schratsegel.

STEHENDES GUT
Das gesamte Tauwerk, das bei Manövern nicht bewegt wird. Dazu gehören vor allem Wanten, Pardunen und Stage.

STENGE
Bei Vollschiffen eine Mastverlängerung. Vollschiffe haben 2 Stengen, die Marsstenge und die darüber liegende Bramstenge.

STEUERBORD
In Fahrtrichtung gesehen rechts an Bord.

TAKELUNG
Alles, was für die Ausnutzung der Windenergie an Bord benötigt wird, vor allem Mast, Spieren, Segel sowie das gesamte laufende und stehende Gut. Gleichbedeutend mit Rigg.

TALJE
Eine Verbindung zwischen Tauwerk und Blöcken.

THEMSEVERMESSUNG
Eine englische Vermessungsform für Schiffe.

TOPP
Spitze, besonders Mastspitze. Man spricht zum Beispiel von einem Toppsegel.

VOLLSCHIFF
Ein Segelschiff mit mindestens 3 Masten, von denen alle Rahsegel tragen.

VORSEGEL
Ein Stagsegel, das vor dem vordersten Mast gefahren wird.

VORWINDKURS
Ein Kurs, bei dem der Wind von hinten kommt. Bei Rahseglern ist der Vorwindkurs die Regel.
Das Schiff fährt dann vor dem Wind.

WANT
Tauwerk zur seitlichen Verspannung des Mastes.

WENDEN
Kursänderung, der Wechsel der Windseite bei Wind von vorne.

WINDE
Vorrichtung zum Aufwickeln von Leinen. Moderne Winden oder Winschen werden von Motoren angetrieben.

ZEISING
Kurzes Stück von Tauwerk oder Leinen zum festen Verschnüren eingeholter Segel.

Abranson, Erik C.: Sailing Ships of the World, London, 1992

Anderson, R. & C.: The Sailing Ship, New York, 1947

Bass, F. G.: A History of Seafaring, based on Underwater Archaeology, London, 1972

Beken of Cowes: Segelschiffe der Welt, Hamburg, 1999

Brouwer, Norman: The International Register of Historic Ships, Peekskill, New York, 1999

Caddeo, Rinaldo: Le Navigazioni Atlantiche di A. da Ca' da Mosto, Mailand, 1928

Carrozzino, R.: Tall Ship 2000, Genua, 2000

Casson, Edward u. Franzen, Anders: Wasa – Fynd och Bargning, Stockholm, 1959

Casson, L.: Speed under Sails of Ancient Ship, New York, 1959

Casson, L.: The Earliest Two Masted Ship, New York, 1964

Casson, L.: New Light on Alient Rigging and Boat Building, New York, 1964

Casson, L.: The Size of Ancient Merchant Ship, New York, 1964

Chapelle, H. I.: The History of American Sailing Ship, New York, 1936

Chapelle, H. I.: The American Fishing Schooners, New York, 1936

Chapman, F. H. af: Architectura Navalis Mercatoria, Bielefeld 1984

Cipolla, C. M.: Guns and Sails in the Early Phase of European Expansion, Turin, 1969

Clowes, G. S. L.: Sailing Ship, their History and Development, London, 1932

Dela Roerie, G. u.Vivielle, J.: Histoire des Navires de la Rame a l'a Helice, Paris, 1946

Derby, W. L. A.: The Tall Ship Pass, London, 1937

Dickinson, Jonathan C.: Sail Tall Ships! (A Directory of Sail Training and Adventure at Sea), Newport, RI, 2000

Gropallo, T.: Ultima Vela, Genua, 1969

Howarth, D.: The Men of War, New York, 1978

Jeannin, P.: Le Navire et l' Économie Maritime, Paris, 1965

Jobé, Joseph (Hg.): Der Segelschiffe große Zeit, Bielefeld, 1998

Keble Chatterton, E.: Ship Models, London, 1923

Landstrom, Bjorn: Skeppet, Stockholm, 1961

Lane, Frederic C.: Le Navi di Venezia, 1983

Lubbock, Basil: The China Clippers, Glasgow, 1919

Lubbock, Basil: The Last of the Windjammers, Vol. 1 u. 2, Glasgow, 1927

Lubbock, Basil: The Western Ocean Packets, Glasgow, 1956

Miethke, Wiltrud: Königin der Meere: ROYAL CLIPPER – die neue Preussen, Hamburg, 2000

Moretti, Mario: La Tomba della Nave, Mailand, 1961

Newby, Eric: Lehrjahre vor dem Mast, Hamburg, 2001

Puget, Ollivier u. Darde, Jean-Noël: Partir sur les Grands Voiliers, Paris, 2000

Puget, Ollivier: Windjammer der Welt, Hamburg, 1999

Randaccio, Carlo: Storia Navale Universale Antica e Moderna, Rom, 1891

Schäuffelen, Otmar: Die letzten großen Segelschiffe, Bielefeld, 1990

Solmi, A.: I Conquistatori degli Oceani, Novara, 1984

Solmi, A.: Gli Esploratori del Pacifico, Novara, 1985

Schiavoni, G.: La Nave a Vela, Venedig, 2000

Torr, Cecil: Ancient Ship, Chicago, 1964

Tryckare, Tre: L' arte Navale, Stockholm, 1963

Tryckare, Tre: The Lore of Ships, New York, 1973

Tsanov, Miroslav: Uchebni Vetrohodni Korabi, Sofia, 1990

Uccelli, Guido: Le Navi di Nemi, Rom, 1950

Underhill, Harold A.: Sailing Ships and Rigging, 1938

Van Konijneirburg, E.: L' Architecture Navale depuis ses Origines, Brüssel, 1905

Vecchi, Augusto Vittorio: Storia Generale della Marina Militare, Florenz, 1892

Vicino, Michele: La Nave nel Tempo, Rom, 1927

Villiers, Alan: Über die sieben Meere, Hamburg, 2000

Vingiano, Giuseppe: Storia della Nave, Rom, 1955

Wipple, A.: Fighting Sails, New York, 1978

Wipple, A.: The Clipper Ships, New York, 1980

ZEITSCHRIFTEN

American Neptune

Archeology

Classic boat

Mariner's Mirror

Maritime

Mondo Sommerso

Nautical quaterly

Yacht digest

Register

1: B. Astorg/D.P.P.I
2-3: F. Pace/D.P.P.I
4-5: Livio Bourbon/Archiv White Star
6 oben: Christie's Images
6 unten: Sotheby's Picture Library
7: Eudenbach/Stock Newport
8 links: Alexis Komenda
8-9: Mcallen/Stock Newport
9 rechts: Van der Wall/Stock Newport
10-11: Tsuneo Nakamura/Volvox Inc.
12-13: Sotheby's Picture Library
14-15: Archiv Scala
15: Erich Lessing/Contrasto
16 und 17: Archiv White Star
18 und 19: Archiv White Star
20 oben: AKG
20 unten und 20-21: Erich Lessing/Contrasto
22-23: John Batchelor Illustration
24 oben, 24 Mitte, 24-25 Mitte, 24-25 unten: John Batchelor Illustration
25 unten: Archiv White Star
26 und 27: The Bridgeman Art Library
28 oben: Double's
28-29: NY Carlsberg Glyptotek, Kopenhagen
29 oben: Alfio Garozzo/Archiv White Star
30-31: Double's
31 oben: Archiv Fotografico Foglia
31 unten links: Archiv Scala
31 unten rechts: Erich Lessing/Contrasto
32 oben: Cameraphoto
32-33: John Batchelor Illustration
33 oben: Archiv Scala
34 oben: John Batchelor Illustration
34-35 oben: Archiv Dagli Orti
34-35 unten: John Batchelor Illustration
36 oben: Archiv Scala
36 Mitte, 36 unten: John Batchelor Illustration
37: Archiv Scala
38 und 39: John Batchelor Illustration
40 oben: Cameraphoto
40 Mitte: Peabody Museum
40 unten: John Batchelor Illustration
40-41: National Maritime Museum
42 und 43: John Batchelor Illustration
43 oben: Archiv Dagli Orti
44-45: Archiv Dagli Orti
45 oben: AKG
45 unten: Archiv Dagli Orti
46-47: Erich Lessing/Contrasto
46 unten: Art Archiv
47 oben: Giancarlo Costa/Archiv White Star
47 unten: Museo Correr
48 oben: Erich Lessing/Contrasto
48 unten, 48-49: Cameraphoto
50 links: The Pepys Library – Magdalene College, Cambridge
50 rechts und 51: National Maritime Museum
52 oben: National Maritime Museum
52 Mitte, 52 unten: The Pepys Library – Magdalene College, Cambridge
53: Museo Naval, Madrid
54 oben, 54 Mitte: The Pepys Library – Magdalene College, Cambridge
54 unten: AKG
55 oben, 55 unten: The Pepys Library – Magdalene College, Cambridge
56 unten: The Bridgeman Art Library
56-57, 57 oben: National Maritime Museum
58 oben: Christie's Images
58 Mitte: Sotheby's Picture Library
58-59, 59 unten: Christie's Images
60 unten: National Maritime Museum
60-61: Peabody Museum
62-63, 63 oben links, 63 Mitte: J. Jonson/Sjöhistoriska Museet, Stockholm
63 oben rechts, 63 unten: Giancarlo Costa/Archiv White Star
64-65, 65 unten: Giancarlo Costa/Archiv White Star
66 oben, 66 Mitte, 66-67 oben: Christie's Images
66-67 unten: J. Jonson/Sjöhistoriska Museet, Stockholm
68 oben, 68 Mitte: Hans Hammarskiöld
68-69: Focus Team
69 oben links, 69 oben rechts: Vasa Museet, Stockholm
70 oben links, 70 Mitte: Hans Hammarskiöld
70 unten, 70-71: Vasa Museet, Stockholm
72-73, 73 oben links: Hans Hammarskiöld
73 oben rechts, 73 Mitte: Vasa Museet, Stockholm
74 links, 74 unten rechts: Hans Hammarskiöld
74 oben rechts, 75: Vasa Museet, Stockholm
76-77, 76 unten links: National Maritime Museum
78-79, 79: National Maritime Museum
80-81: John Batchelor Illustration
82 oben: AKG
82 rechts: Mary Evans Picture Library
82 Mitte links, 82 unten links: Flagship Portsmouth Trust
83: Obenham Picture Library/ICP
84-85, 85 unten rechts: Christie's Images
85 unten links: Mary Evans Picture Library
86 oben, 86-87: Fine Art Photographic Library
86 Mitte, 87 unten: Sotheby's Picture Library
88 Mitte, 89 rechts: Fregatten Jyllund
88 unten: Fine Art Photographic Library
88-89: National Maritime Museum
90-91 oben: Peabody Museum
90-91 unten: John Batchelor Illustration
91 oben: Mary Evans Picture Library
91 Mitte: Giancarlo Costa/Archiv White Star
92 unten: J. Jonson/Sjöhistoriska Museet, Stockholm
92-93: Giancarlo Costa/Archiv White Star
93 oben rechts: AKG
94 oben: Peabody Museum
94 Mitte, 94 unten: The Bridgeman Art Library
94-95: The Royal Exchange Art Gallery
96 links: Fine Art Photographic Library
96-97: Sotheby's Picture Library
97 oben: Peabody Museum
97 unten: Derek Bays Collection
98 oben links, 98 oben rechts, 98 unten: Peabody Museum
98 Mitte, 98-99: Fine Art Photographic Library
100 oben, 100 unten: Peabody Museum
100 Mitte: National Maritime Museum
101: Bygones Designs
102 oben: The Cutty Sark Trust
102-103: Brown, Son & Ferguson Ltd
103 oben, 103 unten: National Maritime Museum
104-105 oben, 104-105 unten: John Batchelor Illustration
105 oben: Peabody Museum
106 oben: The Cutty Sark Trust
106 unten links: Peabody Museum
106 unten rechts, 106-107, 107 unten rechts: National Maritime Museum
108 oben links, 108 oben rechts, 108 Mitte rechts, 108 unten links, 108 unten rechts: Alexis Komenda
109: Tsuneo Nakamura/Volvox Inc.
110 und 111: US Naval Academy
112 oben: US Naval Academy
112 Mitte, 112 unten, 112-113: US Naval Historical Foundation
114-115: National Maritime Museum
115 oben: W. Hester Collection, University of Washington Library
115 unten: A. Siliotti/Geodia
116 oben: Fullriggeren Sørlundets Venner
116 Mitte: San Francisco Maritime Museum
116 unten: W. Hester Collection, University of Washington Library
117: The Bridgeman Art Library
118 oben: The Gibson Family Collection, Isles of Scilly
118 unten links: San Francisco Maritime Museum
118 unten rechts: National Maritime Museum
118-119: W. Hester Collection, University of Washington Library
120-121: San Francisco Maritime Museum
121 oben: A.Villiers/Popperphoto/Vision
121 unten: The Gibson Family Collection, Isles of Scilly
122 und 123: Deutsches Schiffahrtsmuseum, Bremerhaven
124 oben rechts: San Francisco Maritime Museum
124 links: Museum of History und Industry, Seattle
124-125 unten: G. Costa/Archiv White Star
126 unten links, 126 unten rechts, 126-127: Deutsches Schiffahrtsmuseum, Bremerhaven
127 rechts: John Batchelor Illustration
127 unten links: Deutsches Schiffahrtsmuseum, Bremerhaven
128: Benjamin Mendlowitz Marine Photography
129: G. Martin-Raget/Sea & See
130 rechts, 130 links: Deutsches Schiffahrtsmuseum, Bremerhaven
131: Peabody Museum
132 oben links, 133 unten rechts: Alexis Komenda
132-133: B. Pigott/D.P.P.I.
134-135: Tsuneo Nakamura/Volvox Inc.
135 rechts: C. Borlenghi/Stock Newport
135 links: Tsuneo Nakamura/Volvox Inc.
136 links, 136-137, 137 unten links: Tsuneo Nakamura/Volvox Inc.
137 unten rechts: J. Vapillon/Stock Newport
138-139: PPL Photo Agency
138 unten links: J. Vapillon/Sea & See
138 unten rechts: C. Borlenghi/Sea & See
139 links: Alexis Komenda
139 Mitte: B. Stichelbaut/D.P.P.I.
140 und 141: B. Stichelbaut/D.P.P.I.
142 unten links, 142 unten rechts: Alexis Komenda
142-143: De Tienda/D.P.P.I.
143 oben rechts, 143 unten: Thad Koza
144 oben: Thad Koza
144 Mitte: Tsuneo Nakamura/Volvox Inc.
144 unten: Raycroft/Stock Newport
145: Monika Kludas/Geomarin
146 oben: Tsuneo Nakamura/Volvox Inc.
146 Mitte: De Tienda/D.P.P.I.
146 unten: Ollivier Puget
147: Grant/Stock Newport
148 oben, 149 unten rechts: Tsuneo Nakamura/ Volvox Inc.
148-149: B. Stichelbaut/D.P.P.I.
149 oben rechts: Grant/Stock Newport
149 unten links: Livio Bourbon/Archiv White Star
150 und 151: Ollivier Puget
152 oben: B. Stichelbaut/D.P.P.I.
153: B. Astorg/D.P.P.I.
152 Mitte rechts, 152 unten: Tsuneo Nakamura/Volvox Inc.
152 Mitte links: Nigel Pert
154 oben links, 154 Mitte links: Tsuneo Nakamura/Volvox Inc.
154-155: Alexis Komenda
155 oben rechts: Beken of Cowes
155 unten: Tsuneo Nakamura/Volvox Inc.
156 unten links: B. Stichelbaut/D.P.P.I.
156-157: E. Cattin/D.P.P.I.
156 unten rechts, 157 Mitte rechts: Tsuneo Nakamura/ Volvox Inc.
157 oben rechts: Stiftelsen Skoleskipet Christian Radich
158 oben links, 158 unten, 159: Tsuneo Nakamura/ Volvox Inc.
158 Mitte rechts: F. Pace/D.P.P.I.
158 Mitte links: Thad Koza
160: Tsuneo Nakamura/Volvox Inc.
161 oben, 161 Mitte links, 161 Mitte rechts, 161 unten: Skoleskibet Georg Stage
162 oben: Max Mudie
162 links, 163: Uwe Delfs Jespersen
164 oben: Benjamin Mendlowitz Marine Photography
164 Mitte: Obenham Picture Library/ICP
164 unten: Thad Koza
164-165: Beken of Cowes
166 oben: Beken of Cowes
166 unten links: Ollivier Puget
166 unten rechts, 167: Tsuneo Nakamura/Volvox Inc.
166-167 unten: The Danish Maritime Authority
168 oben, 168 Mitte, 168 unten: Tsuneo Nakamura/Volvox Inc.
168-169: Roberto Merlo
170 oben: Max Mudie
170 unten: Tsuneo Nakamura/Volvox Inc.
171: Alexis Komenda
172 oben: E. Layani/Sea & See
172 unten, 173 unten rechts: Chris Queeney
172-173: Grieser/Stock Newport
173 unten links: Polo/Overseas/Farabolafoto
174 unten: Tsuneo Nakamura/Volvox Inc.
174-175: R. Pigott/D.P.P.I.
175 oben rechts, 175 unten links, 175 unten rechts: Monika Kludas/Geomarin
176 oben, 177 unten links: Ollivier Puget
176 unten: Tsuneo Nakamura/Volvox Inc.
176-177: G. Martin-Raget/Sea & See
177 unten rechts: Nigel Pert
178 oben, 178 unten links, 178 Mitte rechts: Tsuneo Nakamura/Volvox Inc.

179: Sea & See
180-181, 180 unten links , 181 Mitte rechts: G. Martin-Raget/Sea & See
181 unten links: C. Borlenghi/Sea & See
180 unten rechts, 181 oben links: Ollivier Puget
182-183, 183: Tsuneo Nakamura/Volvox Inc.
184 und 185: Tsuneo Nakamura/Volvox Inc.
186 und 187: Livio Bourbon/Archiv White Star
188 oben, 188 Mitte, 189: Tsuneo Nakamura/Volvox Inc.
188 unten: Livio Bourbon/Archiv White Star
190 oben links: Livio Bourbon/Archiv White Star
190 oben rechts: Villarosa/Overseas/ Farabolafoto
190 unten: Roberto Merlo
190-191: Tsuneo Nakamura/Volvox Inc.
192 oben links: Ferraris-Marré
192 oben rechts, 193: Livio Bourbon/ Archiv White Star
192 Mitte: J. Smith/Sea & See
192 unten: Wilson/Stock Newport
194 und 195: Livio Bourbon/Archiv White Star
196 oben: Ferraris-Marré
196 Mitte links, 196 Mitte rechts, 196 unten, 197: Livio Bourbon/Archiv White Star
198 oben, 198 Mitte, 198 unten: 198-199, 199 unten rechts: Livio Bourbon/Archiv White Star
199 unten links: Antonio Attini/Archiv White Star
200-201: Antonio Attini/Archiv White Star
200 unten links, 200 unten rechts, 201 oben links, 201 unten: Livio Bourbon/Archiv White Star
201 rechts: Ollivier Puget
202 oben: C. Borlenghi/Sea & See
202 Mitte, 202-203: Tsuneo Nakamura/Volvox Inc.
203 oben: Livio Bourbon/Archiv White Star
204 oben: Tsuneo Nakamura/Volvox Inc.
204 unten: Beken of Cowes
204-205: Monika Kludas/Geomarin
205 unten links: N. Martinez/Sea & See
205 unten rechts: Livio Bourbon/Archiv White Star
206-207, 207 oben, 207 Mitte: Tsuneo Nakamura/Volvox Inc.
207 unten: Livio Bourbon/Archiv White Star
208 oben, 208-209, 209 unten rechts: Tsuneo Nakamura/Volvox Inc.
208 unten links: The Bridgeman Art Library
210 oben links, 211: Tsuneo Nakamura/Volvox Inc.
210 Mitte rechts: C. Borlenghi/Sea & See
210 unten links: Van der Wal/Stock Newport
212 oben, 212 Mitte, 212-213, 213 unten rechts: Tsuneo Nakamura/Volvox Inc.
213 unten links: Livio Bourbon/Archiv White Star
214: F. Pace/D.P.P.I.
215 oben: Obenham Picture Library/ICP
215 links: Nigel Pert
215 Mitte rechts: Tsuneo Nakamura/Volvox Inc.
215 unten rechts: R. Nobbio/Sea & See
216-217, 216 unten, 217 oben links, 217 Mitte rechts: Tsuneo Nakamura/Volvox Inc.
217 unten: Farabolafoto
218 oben, 218 unten links, 218 unten Mitte, 219: Tsuneo Nakamura/ Volvox Inc.
218 unten rechts: Livio Bourbon/Archiv White Star
220 unten links: Ollivier Puget
220-221: B. Astorg/D.P.P.I
221 oben: Tsuneo Nakamura/Volvox Inc.
221 unten: C. Borlenghi/Sea & See
222 oben, 222-223: Tsuneo Nakamura/Volvox Inc.
222 unten: Polo/Overseas/Farabolafoto
223 unten: R. Nobbio/Sea & See
224 und 225: Tsuneo Nakamura/Volvox Inc.
226 oben: Tsuneo Nakamura/Volvox Inc.
226 Mitte, 226-227: Livio Bourbon/Archiv White Star
228 links: Thad Koza
228 unten rechts: Tsuneo Nakamura/Volvox Inc.
228-229: F. Pace/D.P.P.I.
229 unten: Ollivier Puget
230 oben: Beken of Cowes
230 Mitte, 230 unten: Ollivier Puget
231: G. Gurney/Sea & See
232 und 233: Tsuneo Nakamura/Volvox Inc.;
234 und 235: Tsuneo Nakamura/Volvox Inc.
236 und 237: Tsuneo Nakamura/Volvox Inc.
238 links: Livio Bourbon/Archiv White Star
238-239, 239 oben rechts, 239 unten rechts: Tsuneo Nakamura/Volvox Inc.
239 unten links: Ollivier Puget
240 oben: Ollivier Puget
240 Mitte: Tomlinson/Stock Newport
240 unten: Raycroft/Stock Newport
241: Tomlinson/Stock Newport
242 oben links, 242 Mitte rechts, 243: Tsuneo Nakamura/Volvox Inc.
242 unten rechts, 242 unten links: Yokohama Maritime Museum
244 unten links, 244-245, 245 oben: Tsuneo Nakamura/Volvox Inc.
244 unten rechts, 245 unten: Thad Koza
246 und 247: Tsuneo Nakamura/Volvox Inc.
248 oben, 248-249, 249 unten links: Tsuneo Nakamura/Volvox Inc.
248 Mitte: Ollivier Puget
249 unten rechts: Thad Koza
250 rechts: Tsuneo Nakamura/Volvox Inc.
250 links: Tsuneo Nakamura/Volvox Inc.
250-251: E. Cattin/D.P.P.I.
252: Ferraris-Marré
253 oben, 253 unten: Monika Kludas/Geomarin
253 Mitte: Tsuneo Nakamura/Volvox Inc.
254 oben rechts, 254 unten links, 254 unten rechts: Tsuneo Nakamura/Volvox Inc.
254 oben links: Monika Kludas/Geomarin
254-255: Beken of Cowes
256: F. Pace/D.P.P.I.
257 oben links, 257 unten links: Monika Kludas/ Geomarin
257 oben rechts: Alexis Komenda
258-259: Tsuneo Nakamura/Volvox Inc.
260 oben rechts: Sea Cloud Cruises
260 oben links, 260-261, 261 unten: Harvey Lloyd/Helios Productions
262 und 263: Harvey Lloyd/Helios Productions
264 und 265: P. Nijdeken/Rederij Clipper Stad Amsterdam
266 unten links, 266 unten rechts, 267 Mitte rechts: P. Nijdeken/Rederij Clipper Stad Amsterdam
266-267, 267 oben rechts: Nigel Pert
268 und 269: Sea Cloud Cruises
270 und 271: Sea Cloud Cruises
272-273: Harvey Lloyd/Helios Productions
272 unten links, 272 unten rechts, 273 oben links: M. Martini/Star Clippers Company
273 oben rechts; 273 unten: Harvey Lloyd/Helios Productions
274 oben links, 274 oben rechts, 274 Mitte, 274 unten: Harvey Lloyd/Helios Productions
275: Star Clippers Company
276 unten links, 276 unten rechts, 276-277, 277 unten: Harvey Lloyd/Helios Productions
277 oben: F. Pace/D.P.P.I.
278-279: Harvey Lloyd/Helios Productions
280 unten links: Thad Koza
280 unten rechts, 280-281: Tsuneo Nakamura/Volvox Inc.
282 und 283: J. Kingwell/Knickle's Studio & Gallery
284 oben links: Ollivier Puget
284 oben rechts, 284 unten: Benjamin Mendlowitz/Noah Publications
284-285: Thad Koza
285 unten links, 285 unten rechts: J. Kingwell/Knickle's Studio & Gallery
286, 287 oben links, 287 Mitte, 287 unten links: I. Hutchinson/Tall Ship Søren Larsen
287 rechts: Max Mudie
288 oben links: Beken of Cowes
288 oben rechts, 288 Mitte, 288 unten links, 289: I. Hutchinson/Tall Ship Søren Larsen
290 oben links: Tsuneo Nakamura/Volvox Inc.
290 Mitte rechts, 290 unten: Golden Hinde Ltd.
291: Beken of Cowes
292: Nigel Pert
293 oben rechts: Obenham Picture Library/ICP
293 links, 293 unten rechts: Golden Hinde Ltd.
294-295: Beken of Cowes
304: Tsuneo Nakamura / Volvox Inc.

Danksagung

Ein besonderer Dank geht an:

Comandante Ugo Bertelli, Kommandant des italienischen Schulschiffes AMERIGO VESPUCCI
The Italian Navy Staff Records Office, Rom
The Naval Academy of Rome Records Office.

Der Verlag dankt besonders:

American Sail Training Association (ASTA)
Biblioteca Centrale Sormani, Mailand
Bluenose II Preservation Trust
Den Selvejende Institution Fregatten Jylland
Flagship Portsmouth Trust (Alison Henderson)
Golden Hinde Sailing Galleon Museum
Institute for Sea Training of the Ministry of Transport – Yokohama (Tsutomu Kawaji)
International Sail Training Association (ISTA)
Museo della Scienza e della Tecnica, Mailand
Rederij Clipper Stad Amsterdam (Cees Rosman)
Sail Training Association Danmark
Sail Training Association Germany (Willi Schaefer)
Sea Cloud Cruises (Anja Ringel)
Star Clippers Company – München (Ingrid Prendergast)
Stiftelsen Fullriggeren Sørlandet
Stiftelsen Skoleskipet Christian Radich
Tall Ship SØREN LARSEN (Ian Hutchinson)
The Danish Maritime Authority (Anne Meyer),
Vasa Museet (Maria Andersson)
Voiles de légende (Zeitschrift; Thierry Montluçon)
Yokohama Maritime Museum.

Die Segel sind heute wie vor 4000 Jahren an Rahen gesetzt. Das erste Segel auf einem ägyptischen Schiff war ein rechteckiges Segel an einer waagerechten Rah – genauso wie auf der NIPPON MARU II, die im letzten Jahrhundert des zweiten Jahrtausends fuhr.